黄河水利委员会治黄著作出版资金资助出版图书

黄河洪水及冰凌预报研究与实践

陈赞廷　著

黄 河 水 利 出 版 社

·郑州·

内 容 提 要

本书选编了作者在治黄工作期间撰写的有关洪水、冰凌预报和研究方面的著作，以及在国内外刊物和学术会议上发表的有关水文情报预报的论文。内容主要包括黄河洪水冰凌预报方案、中国河流冰情、黄河冰情预报模型及应用研究、黄河冰情研究等。这些研究成果具有很高的学术价值和实用价值。

本书可供治黄科技人员和水利大专院校师生阅读和参考。

图书在版编目(CIP)数据

黄河洪水及冰凌预报研究与实践/陈赞廷著.—郑州：黄河水利出版社，2009.12

黄河水利委员会治黄著作出版资金资助出版图书

ISBN 978-7-80734-767-5

Ⅰ.①黄… Ⅱ.①陈… Ⅲ.①黄河-防洪-水文预报②黄河-防凌-水文预报 Ⅳ.①TV882.1②P338

中国版本图书馆 CIP 数据核字(2009)第 231184 号

出 版 社：黄河水利出版社

地址：河南省郑州市顺河路黄河水利委员会综合楼 14 层　　邮政编码：450003

发行单位：黄河水利出版社

发行部电话：0371-66026940、66020550、66028024、66022620(传真)

E-mail：hhslcbs@126.com

承印单位：黄河水利委员会印刷厂

开本：787 mm×1 092 mm　1/16

印张：17.25

字数：400 千字　　印数：1—1 000

版次：2009 年 12 月第 1 版　　印次：2009 年 12 月第 1 次印刷

定价：45.00 元

作者简介

陈赞廷 1924 年 10 月出生于山东曲阜，1949 年 6 月毕业于河南大学水利系，同年 9 月参加治黄工作，1957 年华东水利学院研究生班毕业。曾任黄河水利委员会水情科科长，水文处副处长，水文局副局长、总工程师，教授级高级工程师；担任过国际水文科学协会中国国家委员会委员、中国冰情研究协作组组长、中国大型水库观测协作组组长、中国水利学会河南分会理事、河南气象学会理事等；退休后被聘为黄河水利委员会防汛顾问、黄河水利委员会技术委员会顾问、黄河研究会顾问、黄河水利委员会水文局防汛顾问及技术委员会委员等。

陈赞廷于 1951 年参加中国民主同盟，1956 年参加中国共产党，1978 年被评为中国水利系统优秀科技工作者，多次被评为优秀共产党员和治黄劳动模范，享受国务院政府特殊津贴。长期从事黄河水文情报预报工作，主要论著有《黄河冰凌研究》、《黄河流域干支流洪水预报》等，主编《中国江河冰图》和《黄河水文志》等，完成了《黄河流域实用水文预报方案研究》。在国内外重要刊物上发表论文 50 余篇，多次参加国际冰情学术会议，他研制的由纯经验到理论与经验相结合的黄河冰凌预报模型得到国内外专家的好评。在 1958 年防御新中国成立以来黄河最大洪水中，因为提供精准的水情预报，为战胜黄河大洪水作出重大贡献，被周恩来总理誉为黄河防汛的“活诸葛”。陈赞廷同志在推动中国江河洪水冰情预报研究工作中作出了杰出的贡献，成绩显著，在治黄战线上有崇高威望。

序

陈赞廷同志1949年毕业于河南大学水利系，刚到黄河水利委员会工作，就肩负了黄河水文情报预报的重任。当时黄河上只有几个水文站，主要水情靠电话、电台、邮政电报传递，水文预报还处于一片空白。陈赞廷一方面刻苦学习理论，参阅苏联教科书；另一面深入实际进行调查研究。在他的领导和主持下，1955年首次系统地编制了黄河中、下游洪水预报方案，为黄河水文预报工作的全面开展奠定了坚实的基础。以后又在1962年、1972年、1976年先后三次组织较大规模的修改和编制新的预报方案。尤其是1986年，在他的主持下，完成了由全河18个单位100多位科技人员参加的浩大项目《黄河流域实用水文预报方案研究》。该成果汇总了包含新研制和新修订的黄河上、中、下游预报方案168个，其中洪水预报方案110个，冰凌预报方案58个。陈赞廷经历了新中国成立以来黄河历次大洪水，由他主持的1958年和1982年两次特大洪水的洪峰预报精度达98.6%和98%。尤其是1958年发生22 300 m^3/s洪水时，陈赞廷及时提供了“后续降雨不大，洪峰很快回落，沿河洪峰水位虽然很高，但都不超过堤防标准”的非常重要信息，当时黄河水利委员会主任王化云，根据这一关键的预测，大胆向中央防总提出了北金堤滞洪区不分洪的建议，这一建议经周恩来总理批准后实施，从而使滞洪区100万人、13.33万hm^2的耕地及大量财产免遭灾难。因陈赞廷及时准确地提供重要水情信息，被周总理称为黄河防汛的“活诸葛”。

陈赞廷在黄河水利委员会先后担任过水情科科长、副处长，水文局副局长、总工程师等职务，曾获得全国水电科技先进工作者称号，多次被评为黄河水利委员会优秀党员和劳动模范。他除做好水文局的领导工作外，还先后完成许多重要的具有高水平的著作，如《黄河流域干支流洪水预报》、《中国寒区水文》、《黄河下游冰凌数学模型及优化水库调度研究》、《中国江河冰凌》等，并主编了《中国江河冰图》和《黄河水文志》。曾两次出国参加国际学术会议，先后在国际和国内重要杂志上发表论文50多篇。

陈赞廷长期从事黄河水文工作，在水文预报领域作出了很大贡献。黄河水文预报从无到有，从简单到复杂，从落后到先进，直至发展到目前的水平和规模，这些变化及成就和陈赞廷的工作与努力是分不开的。可以说，陈赞廷同志是黄河水文预报的先驱和开拓者。

陈赞廷同志在治黄工作中取得的成功，首先是他对事业的执著追求和无私的奉献精神，工作一贯兢兢业业、一丝不苟；其次是他坚持理论联系实际的工作作风，凡事他都要亲自动手分析第一手资料，深入现场进行实地调查。正是由于这样的工作态度和钻研精神，使他具备了扎实的理论基础、丰富的实践经验和很高的技术水平。

陈赞廷同志虽已退休，但仍心系黄河，仍关心治黄事业，在他年事已高的情况下，潜心编写了《黄河洪水及冰凌预报研究与实践》一书。该书是他60年来工作中理论与实践相结合的产物，是在多项水文预报、冰凌预报等课题研究的基础上进行系统的归纳和总结的结果。该书综述了现代洪水和冰凌预报技术的研究过程和发展状况，全面分析了水文预报的数学模型、实用理论，论述和介绍了黄河洪水、冰凌预报的基本原理和作业预报方法，对当前和今后的黄河洪水、冰凌预报、黄河防汛乃至其他江河的水文情报预报工作，均具有较高的应用价值和参考价值。

2009年12月

前　言

光阴似箭，时光荏苒。不觉中我已步入耄耋之年，可谓岁月沧桑。

整理、编撰本文集之愿已久，奈之工作繁忙、事务缠身，尤以近年身体欠佳，使之一拖再拖。去年中秋，在各级领导的关怀下，在同事、朋友的鼓励和支持下，始有此决意，方使此书幸于面世。

由于时间紧迫，且有部分早年资料遗忘难寻，在此情形下成书，难免有所遗漏，且有支离破碎之感，更难具引人入胜之妙，但这是我在黄河倾其一生研究与实践的成果，算是了却一个心愿吧，但愿能给读者些许参考、借鉴，乃至启迪，吾已足矣。

本人 1949 年于河南大学水利系毕业后即投身于治黄事业。治黄工作 60 年来，我亲历了黄河历次大洪水。在长期从事黄河水情、冰情研究工作和黄河水文技术领导工作中，始终感到黄河防汛事关大局、责任重大，所以平时工作从不敢懈怠，兢兢业业，不遗余力。在工作中取得的点滴成绩都离不开各级领导的支持和同事的帮助。

在 1958 年防御新中国成立以来黄河最大洪水（花园口洪峰流量 22 300 m^3/s）中，我和同志们一起，认真分析水情，精确计算，及时提供了准确的预报，避免了国家遭受一场巨大的灾难，为国家和人民做了一点我应做的工作，为此党和国家还给予了我很高的荣誉，值得高兴的是，我还得到时任抗洪总指挥的周恩来总理的表扬，这给我留下了永久的记忆。

我参加过多次国内、国际水情冰情大会，把黄河水情冰情研究让全国、全世界了解，我撰写的各类洪水、冰情分析研究的文章，编制的各种洪水、冰情的预报方案，一些至今仍在应用之中，使我深感欣慰。同时，随着社会的进步、科学的发展，殷切地希望黄河水情预报更加科学、先进，使黄河洪水、冰凌变害为利，造福于民。

我的一生与黄河紧密相连，息息相关，我把我的一生都献给了黄河。在我退休后，我仍时时关注着黄河，关心新一代治黄人的进步，关心治黄事业的发展。

本书的出版，首先要感谢黄河水利委员会领导的关怀，并提供出版资助；感谢黄河水利委员会科技局、黄河水利出版社的鼎力相助。同时，也感谢岳德军、史辅成、吕光圻、乔永杰、李世明、王玲等同志的支持和协助。我的女儿陈希媛也在整理论文、选编、出版等方面做了很多工作。这些是我治黄 60 年积累的资料成果能够成册出版的重要基础，特在此一并表示感谢！

由于时间仓促，书中错误在所难免，望读者批评指正。

陈赞廷

2009 年 10 月

目　录

(一)冰情预报及研究

(二)水文和治黄实践

(三)国际学术交流

(一)冰情预报及研究

中国河流冰情

冰情是我国北纬30°以北地区寒冷季节里普遍存在的水文现象。在冰情发展过程中,产生冰塞、冰坝时,水位流量过程较畅流期发生很大的变化。冰情的产生,往往发生各种冰凌灾害,轻则妨碍给排水工程和水电站的正常运行,迫使航运中断,破坏桥梁及河道中的水工建筑物;重则壅高水位,威胁堤防,甚至决堤漫溢,造成人民生命财产、工农业生产严重损失。为了减免冰凌灾害,应对冰情的形成变化规律、冰灾的成因及防治措施等进行研究。早在古代,中国就进行过河流冰情的观测记载,但研究工作是在中华人民共和国建立后才开始的。20世纪50年代以来,水利部门编制了冰情观测规范,加强了冰情观测研究,开展了冰情预报和冰情分析计算,取得了大量成果。但问题还很多,需进一步深入探索,不断提高。

1 中国河流冰情研究概况

中国虽然对河流冰情的观测研究历史悠久,但历史上只有一些片段的记载。系统的冰情观测是从1921年在黄河下游开始的,但测站少,观测项目只有流凌、封冻和解冻等。1953年冰凌观测项目增加到十余种,1954年黄河上又增加了水内冰的形成和特性观测。1955年起除定性观测外,对有的冰情还进行定量测量。1956年《水文测站暂行规范》中的冰凌观测分为目测、定量观测和河段冰情观测3类。为了适应给排水等工程的设计、施工和冰情预报、防凌研究等的需要,增加了冰流量、冰塞、冰坝、冰的物理性质等观测项目。

在20世纪60年代,随着水利工程的迅速发展,工程冰情问题逐渐突出,如1961年黄河刘家峡至盐锅峡河段发生了严重冰塞,壅水超过下围堰顶约7 m,冰花填塞整个基坑达两个多月。新疆玛纳斯河红山嘴无调节引水式电站,1961年12月初整个引水渠全部为流冰堵塞,停电近4个月。东北白山电站,1962年春武开江使木笼围堰遭受很大破坏。在此情况下有关部门积极开展了大规模的冰情观测研究。

1978年水利电力部水文局委托黄河水利委员会水文局牵头,黑龙江省和内蒙古自治区水文总站、东北勘测设计研究院参加,组成全国冰情研究协调组,推动了河流冰情研究的发展。1983年出版了《水利水电工程水文计算规范》(SDJ 214—1983),并于1984年5月起试行。

20世纪90年代,中国的江河冰情研究得到了进一步发展,中华人民共和国水利部水文司(1990)编制了在国内外发行的《中国江河冰图》,是目前国内外唯一的比较完整系统的江河冰情图。1992年成立了中国水利学会水力学专业委员会冰工程学组。同年在山西保德,1995年底在乌鲁木齐市和1997年底在大连相继召开了3次冰工程学术会议,内容包括冰水力学、冰物理和冰力学、冰情预报、防凌等,中国的河情研究取得了较大进展。

2 河流冰情特征

2.1 河流冰情特征分布图

据中国河流冰情的分布及特征值绘制冰情分布图见图 1 ~ 图 4。

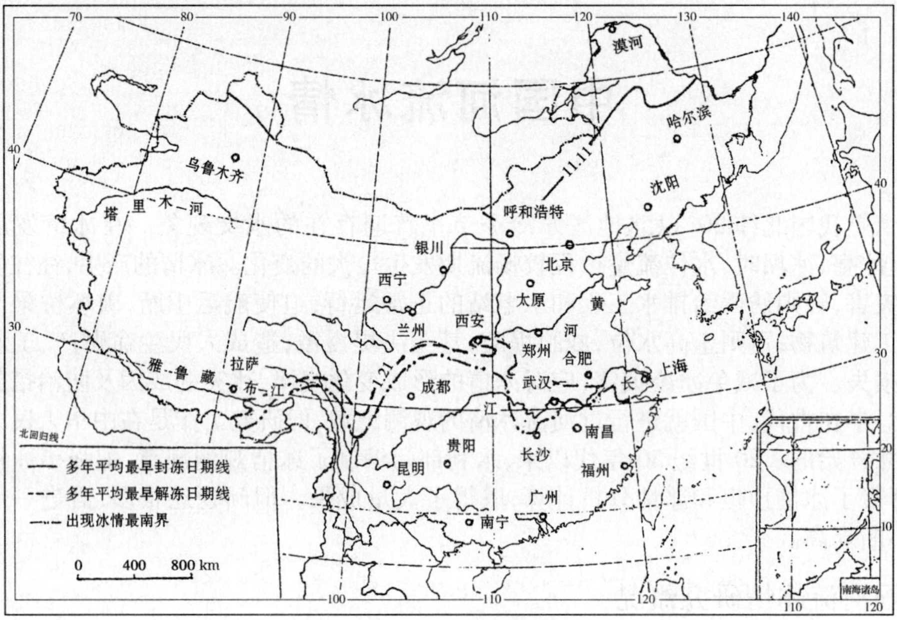

图 1　中国江河冰情分布图

（中华人民共和国水利部水文司，1990）

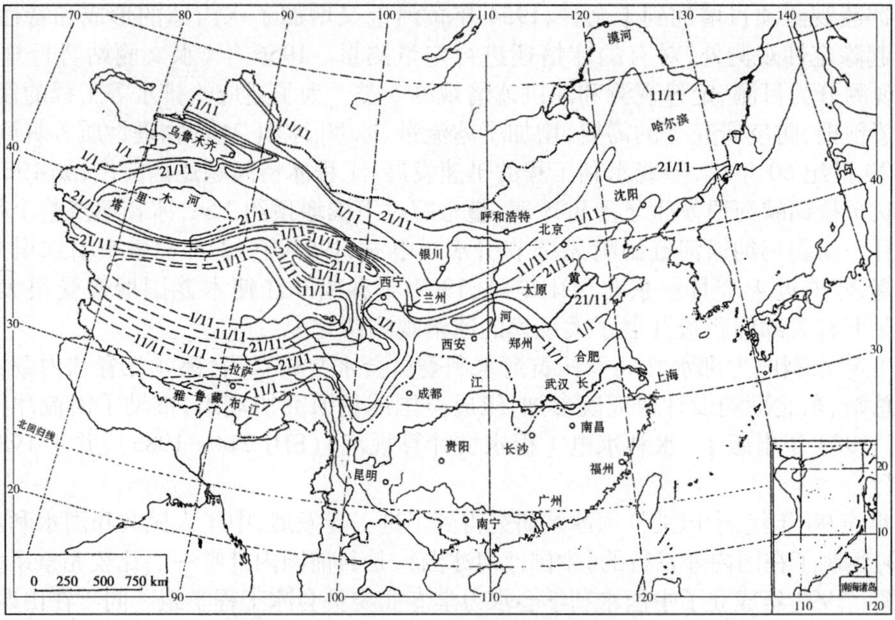

图 2　中国河流平均封冻日期图（日/月）

（中国科学院中国自然地理编委会，1981）

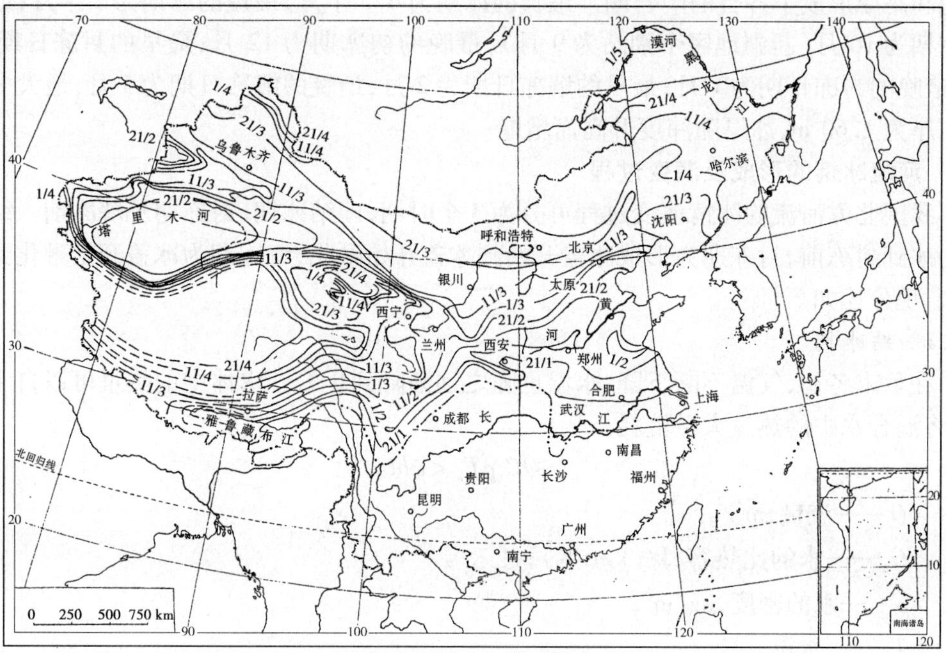

图3　中国河流平均解冻日期图(日/月)

(中国科学院中国自然地理编委会,1981)

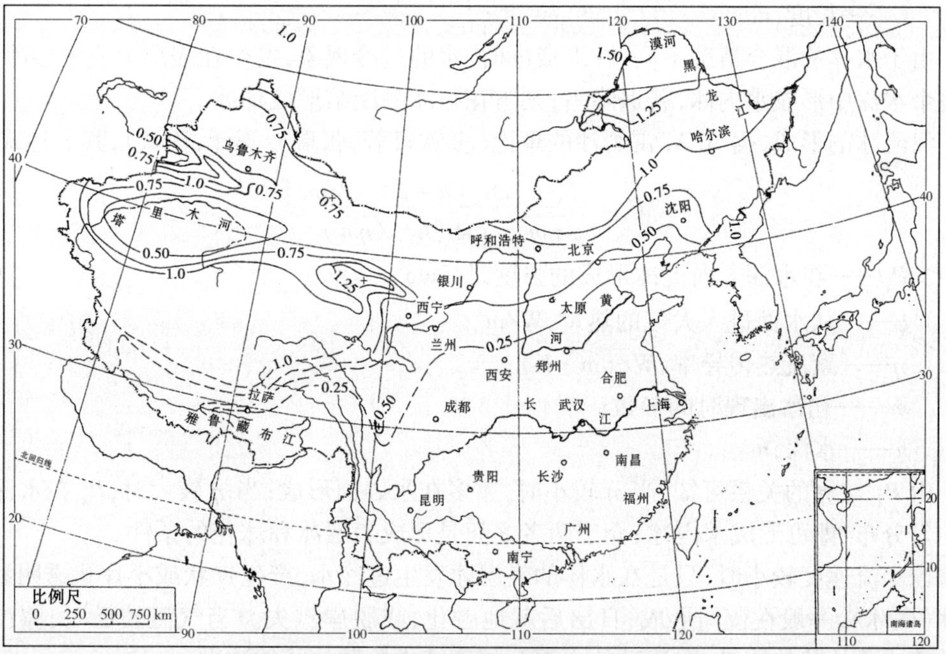

图4　中国河流平均最大冰厚图　(单位:m)

(中国科学院中国自然地理编委会,1981)

从图1～图4可以看出,中国冰情特征值的走向基本是东西或东北—西南走向,几个盆地和高原形成了各自的闭合圈。最长的冰期为6.5个月，最短的冰期为2个月；最早的初冰期为10月（新疆地区个别站为9月），最晚的初冰期为12月；最早的封冻日期为11月，最晚的封冻日期为1月；最早的解冻日期为2月，最晚的解冻日期为5月；最大多年平均冰厚为1.60 m，冰厚随纬度升高而增厚。

2.2 河流冰情的形成及演变过程

我国北方河流的冰情演变过程可分为3个时期，即结冰期、封冻期及解冻期。结冰期为初冰到封冻前，封冻期为形成冰盖开始到冰盖开始融化，解冻期为冰盖开始融化到流冰结束，现分述如下。

2.2.1 结冰期

在秋末冬初，气温不断下降，水温也随之逐渐降到0 ℃。水体中的热量可以自水面消失，将混合水中的热量大量消耗。

$$QC_p\rho T_w < \varphi bL \tag{1}$$

式中 Q——流量，m^3/s；

C_p——水的比热容，J/(kg·K)；

ρ——水的密度，kg/m^3；

T_w——水温，℃；

φ——从水面进入大气的热量，W/m^2；

b——宽度，m；

L——长度，m。

由于水体的混合情况不同，在形成冰时，水的过冷现象，发生在表层形成表层冰，发生在整个水深中形成水内冰，若遇降雪，则雪花与冰晶凝结形成棉冰。

河流冰的形成，据B.A.雷姆沙的理论（多钦科著，张瑞芳等译，1991），其表达式为

$$P_z = \frac{\varphi}{\sqrt{\eta m}} \frac{\mathrm{ch}[(h-2)/\sqrt{\eta m}]}{\mathrm{sh}(h/\sqrt{\eta m})} \tag{2}$$

式中 P_z——在水深方向上冰形成的强度，$J/(cm^3 \cdot s)$；

φ——从水面进入大气的热量，W/m^2；

η——紊流热传导率，W/(m·K)；

m——初冰出现时的参数；

h——水深，m。

由 P_z 与 η 的关系可知，当 η 较小时，冰多在水表面形成；当 η 较大时，P_z 在水深上接近均匀分布，即可形成水内冰；介于两者之间是形成表层冰和冰花的条件。

当水流速度较小时，只是在水体的表层才发生过冷水，产生针状或小片状透明易碎的薄冰（微冰），一般在夜间形成，日出后就地融化，或脱岸漂失。当气温较低时，漂浮于水面针状或薄片状的冰晶，在流动的水面互相冻结成松散片状的冰凇。

在初冬气温由正转负后，沿河两岸结成宽窄不等的岸冰，一侧固结于岸边，一侧漂于水面。当气温稳定下降，初生岸冰厚度增加，成为固定岸冰。流动的冰花或冰块被风和水流冲到岸边，或岸边冰，冻结成冰面不整的冲积岸冰。

当河段流速较大时，如式(2)分析，由于水流紊动，在整个水体内都会发生过冷水，生成冰晶。在水流紊动剧烈时，水表层不易产生冰晶。水内和河底产生的冰晶释放的热量可以从水表面失去，水内即可在过冷水情况下，不断地生成悬浮的水内冰，保持到水力沉降速度小于脉冲速度的垂直分量时为止。水内冰的沉降速度与水内冰的形状有关。

水内冰的形状有圆片状、球状、海绵状、羽毛状、卷叶状等，水内冰的大小、形状和稳定度，主要受热交换和各种速度场的影响。

结冰期还有两种冰情，即冰礁和冰桥。冰礁为固定在河底并露出水面的冰体，往往发生在水流较浅的沙洲、浅滩等处，主要由底冰或搁浅的冰花团冻结而成。冰桥的上、下游为敞露水面，中间为横跨断面的固定冰盖。往往由两岸岸冰延伸相互联结或由冰块堆积于两岸之间冻结而成。

2.2.2　封冻期

封冻是河段内出现横跨两岸的稳定冰盖。其敞露水面面积小于河段总面积的20%。河段封冻的形态与河道地形，水力、热力因素，风向，风速等有关，可分为以下两种类型：

(1)平封。多发生在水流平缓的河段上，冰盖表面比较平整。封冻前一般先在河槽过冰能力较小的河段，如流速低、河道急弯的下游、有河心滩或易于冰块滞留的河段，发生冰桥。流动的冰花、冰块到冰桥处受阻平铺上溯，形成河段封冻。为了使冰桥稳定，冰盖的强度必须超过水流动力负荷产生的应力。冰桥以上积聚的冰其内力平衡，主要有沿主河道轴线的垂直应力，水冰摩擦力的切摩应力，河岸的摩擦力。有些不太大的河流，两岸岸冰较宽，随着气温持续下降，两岸岸冰继续增宽，互相联结，冻结成整个冰盖，或两岸岸冰间的未冻河面逐渐缩窄，遇有天气骤冷，敞露水面迅速冻结而封河。

(2)立封。往往在浅滩河段开始封冻，若流速较大或出现大风，冰花及碎冰易于封冻。冰缘前堆积、挤压、重叠、倾斜、冻结，使冰盖表面形成大量冰堆起伏不平。当流速大到一定程度时，立封冰盖向上游延伸的同时，冰花、冰块随水流下潜并堆积在初封冰盖底下为初封冰塞。在封冻时热量交换，水力和形态条件起主要作用，这些条件决定冰在河槽中的移动和聚积。冰与大气的热交换，促使冰凌冻结和强度增加。在结冻时，河流热交换条件变化与气象因素和冰面状况的变化有关。随着水面被冰覆盖的增加，水面逐渐缩小，水的热交换随之减小，冰与大气的热交换增加，并且冰与大气的热交换随冰厚的增长而减小，冰厚为1 cm时水和冰之间热量损失之差不超过10%，冰厚为20～30 cm时，冰与大气的热交换为水与大气热交换的1/3～1/4。在计算冰流量和封冻时应考虑这种变化。

河流封冻后，水中热量通过冰盖的传导才能与大气进行热交换，失热速度减缓。水体失热主要增厚冰盖，结冰放出的潜热和水流克服摩阻而产生热量，使水流失去过冷却的条件，不再产生水内冰。但在封冻河段因流速较大，或水温较高处，如急流浅滩、泉水流入处，或工业废水及污水汇入处，常常出现未冻结狭长的水沟，称为清沟。封冻初期形成的清沟，随着气温降低和流量减小，逐渐缩小，甚至消失，但有的存在于整个冬季。清沟是水内冰的制造场所。

在河流封冻后，因湿周增长和冰盖下冰花堆积，水流阻力增大，过水断面减小，因而比畅流期同流量水位增高，河道槽蓄水量增大。在冰盖向上游发展，且上游流速大于临界值时，封冻边缘上溯受阻，流来的冰花在封冻前缘处下潜，在冰盖下堆积形成冰塞。随着冰塞体积的不断增大，上游水位不断壅高，流速逐渐减小，当其减小到临界值时，冰花不再下潜，封冻前缘又向上游继续推进。

2.2.3 解冻期

当严冬结束，春季来临时，日平均气温较高，太阳辐射强度增大，冰盖表面开始融化，融水渗入冰盖，逐渐改变冰盖的结构，冰质变松，随着径流补给增加，水温增高，冰盖进一步消融变薄。由于土壤吸热较冰盖多，先从岸边冰融化，并逐渐使冰盖脱岸，水位上涨，冰盖浮起，只要有一定的水力和风力，就会出现冰盖滑动或开河。冰盖破坏的条件为

$$\sigma h_{\rm i} \leqslant f(h\Delta h) \tag{3}$$

式中 σ——冰的强度，Pa；

$h_{\rm i}$——冰厚，m；

h——水位，m；

Δh——壅高水位，m。

在长江水利委员会(1993)的《冰情与融雪径流预报》中式(3)改为

$$\sigma h_{\rm i} \leqslant f(Q_{\rm u}\Delta h, v_{\rm a}, B_{\rm i}) \tag{4}$$

$$\sigma = \alpha\left(1 - \sqrt{\frac{S_{\rm wir}}{S_{\rm wim}}}\right)^2 \tag{5}$$

式中 $Q_{\rm u}$——上游站解冻时流量，m^3/s；

$v_{\rm a}$——风速，m/s；

$B_{\rm i}$——冰面宽，m；

α——系数，一般为5.5；

$S_{\rm wir}$——冰体降低强度的热量，$J/(cm^3 \cdot d)$；

$S_{\rm wim}$——使冰完全丧失强度的热量，一般为184～197 $J/(cm^3 \cdot d)$；

其余符号含义同前。

黄河上游解冻的经验关系为

$$Q_{\rm u} \geqslant \frac{10\alpha h_{\rm i}^{r}}{\sum T_{\rm a}^{+1}} \tag{6}$$

式中 $Q_{\rm u}$——上游解冻时流量，m^3/s；

$\sum T_{\rm a}^{+1}$——气温由负转正后累积正积温，℃；

α——开河系数；

r——指数，一般取0.95。

以热力因素为主，在冰盖充分解体后，形成开河，称文开河。其特点是冰盖质地疏松，大部分就地融化，开河历时较长，流冰较少，水位流量无剧烈变化，水势平稳，没有集中流冰，不会造成危害。

当冰盖尚未解体时，上游流量急增，冰层被迫鼓开，这种以水力因素为主的开河，称为武开河。其特点是流量骤增，水位变化迅猛，有大量流冰，并且冰质坚硬，极易形成冰坝，往往壅水成灾。

半文半武开，介于文开和武开之间，其特点是冰盖在热力因素的作用下，冰质已经比

较疏松，在不太大的水力作用下即可开河，这种开河一般也不会形成严重凌洪灾害。

2.3 严重冰情地区概况

各地河流由于地理位置、地形地貌、气候、流量大小、水力特点等不同，冰情变化也不相同。黄河中下游各省及河北省、辽宁省一带冰期为2～3个月；黄河上游、吉林省、黑龙江省及西北地区冰期为4～5个月；黑龙江省和内蒙古自治区的东北部，冰期长达半年以上；新疆河流冰期长达7个月。现将主要河流冰情分述于下。

2.3.1 黄河冰情

黄河凌汛驰名中外，特别是宁夏、内蒙古河段及河南、山东河段，凌汛严重，灾情频繁。在封冻时，因冰凌阻水，槽蓄增大，下泄流量减小，一般半月左右，小流量过后，冰下过流能力增加，流量过程逐渐恢复到河段进、出流量基本平衡。

宁夏、内蒙古东河段流凌封冻日期下游早、上游晚，解冻开河日期上游早、下游晚。平均流凌日期：三湖河口以下为11月18～19日，巴彦高勒以上为11月20～24日；流凌历时昭君坟最短为19天，石嘴山最长为33天，封河日期昭君坟和三湖河口最早为12月2～3日，石嘴山最晚为12月26日，较昭君坟晚24天。开河日期石嘴山最早为3月7日，昭君坟与头道拐最晚为3月22日。

兰州以上的刘家峡和龙羊峡两个大型水库先后于1968年和1986年建成运行，使宁夏、内蒙古河段的冰情发生了很大的变化。

(1)水库泄流水温增高，兰州河段由以往90%的年份封河，变为1～2月水温可达2 ℃，已无冰情。不封河段在刘家峡水库运行后达到青铜峡水库末端(距兰州485 km)，龙羊峡水库运行后，青铜峡水库以下40 km左右也不封河。

(2)封冻期刘家峡和龙羊峡水库冬季发电，泄流增大，致使宁夏、内蒙古河段封冻期水位较建库前明显抬高，因而槽蓄水量增多。

(3)冰坝减少，文开河年份增多，武开河年份消失。在刘家峡水库运行前，冬季流量小，冰盖下过流能力小，开河时河槽蓄水下泄，往往产生较大凌峰，形成水鼓冰开的武开河，容易产生冰坝，造成凌灾。刘家峡和龙羊峡水库运行后，冰期流量增大，冰盖增高，冰盖下过流能力增大，开河时又进行控泄，因而多数年为文开河，冰坝由水库运行前的平均每年14个减至运用后平均每年4个，冰灾减少。

(4)河槽淤积加重，冰塞增多。由于龙羊峡水库运行后，汛期上游流量减小，泥沙多淤在主槽内，抬高了水位，并且由于流量增大，封河时冰量增多，冰花下潜能力增大，加之水库泄流不稳，容易产生冰塞。

黄河下游是一个上宽下窄、由游荡性至弯曲性的堆积河流，全长近800 km，流向自西向东转为西南—东北向，纬度相差3°，比降为1‰～2‰，为不稳定封冻河段。1950～1998年不封年份占12%，一般12月中旬开始流凌，1月中旬封河。封河往往自河口段开始，向上发展时常为分段封河，称为梯级封河。封河长度为40～703 km。封河厚度各河段不同，河口最厚达1.0 m。河槽蓄水量变化大，最大8.85×10^8 m^3，最小0.086×10^8 m^3。开河一般在1月中旬至3月中旬，最早为1月19日，最晚为3月18日。利津开河时最大凌峰为3 430 m^3/s。黄河下游在封河时有的年份也产生过冰塞，自1950年以来，有9个年度产生过冰坝，其中1951年和1955年的冰坝最为严重，都发生决口灾害。

2.3.2　东北地区冰情

东北地区冬季严寒而漫长，冰情十分严重。

冰情主要为冰塞、冰坝，尤其冰坝更为突出，如黑龙江上游，据1916年有水文记载以来，大型冰坝出现过十余次；1954年至今出现过9次，冰坝最高壅水位达十余米，凌洪最高水位超过百年历史夏汛洪水位。东北地区冰情特征见表1（水利电力部水电规划设计院，1983）。

表1　中国东北地区河流主要站点冰情特征值

河流	站名	经纬度		冰情日期(月-日)			冰情天数(d)		多年平均最大冰厚(m)
		经度(° ′)	纬度(° ′)	初冰	封冻	解冻	流冰	封冻	
黑龙江	开库康	124 48	53 09	10-22	11-06	05-03	15	178	1.60
	呼玛	126 39	51 43	10-25	11-13	04-28	19	167	1.46
嫩江	库漠屯	125 16	49 27	10-24	11-06	04-17	13	163	1.35
	阿彦浅	124 37	48 46	10-30	11-13	04-14	14	153	1.18
松花江	富锦	132 01	47 16	11-07	11-23	04-17	16	144	1.02
	哈尔滨	126 35	45 46	11-12	11-25	04-08	13	134	1.00
第二松花江	白山	127 13	42 44	11-10	11-26	04-09	16	135	1.10

例如，1985年4月从洛古河到霍而漠津1 004 km河段上形成冰坝25处，历时17天，壅高水位6～7 m；1986年黑龙江严重灾害性冰坝出现过10多次，大型冰坝形成的洪水波及下游数百千米。

2.3.3　新疆冰情

新疆河流冰情特征与其他河流不同，新疆地形复杂，地势高差悬殊，北部有西北—东南走向的阿尔泰山，最高海拔高度在3 000 m以上，冬季降雪丰沛，山区覆盖着大面积积雪；南部有自西向东的帕米尔高原，喀喇昆仑山及阿尔金山山脉海拔高度在5 000 m以上；中部有天山山脉，海拔高度在4 000 m以上。3个山系均分布积雪和冰川，并且环绕着塔里木和准噶尔两大盆地，气温差别明显，由于天山山脉的屏障作用，南北疆气温有很大差别，并且有盆地效应。冬季冷空气进入新疆，由于盆地下垫面的辐射冷却，高山空气下沉，冷空气聚集在盆地里，形成逆温层，气温增升率为0.4 ℃/100 m，对不同海拔高度，河流的冰情有明显的影响。

新疆冰情的特点表现在：结冰出现日期具有水平地带性和垂直地带性。水平地带性与一般地区相似，随纬度的增高，结冰日期提早；垂直地带性，结冰日期从平原到山地随海拔高度的增加而提早；在天山南坡和昆仑山系，海拔高度从东向西增高，结冰日期也从东向西提早；有不少河流因河道坡度陡，流速大，只有岸冰和流冰而不封冻。有些河流的开始封冻日期没有水平地带性，但有些河流随着海拔高度增高，流速增大，而推迟封冻。新疆因平原气温回升早于山区，故河流解冻日期平原早于山区。因而冰凌溃坝型洪水与其他地区不同，不是发生在解冻期，而是发生在11月至次年2月，并且凌汛洪水可超过夏汛洪水。这种洪水主要出现在北疆的呼图壁地区以西至伊犁地区的天山北坡河流上。由于河流坡陡流速大,冬季大多不封冻。流冰期长,冰量大,遇到强寒潮,气温骤降,流冰量迅速增加,在山区狭谷河段,发生阻塞,形成冰坝,发展到一定规模,即可发生溃决,冰水齐下,形成冰洪。

3 河流冰盖

3.1 冰盖厚度的变化

当计算冰厚时,对冰盖上无雪、有雪和冻结过程中伴随有冰花等,计算公式均不同。在冰面无雪、无风,冰面以下水温为0 ℃,不计流速影响等条件下,根据水流通过冰层进入空气中的热量等于结冰所放出的潜热的条件下,即得如下冰厚的近似计算公式

$$h_i = \sqrt{\frac{2\lambda}{L_i \rho_i} \sum T_i} \qquad (7)$$

式中 λ——冰的导热系数,W/(m·K);

L_i——结冰潜热,一般取334 J/g;

ρ_i——冰的密度,kg/m³;

$\sum T_i$——冰面温度的累积值,℃。

为简便起见,常写成如下通式

$$h_i = k(\sum T_a)^{\alpha} \qquad (8)$$

式中 k——经验系数;

$\sum T_a$——累积日平均气温,℃;

α——指数。

系数k和指数α值见表2。

表2 k、α值

地区	k	α
东北地区	2.0~2.3	0.50~0.56
华北地区	2.6~3.0	0.50~0.56
黄河下游	1.36	0.53

有些观测资料表明,在冰厚的发展过程中,一个冬季的各个时期不同,即封冻的第一个月增长最快,此后的增长速度减缓。

3.2 冰盖的承载能力

单位冰面上承受的荷重,称为冰盖承载能力。冰盖的承载能力决定于冰的物理性质和荷载形式等。冰的物理性质包括弹性系数、抗弯强度、抗压强度、抗拉强度、抗剪强度及冰质、冰厚、冰的密度等,荷载形式包括静荷载、动荷载、持续时间及荷重分布,在一定冰质和冰结构条件下,承载能力主要与冰厚和温度有关(长江水利委员会,1993)。公式为

$$p_p = \frac{3h_i^2}{C_a} \tag{9}$$

式中 p_p——允许荷载量,t;

h_i——冰厚度,m;

C_a——冰的比应力,为 α 的函数(见表3);

α——荷载分布系数,$\alpha = \frac{r}{E}$;

r——荷载分布半径,m,$r = \sqrt{\frac{b}{2} \frac{l}{2}}$;

b、l——荷载运动体的宽及纵轴线长,m;

E——冰的特征值,$E = \sqrt[4]{28\ 125h_i^3}$

表3 α—C_a 关系

α	0.70	0.60	0.50	0.40	0.30	0.20	0.10
C_a	0.018 0	0.020 0	0.023 0	0.026 5	0.030 0	0.034 5	0.045 5

3.3 冰盖下过流能力

冰盖下的过流能力与畅流期不同,主要受水流中的冰花和流冰影响,尤其在封冻后,湿周加大,边壁剪切力增加,造成水深增加,平均流速减小,使同流量水位升高。糙率是反映河道阻力大小的主要参数,是计算冰期流量的重要因素。河道阻力可分为床面阻力、岸壁阻力和河床形态阻力,对于多沙河流的床面阻力又分为沙粒阻力和沙波阻力等,但一般计算冰期宽浅河道阻力时多简化为河床阻力和冰盖阻力,阻力计算公式多采用曼宁公式

$$n = \frac{R^{\frac{2}{3}}}{v} J^{\frac{1}{2}} \tag{10}$$

式中 n——综合糙率;

R——水力半径,m;

v——平均流速,m/s;

J——能坡。

由于糙率在计算流量中的重要性,在冰水力学中对 n 的计算有许多研究,清华大学惠遇甲教授对下列各种综合糙率计算公式进行了分析比较(见表4)。

表4 各家公式计算综合糙率结果汇总

n	Sun Zhaochu(1990)	周文德公式	Yu-Graf-Levine(1968)	Larsen(1969)
0.015	1.043 2	1.171 1	1.033 7	1.043 2
0.020	1.236 6	1.388 3	1.200 5	1.236 6
0.030	1.589 3	1.784 3	1.496 6	1.589 3
0.050	2.252 1	2.528 2	2.049 0	2.252 1
0.070	2.750 5	3.088 0	2.437 0	2.750 5
0.100	3.778 4	4.242 3	3.232 9	3.778 4

为了适应黄河下游防凌的需要，对黄河下游封冻初期河道过流能力进行了分析，其结果认为应用以下 Ashton(1974)公式，基本上符合实测流速，即

$$\frac{v_{us}}{\sqrt{(1-\rho_1)gd_1}}=\frac{2}{\sqrt{5-3(1-h_i/h)^2}} \tag{11}$$

式中 v_{us}——冰盖下前缘临界下潜流速，m/s；

ρ_1——冰和水的混合密度，kg/m^3；

g——重力加速度，m/s^2；

h_i——冰厚度，m；

h——畅流期水深，m。

4 冰塞的形成与变化

4.1 冰塞的形成过程

冰塞是指在封冻冰盖下面大量冰花堆积堵塞了部分水道断面，造成上游水位壅高的现象。冰塞常发生在水面比降由陡变缓和上游有大量冰花供应的河段，如急滩下游水流较缓的河段，或水库回水末端等处。冰塞是在冰盖发展中形成的，当上游输入充分的冰花时，只要冰盖前缘的流速大于冰花下潜流速，则冰花下潜并堆积于下游比降平缓河段的冰盖下面，逐渐发展成冰塞，壅高上游水位，改变河段比降。当封冻冰缘的流速小于冰花下潜流速时，封冻冰盖继续向上游发展。

在水电站下游常常发生清沟，在流速较大的河段，冰缘移动过程中，也会形成冰塞。山区河流输冰能力不足的河段，当冰花密度很大时，也会形成冰塞（见图5）。冰塞的规模大小不一，有的大河冰塞可达几千米，甚至几十千米。冰花在横断面堆积的面积可达70%以上。大的冰塞体可存在整个冬季。

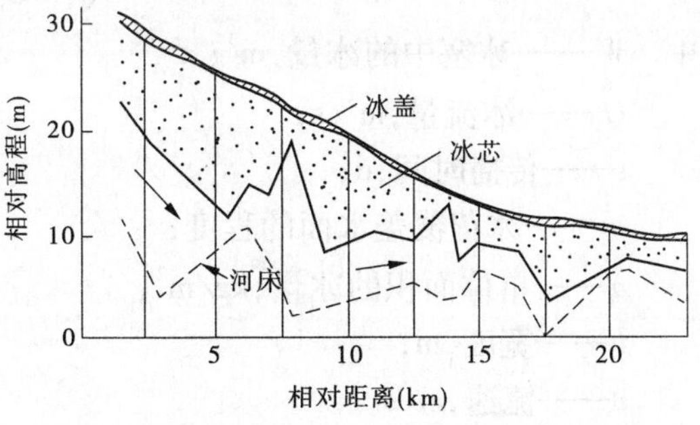

图5 黄河上游刘家峡—盐锅峡河段冰塞纵断面图（冰塞相对稳定时期）

冰塞的形成过程可分为3个阶段：冰花被吸入冰缘下、在冰盖下冰花运动和积聚及在冰塞中冰花的再分布和冰缘向上游移动。

在第一阶段，冰盖前缘以上的冰花层愈厚，剪切应力愈大，其稳定性愈大，当水流动力大于冰花阻力时，冰花则被吸到冰盖以下。流速、水深及冰花的厚度和密实度决定冰花的潜入和翻滚条件，可以应用水流的弗劳德数(Fr)的临界值表示冰花的堆积条件，即

$$Fr=v/\sqrt{gh}=(1-\Delta h_j/h_j)\sqrt{[2(\rho-\rho_i)/\rho](1-\varepsilon)\Delta h_j/h_j} \tag{12}$$

并且在下列条件下可以达到最大值。

$$Fr_c=0.154\sqrt{1-\varepsilon}$$

式中 Fr——弗劳德数；

Fr_c——临界弗劳德数；

v——流速,m/s；

g——重力加速度,m/s^2；

h——水深,m；

h_j——冰塞水深,m；

Δh_j——冰塞水深增值,m；

ρ、ρ_i——水和冰的密度,kg/m^3；

ε——冰塞孔隙率。

根据资料分析,Fr_c 为 0.06 ~ 0.12,当 $Fr > Fr_c$ 时,冰花被吸入冰盖以下并停留在冰盖以下,即可形成冰塞。

在冰花吸入冰盖以下后,当冰盖下无阻碍时则以直线运动,当冰盖下面不平整时,冰花要以翻转滚动的方式前进,对冰块滑动和滚动起主要影响的是冰块的大小,对于大冰块,则主要沿冰盖进行滑动。试验研究表明,潜入冰盖下的冰花主要滞留于冰塞河段,冰花增多,断面减小,流速增大,逐渐达到稳定,在冰塞的平衡段,水位达到最大值。

在冰塞演变过程中,由于流量和天气的变化,冰塞的平衡和稳定遭到破坏,冰花移动,最后在整个河段上冰凌发生重新分布。

在冰塞形成期间,上游流来的冰花量决定了冰塞的冰量,可用下式计算

$$W_i = Q_i t \tag{13}$$

$$Q_i = a_i abv \tag{14}$$

式中 W_i——冰塞中的冰量,m^3；

Q_i——冰流量,m^3/s；

t——传播时间,d；

a_i——冰花覆盖水面的程度；

a——单位面积的冰量,kg/m^2；

b——宽度,m；

v——流速,m/s。

保存于整个冬季的冰塞,在河流解冻时有助于形成冰坝,但在天气转暖后,冰塞体很容易为水流冲刷。

4.2 国内冰塞研究

黄河河曲段位于黄河中游上首,在龙口至天桥 70 km 的河段上每年冬季都有 100 多天的封冻期,其中自石窑卜至龙口之间近 30 km 的河段上都会形成大型冰塞。1982 年 1 月发生了特大冰塞,厚度达 9.3 m,最大水位增值达 6.3 m,造成了罕见的冰凌灾害。自 1982 年起连续 10 年对该河段进行了冰塞观测研究❶,建立了河曲段冰塞运动方程。

4.2.1 运动方程的推导

冰塞变化与冰盖前缘以上平均总水深(H)、冰盖下过水断面平均水深(h)、冰盖前缘以上和冰塞下过水断面处的平均流速(v_c,v_u)、冰塞厚度(h_j)、水和冰的密度(ρ,ρ_i)、水面

❶ 黄河水利委员会河务局,合肥工业大学,1995。河水运动基本规律的研究。"八五"国家重点科技攻关项目。

比降 J 和重力加速度 g 有关，即

$$f(H,h,v_c,v_u,g,t_j,\rho,\rho_i,J)=0 \tag{15}$$

结合水流连续方程进行量纲分析得

$$\frac{h}{H}=k\left[\frac{v_c}{\sqrt{\frac{1}{2}gh}}\right]^{\alpha} \tag{16}$$

根据实测资料进行回归分析得

$$k=\mathrm{e}^{-1.9591}=0.141;\alpha=-0.7006$$

水内冰在随水流运动过程中，会因流速大小的作用从冰盖下被冲走，或从水流中上浮而积聚在冰盖下，与悬移质含沙量相似，只是方向相反，其运动特征有一定的共性，悬移质输砂率 Q_s 与断面流量 Q 和悬移质含沙量 ρ_s 有以下函数关系

$$Q_s=kQ^{\alpha}\rho_s^{\beta} \tag{17}$$

水内冰随水流运动的过程中，与悬移质泥沙在水流运动中相同，具有多来、多排、多淤的规律，设 V 为单位水体中水内冰的体积，在 $\frac{v_u}{\sqrt{\frac{1}{2}gh}}$ 相同的条件下，V 大则 $\frac{h}{H}$ 小，如果在式(16)中引入 V，则式(16)可改为

$$\frac{h}{H}=k\left[\frac{v_u}{\sqrt{\frac{1}{2}gh}}\right]^{\alpha}V^{\beta} \tag{18}$$

式(17)、式(18)形式相似，则水内冰花也具有多来、多排、在冰盖下多积的规律。

4.2.2 河曲段冰塞水位变化规律

(1)初封期的冰塞体是随冰盖的延伸，由下游向上游发展的，水位也是自下游向上游逐步壅高的。

(2)在冰盖和冰塞体向上游发展的同时以及在全河段上已封冻的初期，冰盖前缘潜入的冰花，几乎全部上浮并堆积在冰塞的上部河段。而冰塞的下部河段在得不到冰花补给的情况下，原有的冰塞厚度或糙率反而有所减小，于是，全冰塞河段的水位出现了上涨下跌的变化。

(3)从冰盖前缘到达河段上端龙口断面并且不再向上游发展时，前缘冰盖下的冰花越积越多，过水断面逐渐减小，导致河水水位壅高。随之冰盖下的流速增大，并促使冰盖下的冰花向下游河段逐步增大，同样，河流水位反又自上游向下游河段逐步增高，这一过程远较初封冰塞的发展过程要长。

(4)当上游来冰量从最大开始减小时，冰盖前缘附近的厚度和水位也开始减小，此时伴随冰花向下输送，下游河段的冰塞厚度和水位仍在增加，直至解冻开河前，冰塞河段水位又出现了上跌下涨的现象。

(5)临近解冻开河前，全河段的冰塞厚度明显减小，水位下跌。

4.3 冰塞水位

由于河槽过水能力减小而引起冰塞水位 H_j 抬高的规律决定于流量 Q、断面 A、冰塞

河段的地貌、水面比降 J、冰塞堆积物的厚度 h_j、孔隙率 ε_j 及糙率 n_j 等，即

$$H_j = f(Q, A, J, h_j, \varepsilon_j, n_j) \tag{19}$$

河槽中的水位由于冰塞而抬高，不仅由于冰花使过水断面缩小，而且还由于水面线加长、糙率加大及由于堆积物对水流产生的附加阻力。为了克服这种阻力，要靠增加冰塞断面的水深及水面比降。在水位壅高时，确定每个分量的作用和数量是十分复杂的，可以根据理论和资料分析进行估算，建立经验关系。

《苏联河流冰情》(P. B. 多钦科著，张瑞芳等译，1991)采用了以下公式

$$H_j = f(h_j) \tag{20}$$

$$h_j = h_{bj} + t_j\rho_i/\rho \tag{21}$$

$$h_{bj} = kh \tag{22}$$

式中 H_j——冰塞水位，m；

h_j——堆积物上游冰缘水深，m；

t_j——冰花堆积物的厚度，m；

h_{bj}——冰塞下的水深，m；

ρ_i——冰的密度，kg/m^3；

ρ——水的密度，kg/m^3；

h——明渠水深，m；

k——系数。

若$\dfrac{\Delta h_j}{h_j} = \beta$($\Delta h_j$ 为因冰花引起的河道束窄，水拉抬高值)，经整理，则有

$$h_j = hk/(1-\beta) \tag{23}$$

设 $$k/(1-\beta) = A_j,\ 则\ h_j = A_j h \tag{24}$$

根据分析 $$A_j = e^{\alpha_j} J^{0.3} \tag{25}$$

式中 α——明渠与有冰花时水力半径之比，$\alpha_j = 3.30 + 0.10$；

J——水面比降。

则 $$h_i = e^{\alpha_j} J^{0.3} h \tag{26}$$

$$H_j = f(h_j) \tag{27}$$

5 冰坝的形成与演变

5.1 冰坝的一般情况

冰坝是解冻开河时，大量流冰在卡口、弯道、浅滩及未解体的冰盖前缘等处受阻，堆积起来，横跨整个或大部断面，壅高水位的现象。

武开河或半文半武开河易形成冰坝，其形成及溃决是水力、热力、冰量及河流边界条件综合作用的结果。既要有足够数量和强度的冰量，又要有一定的水流动力、阻止流冰顺利下泄的河流边界和断面条件。

冰坝形成后，上游水位迅速壅高，下游水位下降，造成一定的落差。当冰坝上游来冰继续堆积，发展到一定程度时，承受不住上游的冰水压力，加之气温上升，便发生溃决，冰水齐下，使下游水位急剧上涨，形成凌洪。如其下游也形成冰坝，凌洪到达后，又发生溃决

形成更大凌洪，往往造成凌灾。

冰坝的形态可分为头部和尾部（见图6）。头部是冰块下潜堆积的部位，堵塞最严重，壅水最高。尾部冰块平铺上溯，壅水程度越远越小。冰坝的存在时间不长，自数小时至十余天，每年发生冰坝的位置一般不定，不易具体观测。

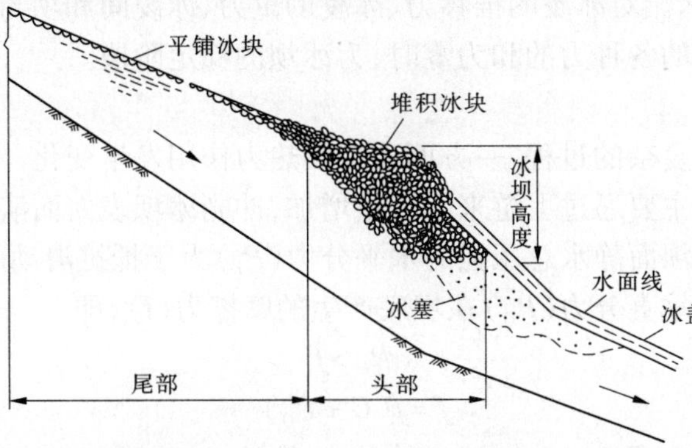

图6　冰盖和冰塞阻碍在河床上形成的冰坝示意图

5.2　冰坝的形成过程

冰坝一般分为形成、稳定、溃决3个阶段（见图7）。

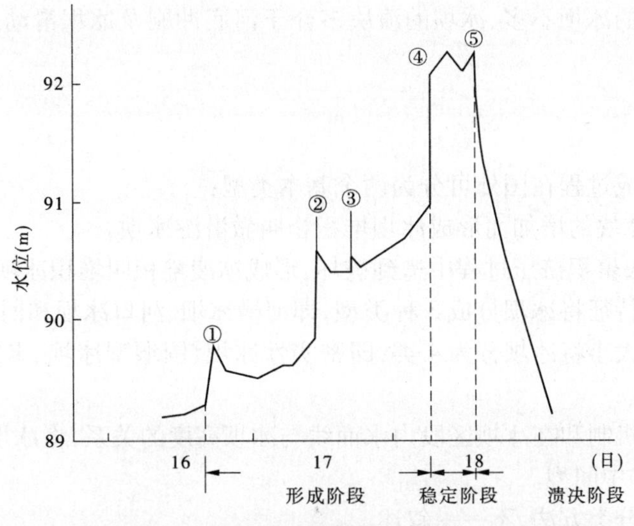

①第一次冰凌推移；②第二次冰凌推移；③第三次冰凌推移；
④第四次冰凌推移；⑤冰坝溃决

图7　冰坝形成断面水位过程示意图

5.2.1　形成阶段

从冰盖破裂开始至出现最高水位之前为形成阶段。

冰坝壅水上涨过程呈阶梯形，每次上涨都伴随着一次冰凌推移，其推移的规模取决于水层正面的推移力和岸边河床及未解体冰盖的阻力。冰坝的形成过程也是冰凌在河槽中的阻塞过程。根据模型试验，当水流下面的推移力较大时，该冰坝可直接停留或从底部卡塞,形成冰坝基础,此后向深部挤压,形成冰坝头部。当水流正面推移力大于冰坝头部的稳定堆积力,但无力破坏冰坝时,则上游流来的冰凌进一步加密冰坝,或使整个冰坝头部向下游移动,延伸尾部,冰坝进一步巩固,冰坝头部堆积增厚,水位增高。

5.2.2 稳定阶段

冰坝形成后,当水流对冰凌的推移力、冰凌的重力、冰凌间和坝与河床间的摩擦力、惯性力等作用到冰坝上的各种力的和为零时,为冰坝的稳定阶段。

5.2.3 溃决阶段

冰坝溃决是十分复杂的过程,一方面冰层因热力作用发生变化,另一方面由于动力使冰坝破坏。小型冰坝主要通过上游来水流量增加,冲刷冰坝表面而溃决;但对于大型冰坝的溃决多是由于上游坝面静水总压强的水平分力(P_c)大于抵抗滑动的冰坝自重(G)和上游冰坝静水总压力的垂直分力(P_Q)在坝底产生的摩擦力(f),即

$$P_c > f \tag{28}$$

$$f = f(G + P_Q) \tag{29}$$

式中 P_c——水平分力,Pa;

f——摩擦力,Pa;

G——冰坝自重,kg;

P_Q——垂直分力,Pa。

一般接触河底的冰坝不多,冰坝的溃决多介于河底冲刷及冰坝滑动之间绕流冲刷而溃决。

5.3 冰坝类型

5.3.1 基本类型

根据冰坝的形成过程在国外可分为两个基本类型:

(1)由冰缘下冰块的增加而形成冰坝堆积物叫做潜游冰坝。

(2)冰盖在冰块聚积挤压过程中遭到破坏,形成冰凌堆积叫堆积冰坝。

根据河段形态特征将冰坝分成3种类型,即河槽冰坝、河口冰坝和回水末端冰坝。

按抬高水位的大小将冰坝分为4类,即密实性冰坝、围堰型冰坝、卡塞型冰坝和其他型冰坝。

按冰坝的生成机制和在冰坝区段内水面线与冰坝高度的关系,将冰坝分成3种类型。即力学型、水力型和中间型。

还有其他许多分类方法,不一一叙述。

5.3.2 中国冰坝的分类

在松花江下游的冰坝分类有:①盖面阻塞型;②束狭阻塞型;③弯曲阻塞型;④底部阻塞型;⑤分支阻塞型;⑥含有两种以上类型的综合型。

5.4 冰坝水位

冰坝壅高水位是冰坝堆积程度的特征,不仅与形成冰坝河段的河槽束窄形态有关,而且还与流量(Q)、冰坝下表面的水流阻力、冰坝的厚度(h_i)和强度(σ)等有关。解冻前冰盖的厚度和强度愈大,凌峰流量则愈大,冰坝壅水位(Δh_{id})也就愈高,因此有

$$\Delta h_{id} = f(Q, \sigma, h_i) \tag{30}$$

5.5 不同地区冰坝的特征

5.5.1 黄河下游冰坝

黄河下游1968～1969年度凌汛期，顾小庄至李隤冰坝出现了历史罕见的大幅度气温升降，造成"三封三开"。因河道弯曲，河床宽浅，水流分散，有沙洲、鸡心滩和河道工程等阻冰，封河时易生冰塞。封后，河段上游流速较大，河槽蓄水量多，造成封河时的严重冰塞，因热力因素的作用，出现了上段骤然开河，本段因输冰能力差，从而产生了严重冰坝。

5.5.2 松花江依兰江段冰坝

松花江下游依兰江段，在依兰县境内，本段地形为四周高、中间低，河道内浅滩密集，为著名的"满天星险滩"，河道内有两处较大的浅滩，流向多变，这是形成冰坝的重要条件之一。两处浅滩的顶部中水时淹没，低水时露出，每年流凌期多在两处浅滩处堆积冰块，依兰江段的冰坝属底部阻塞型，水位愈低阻塞程度愈严重。

冰坝壅水过程的特点是涨水历时长，落水历时短，水位上涨过程呈阶梯形，冰坝稳定阶段较短。当上游壅水，对冰坝的推力大于冰坝与河床两岸冰块间阻力时，冰坝易发生溃决。

依兰江段1979～1982年的冰坝过程特点见表5。

表5 依兰江段冰坝过程特点一览表

时间	涨水历时(h)	落水历时(h)	稳定阶段(h)
1979	44	9	3
1980	48	13	3
1982	56	14	—

5.5.3 嫩江上游"84.4"冰坝

1984年4月16日至20日，在嫩江上游自石灰窑水文站下至多金村，全长206 km，连续出现多处冰坝，历时5天，本次冰坝是新中国成立以来仅次于"57.4"冰坝的第二次大型冰坝。

5.5.4 新疆的冰坝

新疆河流的解冻期以热力为主，封冻冰盖自然融解，不产生较大的冰凌洪水。在新疆气温回升，平原较山区升温速度快，故河流解冻平原早于山区，有明显的垂直地带性。

新疆的凌洪主要出现于北疆的呼图壁地区以西至伊犁地区的天山北坡河流上。冰坝洪水一般在11月至次年2月，其中以12月发生的频次最高，约占44%。特别是塔城地区乌苏县境内的四棵树最突出，这一地区的冰坝和洪水不仅在开河期而且在封冻期前出现，这与黄河的冰坝形成期不同。本地区的河流的流程较短，发源于山区，消失于平原，而山区到平原，气温随海拔高度升高而降低，所以河流结冰期和封冻期是上游早于下游，而解冻日期和全部融冰日期则相反。资料表明，新疆的凌汛绝大部分出现在解冻之前，其冰坝溃决洪水的涨水段陡，洪水历时非常短，如1984年12月7日四棵树河发生了一场冰坝溃决型洪水，3分钟内流量从3.3 m^3/s达到467 m^3/s，洪峰流量为起始流量的142倍，整个洪水过程历时59分钟。新疆历年冰凌溃坝洪水均为单峰型，涨落都十分陡峻，涨率大于落率,洪水出现时间在午后14时到晚上20时发生的频次最高,达70%以上。但最大几次洪水都发生在早上10时或夜间23时,洪水成因复杂,突发性强,难以预报。

6 冰灾及其防治

6.1 河流冰灾概况

我国不少冬季结冰的河流常常发生各种冰灾,威胁着两岸人民的生命财产安全和工农业生产的安全,给河流的开发利用带来很大的困难。

驰名中外的黄河凌汛,特别是内蒙古河段和山东河段,凌灾严重,内蒙古河段年年凌汛期都有不同程度的凌灾,较大范围的淹没损失平均两年一次。黄河下游自1855年黄河改道,于山东垦利入海,至1938年的84年间,黄河大堤就有27年凌汛决口,口门94处。1951年与1955年又分别在利津的王庄、五庄发生凌汛决口,淹没利津、沾化、滨县的耕地8.87万hm^2,受灾人口26万多人。黄河下游自1960年以来,黄河上游自1968年以来,分别运用三门峡水库和刘家峡水库防凌调度,加强防凌措施,使黄河凌汛有了较大的减缓,但是尚未完全解决,有的年份仍发生较严重的冰坝灾害,并且冰塞灾害增多,防凌仍是黄河的严重问题。

在高纬度东北地区的河流,由于冰坝壅水,往往形成当年的最高水位,如黑龙江上游的洛古水文站,67%的年份最高水位出现在开江时期,1960年开江时的冰坝壅高水位14 m,为历史最高洪水位。第二松花江白山电站1962年武开江时大量冰排拥入木笼围堰,受到很大损失。松花江下游和嫩江上游等凌汛都比较严重,年最高水位出现在凌汛期的为30%~50%,另外还有些河流的桥梁受开江时大量流冰撞击的威胁。

在西北新疆的冰凌灾害主要是输水工程的冰害,其中以引水式电站最为突出,这种电站冬季运行方式基本上有两种,一种是结冰盖运行,主要在新疆的高寒地区使用,另一种是输排冰运行,此种运行方式冰害问题较多,主要有:

(1)引水渠首产生冰塞或造成冰坝,堵塞进水闸门无法引水。

(2)引水渠道流凌密度过大,形成冰塞或冰桥,造成堵塞封冻;或渠道上建筑物阻水,造成冰堵,使冰水漫堤。

(3)排冰闸设计不合理,布置不当,或排冰闸门偏小,造成排冰不畅。

(4)闸门与门槽冻结,闸门不能开启。

此外,在高寒地区,湖泊、水库的冰盖有时破坏护岸工程,流冰往往撞击桥梁等,威胁交通安全。

6.2 冰灾防治

关于防治冰凌灾害,新中国成立前,虽也有一些办法,但比较简单。新中国成立后,经过几十年的实践和研究,已经创造了一系列防凌措施,主要如下。

6.2.1 黄河防凌

在晚清及民国时期,凌汛期除在险工上,卦凌排和打冰,防止冰凌破坏埽坝。凌水漫滩时则进行人防。新中国成立以来,经过多年的研究实践,已采取了多种防凌措施,并且由单纯依靠破冰措施,发展到以调节河道水量为主、破冰为辅的综合防凌措施。

6.2.1.1 工程措施

(1)防守大堤以两岸大堤约束凌洪,排洪入海。

(2)破冰。主要有以下5种方式:①人工打冰沟撒土。将河段封冻分割,开河时封冰容易破碎,减少卡凌机遇。②破冰船破冰。在水深冰厚不太大的河段效果较好。③炸药爆破。在重点河段破除障碍,为顺利开河创造条件,在爆破时要爆成网格,并要掌握时机,应在开河前两三天爆破。当发生冰坝时,对支撑点或相对薄弱点,在冰坝未稳定时,炸开通道,抽沟引流,孤立冰堆,扩大效果。④大炮轰击。对于阻塞型冰坝,在两岸用大炮轰击,在叉凌未稳时集中轰击,可起到破除的效果。⑤飞机投弹。对破除冰坝比较有效,但受天气条件限制,费用较高,并且在窄河道不宜采用。

(3)分水。利用两岸涵闸和分水工程,把河槽的部分冰水有计划地排至堤外,减轻对大堤的威胁。分水地点有沿河涵闸、沿河湖泊和人工展宽区,也可向流域外分水等。

(4)水库防凌调节流量。黄河上游刘家峡水库与龙羊峡水库分别于1968年和1986年开始,根据宁夏、内蒙古河段防凌需要调节下泄流量。黄河下游三门峡水库于1963年开始进行防凌调节下泄流量,小浪底水库建成后亦将为黄河下游防凌需要与三门峡水库进行联合防凌调度,实践证明,这是一种有效的防凌措施。

6.2.1.2 非工程措施

非工程措施主要包括:①建立防凌指挥机构和防凌组织;②进行冰凌观测,及时掌握冰情变化情况;③开展气象和冰情预报;④建立冰情预警系统。

6.2.2 东北地区冰灾防治

6.2.2.1 工程措施

在东北地区除采取与其他地区相似的防凌措施外,对于防御冰凌撞击桥梁的工程措施,有不少研究,有的采用硬度较大的石料,如花岗岩砌筑成近乎垂直的尖端形破冰棱体,有的桥梁墩台的迎冰面预先包上10 mm厚的钢板。

此外,关于防御河渠冻结采用缩窄河槽加大流速的办法,整治河槽减少冰凌堵塞,通电加温闸槽、防御闸槽冻结等都是行之有效的防冰措施。

6.2.2.2 非工程措施

在东北防凌非工程措施中的冰情预报研究较多。如:黑龙江呼玛站和松花江哈尔滨站的开始流凌日期预报、呼玛站的开始流凌日期的水位预报、黑龙江奇克站的冰厚预报、嫩江江桥站和松花江佳木斯站的解冻日期预报、佳木斯站的解冻最高水位和最高水位出现时间预报、牡丹江长江屯站的解冻最高水位预报、松花江依兰站的冰坝最高水位预报以及小兴安岭地区北安站的融冰期降雨径流预报等,形成了一套比较系统的冰期预报方法。

6.2.3 新疆输水工程冰害的防治

6.2.3.1 工程措施

(1)蓄冰。修建蓄冰库将河道冰凌拦蓄在蓄冰库内,使输水渠内无冰或少冰。蓄冰库有拦河式和注入式两种。前者修建在引水渠首,后者修建于引水渠道沿线天然洼地或山沟。

(2)结冰盖。在结冰盖期间,抬高引水渠道水位,降低流速至0.5 m/s左右,使渠道形成冰盖后降低水位。

(3)融冰。向渠道注入天然泉水或火电厂的冷却水或打井抽取地下水流入输水渠道。

(4)输冰。根据理论和经验分析,确定输冰流速,在冬季流量变幅较大的输水渠道可采用复式断面以适应各级流量。

(5)排冰。将输水渠道的冰凌通过水力或机械方法进行排除。①水力排冰。主要依靠排冰闸排冰。②机械排冰。利用机械排除冰凌。如玛纳斯河五级电站,20 世纪 70 年代发明的回转栅拦式排冰机,夏季清污,冬季排冰。

(6)爆破冰凌。人工挖冰,疏通河(渠)道。

(7)改善水利建设的护坡坡度和材料,防止冰盖层对建筑物的破坏。

6.2.3.2 非工程措施

非工程措施主要开展了冰情观测,建立通信网和预警系统。

(本文摘自《中国寒区水文》,科学出版社,2000 年)

黄河冰情预报方法

1 前言

黄河的凌汛灾害主要发生在上游宁夏、内蒙古河段和下游河南、山东河段。自20世纪60年代以来，三门峡、刘家峡等干流大型水库相继修建，先后开展防凌调度，加之近年来冬季气温偏高，内蒙古河段和下游冰坝灾害有所减轻，但是冰塞灾害增多，特别是在水库回水末端多次产生严重冰塞，造成凌灾。1996年在三门峡库区的潼关和1997年在黄河下游台前又相继发生冰塞灾害，老的冰灾未除，新的冰灾又不断发生，黄河的防凌工作仍然是治黄的重要任务。近40年来，黄河冰情预报研究取得很大的发展，20世纪50年代，首先在黄河下游山东河段和上游内蒙古河段开展了冰情预报，初期主要采用指标法，即根据观测资料，选出与产生某种冰情相关的1～3个指标，预报冰情发生日期。此后不久，预报方法有所改进，研制出有物理成因基础的经验相关法，先在内蒙古河段，继而发展到河南、山东河段，逐步建立了大量的预报相关图和关系式，多年来一直应用进行作业预报，在防凌预报中发挥很大的作用。90年代以来，学习国外的冰情模拟技术，开始制作黄河下游冰情模型，先是与芬兰 Atri-Reiter 公司协作在芬兰研制的冰情模型基础上进行改进，建立了黄河下游冰情模型，接着又与美国克拉克森大学协作，进一步研制了黄河下游冰情预报模型，同时黄河水利委员会水文局也自行研制了黄河下游实用冰情预报模型，使黄河冰情预报在理论上向前推进一步，但是这些模型中，除黄河下游实用冰情预报模型曾为防凌提供过作业预报外，其他模型均尚未正式用于实际。目前冰情作业预报仍主要应用经验相关预报方案，现对经验相关法和冰情模型简要论述于下。

2 方法简介

2.1 经验相关法

以物理成因分析为基础的经验相关法（有人称为统计模型），作预报的河段和水文站有宁夏的下河沿水文站、石嘴山水文站，内蒙古的巴彦高勒、三湖河口、昭君坟、头道拐等水文站，山西的河曲水文站，黄河下游河段，山东的孙口至泺口河段、泺口至利津河段、泺口水文站和利津水文站等，预报项目有流凌日期、封河日期、开河日期、开河最高水位、开河最大流量等，在黄河下游还有封河趋势、封河长度、开河形势等预报。预报依据因素有以下4类。

第一类是前期热力因素的特征日期和该日期的热力因素值，如：①初始流凌日期预报有日平均气温转负日期和该日的水温，最低气温转负日期和此日至一定时段内的最低气温累积值，水温和气温相等日期和此日及后一日的水温和；②初始封河日期预报有初始流凌日期至后一段时间的平均流量和负气温累积值，初始流凌前后三日平均流量和平均气温等；③开河日期预报有初始封河日期至气温达 -5 ℃日期的累积最低气温，最高气温稳定转正后一段时间的最高气温累积值;④开河最高水位和最大流量预报有最高气温达 5 ℃的日期及此日和前两日平均水位,本站封河时最高水位等。

第二类是前期某一时段的热力因素和水力因素,如:①初始流凌日期预报有前期某一时段的平均气温和水温等因素;②初始封河日期预报有前期某旬或某月平均气温或平均最低气温,前期某一时段的平均流量等;③开河日期预报有前期上站某一时段的热流量(流量与水温的乘积)或平均水温,前期上站某一时段的平均流量和本站正气温累积值等;④开河最高水位、最大流量预报有前期某一时段(旬或月)平均水位、平均流量和平均气温等。

第三类是前期水量和冰情特征值,如开河日期最高水位和最大流量预报有:①封冻期最大冰厚;②被预报断面以上槽蓄水增量;③被预报断面以上河槽蓄水增量的可能最大释放流量(以本断面以上区间槽蓄水量,按三角形泄流过程,历时 11 天计算最大出流量)。

第四类是上下游站冰情相关。

上述各预报因素可用来与被预报因素建立经验相关图(图略)、预报关系式或多元回归方程式。

2.1.1 预报关系式

经验相关法主要有以下几种预报关系式:

(1)昭君坟站初始流凌日期预报。

$$D = 0.97d + 3.9\left(\sum T_{w} - 9\right) \tag{1}$$

式中 D——初始流凌日期(自 10 月 26 日算起的天数);

d——日平均气温转负日期(自 10 月 23 日算起的天数);

$\sum T_{w}$——日平均气温转负日与后一日水温和。

(2)昭君坟站初始封河日期预报。

$$D = 0.024(Q_{11上} - 200) + 3.6e^{0.065(\sum T+40)} \tag{2}$$

式中 D——初始封河日期(自 11 月 9 日算起的天数);

$Q_{11上}$——11 月上旬平均流量;

$\sum T$——日平均气温转负到流凌日累积负气温;

e——自然对数的底,e = 2.718 3。

(3)石嘴山站开河日期预报。

$$D_1 = 0.68h_{i}^{0.875} + \frac{9.134\,4}{h_{i}^{1.534}}(600 - \overline{Q}) \qquad \sum T_{+} > 60\ ℃ \tag{3}$$

$$D_2 = D_1 + 4 \qquad \sum T_{+} \leqslant 50\ ℃ \tag{4}$$

式中 D_1、D_2——开河日期(自 2 月 10 日算起的天数);

h_{i}——本站断面河心最大冰厚;

$\overline{Q}$——2 月下旬至 3 月上旬兰州站平均流量;

$\sum T_{+}$——1 月 1 日至 2 月 15 日本站累积最高正气温。

（4）三湖河站开河最高水位预报。

$$h_m = 1\ 018.50 + 0.7(\overline{h}_1 - 1\ 018.40) - 0.25(\overline{T}_{2-} + 5) \tag{5}$$

式中 h_m——开河最高水位；

$\overline{h}_1$——本站1月平均水位；

$\overline{T}_{2-}$——本站2月平均气温。

（5）昭君坟站开河最高水位出现日期预报。

$$D = 1.70e^{0.095d} \tag{6}$$

式中 D——开河最高水位出现日期（自2月28日算起的天数）。

（6）头道拐站开河最大流量预报。

$$Q_m = 3\ 140 - 4.4(\overline{Q}_{3上} - 200) + 13(q - 940) \tag{7}$$

式中 Q_m——开河最大流量；

$\overline{Q}_{3上}$——本站3月上旬平均流量；

q——槽蓄水最大可能释放量。

2.1.2 *多元回归方程式*

经验相关法主要有以下几种多元回归方程式。

（1）石嘴山站初始流凌日期预报。

$$D = 3.453\ 7 + 1.264\ 9X_1 + 2.26X_2 \tag{8}$$

式中 D——初始流凌日期（自11月1日算起的天数）；

X_1——本站水、气温相等日期；

X_2——该日水温。

（2）昭君坟站初始封冻日期预报。

$$D = -1.929\ 2 + 0.671\ 6X_1 + 47.035\ 0X_2 + 1.520\ 3X_3 \tag{9}$$

式中 D——初始封冻日期（自12月1日算起的天数）；

X_1——本站日平均气温转负日期；

X_2——本站该日流速；

X_3——本站该日最低气温。

（3）头道拐站开河日期预报。

$$D = 28.752\ 7 + 0.216\ 5X_1 - 0.224\ 2X_2 \tag{10}$$

式中 D——开河日期（自3月1日算起的天数）；

X_1——本站最高气温转正日期；

X_2——本站最高气温转正后10天累积最高气温。

2.2 冰情模型

冰情模型主要由冰凌模型和水力模型组成。

2.2.1 *冰凌模型*

冰凌模型多以下列一维对流扩散方程为基础，进行河段热量平衡计算，如黄河下游实用冰情预报模型

$$\frac{\partial(\rho C_p A T_w)}{\partial t}+\frac{\partial(Q\rho C_p T_w)}{\partial x}=\frac{\partial(AE_x C_p \partial T_w/\partial x)}{\partial x}+B\Phi_T \tag{11}$$

式中 ρ——水的密度；

C_p——水的比热容；

T_w——水温；

A——断面面积；

Q——流量；

B——河宽；

x——距离；

Φ_T——单位面积热量交换率；

E_x——径向扩散系数。

设$\frac{\partial T_w}{\partial x}=0$，则式(11)简化为计算水温的公式

$$\frac{d}{dt}(\rho C_p A T_w)=B\Phi_T \tag{12}$$

水与空气的热交换率 Φ_{wa} 为

$$\Phi_{wa}=K_{wa}(T_w-T_a) \tag{13}$$

代入式(12)得

$$\frac{d}{dt}(\rho C_p A T_w)=BK_{wa}(T_w-T_a) \tag{14}$$

式中 K_{wa}——水与空气的热交换系数；

T_a——气温。

流凌密度的计算是以 $\rho_i L_i C_i$ 代替式(11)中的 $\rho C_p T_w$ 得

$$\frac{\partial}{\partial t}(A\rho_i L_i C_i)+\frac{\partial}{\partial x}(Q\rho_i L_i C_i)=\frac{\partial}{\partial x}\left(AE_x\rho_i L_i\frac{\partial C_i}{\partial x}\right)+B\Phi_T \tag{15}$$

$$C_i=\frac{\rho C_p T_w}{\rho_i L_i}$$

式中 C_i——流凌密度；

ρ_i——冰的密度；

L_i——结冰潜热。

设$\frac{\partial C_i}{\partial x}\approx 0$，则可得下式

$$\frac{dC_i}{dt}=\frac{B\Phi_T}{\rho_i L_i A} \tag{16}$$

当水面已开始流凌时，则式(16)可修改为

$$\frac{dC_i}{dt}=\frac{B\Phi_T(1-C_i)}{\rho_i L_i A} \tag{17}$$

将式(13)代入式(17)则为下列流凌密度计算公式

$$\frac{\mathrm{d}C_{\mathrm{i}}}{\mathrm{d}t}=\frac{BK_{\mathrm{wa}}}{\rho_{\mathrm{i}}L_{\mathrm{i}}A}(T_{\mathrm{w}}-T_{\mathrm{a}})(1-C_{\mathrm{i}}) \tag{18}$$

流冰厚度计算公式为

$$\frac{\mathrm{d}h_{\mathrm{i}}}{\mathrm{d}t}=\frac{\alpha\Phi_{\mathrm{T}}}{\rho_{\mathrm{i}}L_{\mathrm{i}}} \tag{19}$$

$$\Phi_{\mathrm{T}}=K_{\mathrm{ia}}(T_{\mathrm{s}}-T_{\mathrm{a}})-K_{\mathrm{wi}}(T_{\mathrm{w}}-T_{\mathrm{m}}) \tag{20}$$

式中　α——考虑流冰产生时间不同、厚度不同的修正系数，根据资料分析为0.82；

T_{s}——冰面温度；

T_{m}——冰的融解温度；

K_{ia}——冰面与大气热交换系数；

K_{wi}——冰面与水体热交换系数；

h_{i}——冰厚。

计算冰厚时，一般设 $T_{\mathrm{s}}=T_{\mathrm{m}}=0$。

将式(20)代入式(19)得

$$\frac{\mathrm{d}h_{\mathrm{i}}}{\mathrm{d}t}=\frac{0.82}{\rho_{\mathrm{i}}L_{\mathrm{i}}}[K_{\mathrm{ia}}(T_{\mathrm{s}}-T_{\mathrm{a}})-K_{\mathrm{wi}}(T_{\mathrm{w}}-T_{\mathrm{m}})] \tag{21}$$

封河不等式为

$$C_{\mathrm{i}}T_{\mathrm{a}}\geqslant\alpha Q \tag{22}$$

式中　$\alpha=0.008$；

其余符号含义同前。

冰盖厚度也可以用式(21)计算。

冰塞厚度可用河曲冰塞分析中建立的关系式计算，即

$$\frac{h-h_{\mathrm{i}}}{h}=0.1534\left[\frac{2v}{g(h-h_{\mathrm{i}})}\right]^{-0.5969} \tag{23}$$

式中　h——水深；

h_{i}——冰盖和冰塞厚度；

v——流速。

开河不等式为

$$Q_{\mathrm{u}}\geqslant\frac{10\alpha h_{\mathrm{im}}^{r}}{\sum T_{\mathrm{a+}}+1} \tag{24}$$

式中　Q_{u}——上游来水流量；

h_{im}——气温转正时冰厚；

$\sum T_{\mathrm{a+}}$——气温转正后的积温；

α——开河系数，文开河为22，武开河为4；

r——指数，黄河下游为0.95。

冰坝形成可用下列不等式表示

$$\beta Q_{\mathrm{f}}^{2}\leqslant\psi W_{\mathrm{i}}h_{\mathrm{i}}Q_{\mathrm{m}} \tag{25}$$

式中　W_{i}——冰量；

h_i——河段冰厚；

Q_m——上游开河时最大流量；

Q_f——封河时流量；

ψ、β——系数，$\psi = 1$，$\beta = 33$，$W_i > 5\ 000$。

2.2.2 水力模型

水力模型有水力学法和水文学法，中芬协作和中美协作建立的黄河下游冰凌模型均应用水力学法，黄河下游实用冰情预报模型应用水文学法，水力学法是直接求解圣·维南(Barrede Saint-venant)方程组或其简化方程，如扩散法，求解完全圣·维南方程组的数值解法如直接差分法，中芬协作的冰凌数学模型中的水力模型就是直接求解扩展的圣·维南方程组，即

$$\frac{\partial Q}{\partial x} + \frac{\partial (A + A_s)}{\partial t} - q = 0 \tag{26}$$

$$\frac{\partial Q}{\partial t} + \frac{\partial (Q^2/A)}{\partial x} + gA\left(\frac{\partial h}{\partial x} + S_f\right) = 0 \tag{27}$$

式中 Q——流量；

A——横断面面积；

A_s——漫滩横断面面积；

q——旁侧入流量或出流量；

x——顺流方向的距离；

t——时间；

g——重力加速度；

S_f——摩擦坡度，由曼宁公式估算。

综合糙率 n_c 由下式计算

$$n_c = \left[\frac{(n_i^{3/2} + n_b^{3/2})}{2}\right]^{2/3} \tag{28}$$

式中 n_i、n_b——冰盖和河床糙率。

式(26)、式(27)是以四点隐式加权差分为基础、采用牛顿-辛普森迭代法进行求解。

水文学法是以水量平衡方程和槽蓄方程近似地代替圣·维南方程组进行求解，此方法中的马司京根法是在洪水演算中常用的方法，第一次用于黄河下游实用冰情预报模型。

水量平衡方程式为

$$\frac{I_1 + I_2}{2}\Delta t - \frac{Q_1 + Q_2}{2} = \Delta S = S_2 - S_1 \tag{29}$$

式中 Q——河段出流量，下标为时段序号；

I——河段入流量，下标为时段序号；

Δt——时段；

ΔS——河段槽蓄水增量；

S——河段槽蓄量。

槽蓄方程为

$$S = k[xI + (1-x)Q] = kQ' \tag{30}$$

$$Q' = xI + (1-x)Q \tag{31}$$

式中 Q'——示储流量；

k——蓄量与流量关系曲线的坡度；

x——流量的比重因素。

联解式(29)、式(30)得

$$Q_2 = C_0 I_2 + C_1 I_1 + C_2 Q_2 \tag{32}$$

$$C_0 = \frac{\frac{1}{2}\Delta t - kx}{k - kx + \frac{1}{2}\Delta t} \tag{33}$$

$$C_1 = \frac{\frac{1}{2}\Delta t + kx}{k - kx + \frac{1}{2}\Delta t} \tag{34}$$

$$C_3 = \frac{k - kx - \frac{1}{2}\Delta t}{k - kx + \frac{1}{2}\Delta t} \tag{35}$$

应用水力学法时，已考虑了冰盖下有效断面；应用水文学法时，先计算出流量过程后，根据气温变化，对计算结果进行修正，逐段演算。两种方法均能得到基本符合实际的结果。

3 方法评述

如前所述，黄河冰情预报方法基本上分为3类，即指标法、经验相关法和冰情预报模型。指标法简单，预报项目少，应用不久即为经验相关法代替，现对经验相关法和冰情预报模型分别评述于下。

3.1 经验相关法

此种方法以物理成因分析为基础，多年来在预报作业中使用，虽然比较粗糙，但具有较好的结果。如初始流凌日期预报，最长预见期可达20多天，按照水文情报预报规范评定标准（以下同），预报方案合格率为80%～95%；初始封河日期预报，最长预见期可达20～30天，预报方案合格率为72%～100%；开河预报，最长预见期可达15～30天，预报方案合格率为77.8%～100%；开河最高水位预报，预报误差为0～0.44 m，预报方案合格率为72.2%～94.4%；开河最大流量预报，预报误差为0～680 m^3/s，预报方案合格率为72.0%～87.5%。总计有52%的预报方案达到甲等预报水平，48%的预报方案为乙等预报水平。

因此，经验相关法的预见期多数已达到天气预报的中长期预报水平，而各项预报均未应用气温和流量的中长期预报，究其原因主要是各预报关系式中均隐含了有关因素的中长期演变规律，以下以石嘴山站初始流凌日期预报关系式、昭君坟站初始封河日期预报关系式、石嘴山站开河日期预报关系式和昭君坟站开河最大流量预报关系式为例进行分析。

3.1.1　石嘴山站初始流凌日期预报

预报关系式为

$$D = 0.685d + 4.5(T_w - 2) \tag{36}$$

式中　D——初始流凌日期(自 11 月 1 日算起的天数);

d——本站日平均气温转负日期(自 10 月 31 日算起的天数);

T_w——本站日平均气温转负日的水温。

此预报关系式说明日平均气温转负日至开始流凌的天数与水温有关,水温越高,流凌越迟,根据资料分析,当日平均负气温等于或低于 -5 ℃时,便开始流凌,日平均气温稳定转负日的水温反映两个特点,即水温高反映前期气温高,气温下降速度缓慢,水体失热也慢,则气温降到 -5 ℃和水体失热水温降到 0 ℃的时间越长,反之越短,由资料求得日平均气温转负日的水温与该日至流凌日的天数关系式为

$$D = 2.99e^{0.37T_w} \tag{37}$$

式中　D——日平均气温稳定转负日到开始流凌的天数;

T_w——日平均气温稳定转负日的水温。

由于上述关系的存在,石嘴山初始流凌日期预报关系式成立,即此关系式中隐含着上述规律,不需要预见期内的气温预报,其预见期最长可达 24 天,合格率为 83%。

3.1.2　昭君坟站初始封河日期预报

预报关系式为

$$D = 0.024(\overline{Q}_{11上} - 700) + 3.6e^{0.065(\sum T_- + 40)} \tag{38}$$

式中　D——初始封河日期(自 11 月 9 日算起的天数);

$\overline{Q}_{11上}$——本站 11 月上旬的平均流量;

$\sum T_-$——本站气温转负至开始流凌日的累积负气温。

根据前述黄河下游实用冰情预报模型中封河不等式为

$$C_i T_{a-} \geqslant \alpha Q \tag{39}$$

如果昭君坟站初始封河日期预报关系式中的因素与 C_i、T_a 及 Q 有关,则此关系式成立,根据资料分析

$$\overline{Q}_{11中} = 0.76\overline{Q}_{11上} \tag{40}$$

式中　$\overline{Q}_{11中}$——本站 11 月中旬平均流量;

$\overline{Q}_{11上}$——本站 11 月上旬平均流量。

$$\overline{Q}_{11下} = 0.88\overline{Q}_{11中} \tag{41}$$

式中　$\overline{Q}_{11下}$——本站 11 月下旬平均流量。

$$Q_{封} = 110e^{0.00207\overline{Q}_{下}} \tag{42}$$

式中　$Q_{封}$——本站封河时流量。

本站气温转负至初始流凌日的累积负气温与本站初始流凌日至初始封河日的累积负气温具有如下关系

$$\sum T_f = 137 - 2.2\sum T_l \tag{43}$$

式中 $\sum T_f$—— 本站初始流凌日至初始封河日的累积负气温；

$\sum T_1$—— 本站气温转负至初始流凌的累积负气温。

本站初始封河日期的负气温与初始流凌日至初始封河日累积负气温的关系为

$$T_f = 0.07\sum T_f + 5 \tag{44}$$

$$C_i = f(\sum T_f) \tag{45}$$

式中 T_f——本站封河日的负气温。

由上述分析可知该站封河时的 C_i、T_a 和 Q 均可由该站初始封河预报关系式中的因素求得，说明了昭君坟开始封河预报关系式是合理的，不需预见期内的气温和流量预报即可求得初始封河日期，最长预见期可达 36 天，合格率为 78%。

3.1.3 石嘴山站开河日期预报

预报关系式为

$$D = 0.68h_i^{0.91} + \frac{9.1344}{h_i^{1.534}}(600 - \overline{Q}) \tag{46}$$

式中 D——开河日期（自 2 月 10 日算起）；

h_i——本站断面河心最大冰厚；

$\overline{Q}$——2 月下旬至 3 月上旬兰州平均流量。

因封河在于气（温），开河在于水，关系式（46）只应用了本站断面河心冰厚和流量两个主要因素。流量对开河的作用应为本站开河前的流量。本预报关系式应用上游兰州 2 月下旬至 3 月上旬平均流量，应与本站开河前的流量有关，本预报关系式才能成立，经资料分析，本站开河前三日平均流量与兰州 2 月下旬至 3 月上旬平均流量有如下关系

$$\overline{Q}_3 = 397e^{0.00051\overline{Q}_{兰}} \tag{47}$$

式中 $\overline{Q}_3$——本站开河前 3 日平均流量；

$\overline{Q}_{兰}$——兰州 2 月下旬至 3 月上旬平均流量。

所以，本预报关系式是合理的，不需要本站预见期内的流量预报，即可求得开河日期，最长预见期可达 27 天，合格率为 93.3%。

3.1.4 昭君坟站开河最大流量预报

预报关系式为

$$Q_m = 1980 - 3.66(\overline{Q}_{2下} - 340) + 4.60(\overline{Q}_{3上} - 400) \tag{48}$$

式中 Q_m——本站开河最大流量；

$\overline{Q}_{2下}$——本站 2 月下旬平均流量；

$\overline{Q}_{3上}$——本站 3 月上旬平均流量。

根据资料分析，昭君坟站 2 月下旬平均气温与 2 月下旬平均流量有较好的关系，即

$$\overline{Q}_{2下} = 54(15 - \overline{T}_{-2下}) \tag{49}$$

式中 $\overline{Q}_{2下}$——本站 2 月下旬平均流量；

$\overline{T}_{-2下}$——本站2月下旬平均气温。

气温低则流量小;反之,则河槽蓄水下泄流量增多。昭君坟3月上旬平均流量主要与上游来水关系密切。2月下旬槽蓄水提前释放,则开河时凌峰较小;反之,开河时槽蓄水集中下泄则凌峰较大。所以开河时凌峰与2月平均流量成反比关系,与3月上旬平均流量成正比关系,开河最大流量预报关系式是合理的,预报误差多数小于20%,最小只有1%,预见期多为10~20天,合格率为72%。

综上所述,经验相关法除包括冰情的变化规律外,还含有气温和流量等的变化规律,不须依赖气温和流量等预报,但方法比较粗略,有的预报方案合格率不高,不到80%,有的预报误差较大,并且预报内容不完善,如没有冰塞、冰坝的预报关系式,只能进行一般冰情预报。

3.2 冰情预报模型

这种方法概念明确、计算严谨、理论性强,可以计算冰情生消演变的全过程,但是如前所述冰情预报模型的各项计算,多含有气温,有的还需要气温过程,这些气温都要依赖气温预报,尤其中长期气温预报,而目前气温预报精度不高,不能满足冰情预报的需要;在水力模型中的水力学法,需要大量的断面资料,尤其是黄河河床冲淤多变,需要实时断面资料,目前黄河的测验水平尚不能满足这种需要。所以,这种预报方法用于作业预报时,除模型本身的计算误差外,其预报精度还主要取决于气温预报和断面资料的精度。目前由于气温的预报精度不高,并缺少实时断面资料,难以得到比较精确的预报成果,但是用来进行冰情分析计算,如优化水库防凌调度中的冰情计算,可以得到较好的结果。

4 小结

冰情变化规律比洪水的形成和演进规律还要复杂,洪水的演变主要受洪水本身特点和边界条件的影响,而冰情除水力条件和边界条件的影响外,还主要受热力的影响,热力和水力又相互影响,并且对冰情规律尤其机制的研究比较薄弱,冰情的预报水平还较低。

无论经验相关法中包含气温的变化规律,或是冰情预报模型中不含气温的变化规律而是依据气温等预报,气温预报的精度都不高,在水力模型中所需实时断面资料,根据目前的科学水平是可以解决的,但气温预报精度不高的问题尚难以解决。因此,为了提高冰情预报水平,除完善提高预报方法外,最关键的问题是加强气温预报尤其中长期气温预报精度的研究,努力提高预报精度。在目前条件下,除进一步完善冰情预报模型外,还要继续完善提高经验相关法,以便适应目前的实际需要。冰情预报模型是今后发展的方向,现在各种冰情模型中尚存在许多问题,如其中有些部分仍然是经验性的计算方法,还有的内容如冰坝的模拟还未得到很好的解决,都需要深入探讨其形成机制,找出规律,建立完善的模型,提高冰情预报的水平。

(本文摘自黄河冰凌会议论文,1995年)

冰情和泥沙预报

1 冰情预报

在有冰期的河、湖、水库上，冬季结冰后，发电、航运、供水等受到阻碍，使水工建筑物和沿河工程设施发生破坏，尤其冰塞、冰坝使水位壅高，造成堤坝溃决，使沿河人民群众生命财产和工农业生产建设遭受严重的损失与破坏，为了防御凌灾和充分发挥水资源的效益，必须作好冰情预报。

我国北方河流，尤其是有冰凌灾害的大江大河，沿河劳动人民对冰情的变化规律积累了不少经验。例如在黄河下游，就有“北风刮得紧，河面冰凌多”、“天冷水小北风托，弯多流缓易封河”、“三九不封河，就怕西风戳”，“一九封河三九开，三九不开等春来”等谚语。新中国成立后，冰情预报自1954年开始到1965年十多年中，在制定冰情观测规范进行系统的大量观测基础上，展开了分析研究工作，对一些北方的江、河、湖、库不同程度地进行了冰情分析计算，建立了预报方案，编印了河道冰情预报方法，并且召开会议交流了经验，使冰情测报得到了较快的发展。“文化大革命”期间，和其他水文工作一样，有些冰情观测项目被取消，分析研究停止，预报质量下降，粉碎“四人帮”后，才又逐渐恢复发展，首先召开了冰情预报技术经验交流会，建立了北方地区江河冰情研究协调小组，制定了研究规划，建立了重点冰情试验研究站和研究河段，编译了冰情研究论文集，恢复了冰情分析研究工作，使冰情预报又有了新的进展。

1.1 目前对主要冰情预报方法的评述

本次学术讨论会中冰情预报论文共有8篇。虽然不算多，但已基本上包括了现行的主要预报方法。其中属于河道短期冰情预报方面的4篇，水库施工期冰情预报方法1篇，受水电站泄流影响下的不封冻长度计算方法1篇，大型水库长期冰情预报方法1篇，融冰和融雪洪水预报方法1篇。现按预报项目分述于下。

1.1.1 封冻预报

此项预报包括流凌日期、封冻日期及冰厚等。主要采用以热量平衡为基础的水力热力因素指标法。热量平衡方程式在忽略了水温的沿程变化之后写成下式

$$C_p \gamma W(T_2 - T_1) = -\omega A \Delta T \tag{1}$$

式中 C_p——水的比热容，kcal/(kg·℃)；

γ——水的容重(1 000 kg/m^3)；

W——河槽蓄水量，m^3；

T_1、T_2——时段始、末河槽的水温，℃；

ω——水体失热量；

A——河段水面面积，m^2。

在 $T_2 = 0$ 时(河流应略低于0 ℃)开始流凌，则

则
$$\Delta T = \frac{C_p \gamma W T_1}{\omega A} \tag{2}$$

因 $W = Ah$（h——河段平均水深）

则
$$\Delta T = C_p \gamma \frac{h T_1}{\omega} \tag{3}$$

一般采用反映上式因素的指标建立预报图。对于流凌开始日期预报，采用日平均气温转负日期、转负日的热流量、降温强度、降温开始时的水温等。有的建立上下游流凌日期相关图。

对于封河日期预报，在黄河山东河段用月平均气温和月平均流量建立封河趋势预报图。黑龙江则采用开始流凌日和反映水力、水量的指标——水位。青海湖采用了初霜日期等建立预报图，有的还建立了以水位和气温为参数的上下游封河日期相关图，对于冰厚预报，多应用负气温累积值为预报因素。

实践证明，这些预报方法多数可以获得一定精度的预报成果，但是多为经验性的，具有经验方法的缺点，并且缺乏反映预见期内热力和水力变化的因素。预见期越长，其间的变化越大，预报精度就越低。还有的流凌日期预报关系图中没有反映水体热量的指标，有的预报图实际上是假设相关被预报值是个常数（多年平均值）。如有的站以日平均气温稳定转负日与封河日期的相关直线是一条二者相差 10 日的关系线，即平均气温稳定转负日期 +10 日 = 封河日期，有的站以初霜日期与初霜日至稳定初冰日的天数预报初冰出现日期，预报结果都是 11 月 20 日左右。这个关系实际是 11 月 20 日 + 初霜到初冰间隔时间 = 初霜日期。所报初冰日期是个常数，同一站的初霜日期到封冻天数预报图存在同样问题。所报封冻日（按点据求）均为 12 月 20 日。还有的站初冰预报图参数等值线不合理，同一个参数（最低气温稳定转负日）可以查得两个相差十余日的初冰日期。

还应指出，当用式(3)计算流凌开始日期时，要注意 h 与全河段平均水深，实际上并不需要全部水量或整个水深都达到 0 ℃。

1.1.2 解冻预报

在江河上各河段影响解冻的主要因素是热力和水力因素，在湖泊、水库中影响解冻的因素主要是热力因素、动力因素，风有时也起到一定作用。

解冻形势预报图是预报解冻属于文开河还是武开河，有几种图形，有的还用断面过流能力（或封冻期最大流量）和上流来水流量，相对点绘，有的采用开河前的气温变幅和上游站凌峰流量相对点绘，还有用下游站流量与来水总流量之比值作指标。如上游来流量大于冰盖下的过流能力则可造成武开河；反之，则为文开河。对于应用气温变幅的预报图，当开河前的气温变幅大即增温强，并且上游来水大时则易形成武开河；反之，则可形成文开河。这几种预报图都是经验性的，可以在一定的条件下，作为较准确的预报。第一种要有一定的热力条件，第二种要有一定的过流能力条件。如这些条件出现异常现象，就会造成很大的预报误差，还有些解冻预报图与上述封冻日期预报图存在着类似的问题，预报依据因素出现日期与被预报因素出现日期的间隔天数是一个常数（10 天左右）。有的湖泊的开湖日期预报图也有类似的问题。

关于解冻最大流量和最高水位预报，主要应用以同时冰情为参数的上下游洪峰流量相关图和槽蓄水量与洪峰相关，有的站还增加了冰盖强度的参数，由于影响解冻最大流量的因素是复杂的，预报误差往往较大。

1.1.3 冰塞和冰坝预报

这些预报论文有松花江下游冰坝形成条件分析和预报，刘家峡、青铜峡水电站施工期冰情预报。

在冰塞预报中首先要解决流冰量预报，刘家峡水电站施工期冰情预报中对流冰量过程预报采用了临界负气温，使累积负气温和累积流冰冰量的关系、受流量大小不同的影响得到了调整，可以把不同流量下的累积负气温与累积冰流量关系曲线调整为单一的关系，便于在预报中应用，但应指出这个关系表示流量越小，产生冰量所需要的累积负气温越大，这是不符合物理意义的，如用流量作参数则比较合理，关于总冰量预报的两个关系式中第一个只用流量因素，应在冰量不受气温影响或气温不变的条件下才是正确的，比较两式的校核预报误差时，应用均方误差或误差的绝对值求平均，用这两种计算法求得的平均差，两式精度基本相同。

冰塞最高水位预报采用水力学计算法。但参数的确定是经验性的，壅水河段的水力学计算较畅流期复杂得多，所导出的公式和计算方法有待进一步改进。

关于冰坝预报，主要预报内容有冰坝发生地点和壅水高度。我国北方河流中常发生冰坝的有东北的松花江、黄河上游内蒙古河段等。目前冰坝预报尚无较好的方法，松花江的冰坝观测研究较多，在《松花江下游冰坝形成条件分析》一文中，按形成冰坝的不同情况分成5种类型提出的冰坝壅水高度的预报方法，在一个特定河段内冰坝壅出最高水位除与热力和水力因素有关外，还应考虑反映冰坝强度的指标，有的采用气温和升温强度反映热力因素，用来水流量和槽蓄量反映水力因素，有的采用综合指标法，还有的用各因素绘相关图，或建立经验公式，这些方法在已有资料范围内一般可得到较好的预报成果，如发生异常变化也就可能出现大的误差。

1.1.4 受水库泄流影响的冰情预报

河道中修建水库后水量受到调节，在冰期，下游河段流量增大、水温增高，改变了天然情况封冻的特性，在离大坝相当远的距离内不再封冻，但有的河流冰塞往往比天然情况严重，由于下泄流量不断变化，封冻边缘位置和冰塞情况也不断变化。东北勘测设计研究院对水电站下游最短不封冻距离 L_f 的估算方法作了研究，求得两个公式

$$L_f = 12.4q^{0.608}T_s^{1.435} \tag{4}$$

$$L_f = 14.5q_r^{1.228} + 8.5 \tag{5}$$

式中 q——1月份最小旬单宽流量；

q_r——1月份最小单宽热流量；

T_s——出库水温。

从热量平衡来看，这两个公式均缺少反映失热的因素，但由于是经验性的，可以在现有资料范围内应用。

对于受水库调节影响的河道冰情研究，还有一些内容如冰坝的问题、对开河最大流量的问题等都有一些分析研究，这对于水库运用和防凌等都很重要，但多数分析研究还是初步的，有待进一步深入。

1.1.5 长期冰情预报

吉林省水文总站对三座大型水库的封库日期、冰厚和开库日期作了长期预报的研究，应用高空或地面的气象因素，建立了预报方案，有些关系尚有一定趋势，但有的关系十分散乱，目前这些预报主要应用长期天气预报的方法，由于长期天气预报水平还很低，因而长期冰情预报很难得到好的成果，只能作为参数。

1.1.6 融冰融雪洪水

新疆水文总站对冰川和积雪融化形成的洪水进行了研究并绘制预报图，得到了一些成果，已在生产中应用。预报方法主要依据热力因素，有的风向与参数还采用了上下游站洪峰相关，由于资料不足还比较粗略，应进一步从产流汇流方面进行研究，提高预报方案的精度。

总的来看，自1963年全国水文预报学术讨论会以来，我国冰情预报已有了不少发展，但还很缓慢，18年前存在的资料不足、试验较少和缺乏成因分析等问题，目前仍然不同程度的存在，各种预报方法仍然以经验统计为主，对提高预报质量仍有一定限制。在冰情测验方面，有一些“文化大革命”期间停测的项目尚未恢复，影响了分析研究工作。冰情预报是我国北方河流的一项重要工作，应给予足够的重视，促使其不断地发展提高。

1.2 目前冰情预报的发展概况

近年来，为了促进冰情研究工作，召开了一系列的国际冰情研究讨论会，1970年9月7~10日在冰岛由国际水力学研究协会首次举办了冰情讨论会。此后国际水力学研究协会分别于1972年在苏联的列宁格勒、1974年在匈牙利的布达佩斯、1978年在瑞典的路莱召开了冰情讨论会，今年7月27~31日又在加拿大的魁北克召开了第六次冰情讨论会，黄河水利委员会有两篇论文参加了这次会议，并纳入了论文汇编。

此外，在1972~1980年期间，在加拿大、苏联、丹麦、日本、澳大利亚等国分别召开了有关冰雪方面的学术讨论会。

这些学术讨论会的内容十分广泛，包括河湖、库、海、冰川等各种冰情的形成力学，融冰融雪径流的分析，冰情预报，冰情对水工建筑物的作用和控制等各方面问题的研究成果。

现在主要介绍有关冰情预报方面的情况。

1.2.1 短期冰情预报

关于初冰、封冻和解冻期预报，目前仍然为两类方法，一是以大量的观测资料为基础的经验统计法，有的地区还进行了参数内插；二是以热量平衡为基础的物理统计法，可以应用气温、湿度、云量、风速、风向和水位流量等作热量交换计算，纯经验方法已逐渐被物理－统计相关法所代替，有的已用物理统计计算法，并且开展了一些新的预报项目，有的项目（如水电站下游河段的零温断面的计算）我国也已开始进行研究。

对于江河湖库的初冰预报和封冻预报，继续在热量平衡基础上进行研究，其关系式为

$$\sum \varphi = \eta_0 (T_a - T_w) \tag{6}$$

式中 $\Sigma\varphi$——外累热传导总和；

T_a、T_w——空气和水的温度；

η_0——热传导系数。

在湖泊变冷却的过程中主要分两个阶段:第一个是水温下降到最大密度时的均匀温度4 ℃的过程,第二个是水的上层冷却到冰点的过程。在第一个阶段,自表面到深度y的水温是均匀的,可用下式计算

$$A\int\sum\varphi \mathrm{d}A = \gamma_{\mathrm{w}}C_{\mathrm{p}}\iint y\mathrm{d}A\mathrm{d}T_{\mathrm{w}} \tag{7}$$

式中 A——湖面面积;

γ_{w}、C_{p}——冰的比重和比热容;

y——水深。

由下式确定湖中平衡水深y_{e}

$$Ay_{\mathrm{e}}\int \mathrm{d}T_{\mathrm{w}} = \iint y\mathrm{d}A\mathrm{d}T_{\mathrm{w}} \tag{8}$$

得

$$\int\sum\varphi \mathrm{d}t = \gamma_{\mathrm{w}}C_{\mathrm{p}}y_{\mathrm{e}}\int \mathrm{d}T_{\mathrm{w}} \tag{9}$$

式(6)的微分形式为

$$\eta_0(T_{\mathrm{a}} - T_{\mathrm{w}})\mathrm{d}t = \gamma_{\mathrm{w}}C_{\mathrm{p}}y_{\mathrm{e}}\mathrm{d}T_{\mathrm{w}} \tag{10}$$

此为预报湖泊水温的基本方程式,此式只用于求第一个冷却阶段即水温达到4 ℃时的时间。

江河初冰预报的平衡方程如下,由此式可以求得一个单元水体通过沿河距离($L - L_0$)后的水温

$$\mathrm{d}T_{\mathrm{w}} = \frac{1}{\gamma_{\mathrm{w}}C_{\mathrm{r}}}\int_{L_0}^{L}\frac{\sum\varphi \mathrm{d}t}{y} \tag{11}$$

代入式(6)得到相似于式(10)的方程式

$$\eta_0(T_{\mathrm{a}} - T_{\mathrm{w}})\mathrm{d}t = \gamma_{\mathrm{w}}C_{\mathrm{p}}y^*\mathrm{d}T_{\mathrm{w}} \tag{12}$$

式中 y^*——单元水体通过河段的平均水深,其水温变化为$\mathrm{d}T_{\mathrm{w}}$,此式可用于求结冰点;

t——时间。

式(10)和式(12)可简化为下式

$$\mathrm{d}T_{\mathrm{w}} = k(T_{\mathrm{a}} - T_{\mathrm{w}})\mathrm{d}t \tag{13}$$

对于湖泊

$$k = \frac{\eta_0}{\gamma_{\mathrm{w}}C_{\mathrm{r}}y_{\mathrm{e}}} \tag{14}$$

k值主要与除气温以外的平均气象因素值有关,主要为风速,y_{e}可作为一个常数。

对于江河

$$k = \frac{\eta'_0}{\gamma_{\mathrm{w}}C_{\mathrm{r}}y^*} \tag{15}$$

k值不仅与天气因素有关,而且与封冻时的水位有关。

在$t = t_0$和$t = t_n$之间分成相等的时段Δt,令T_{a}为t_{i-1}到t_i时段的平均值,则得到

$$T_{\mathrm{w}n} = T_{\mathrm{wo}}\mathrm{e}^{-k(t_n - t_i)} + (1 - \mathrm{e}^{-k\Delta t})\sum_{i=1}^{n}T_{\mathrm{a}}\mathrm{e}^{-k(t_n - t_i)} \tag{16}$$

用此式即可根据气温预报来求时段 n 的水温，现有各种解算此方程的数学法和电算程序。

应用式(16)求得水温后即可应用舒它可夫斯基 1960 年提出的不等式进行初冰预报。即

$$\alpha T_{w} \leqslant -\omega \tag{17}$$

式中 T_{w}——水温；

α——水气热交换系数；

ω——水面失热量。

对于水电站下游结冰断面的位置为

$$L_0 = -\frac{\bar{h}\,\bar{v}_1}{k} < n\frac{-\frac{w}{\alpha} - \bar{T}_{u} - \frac{d+q}{k}}{T_{wo} - \bar{T}_{Q} - \frac{d+q}{k}} \tag{18}$$

式中 L_0——水电站坝下起始断面到开始结冰断面的距离；

$\bar{h}$、$\bar{v}$——河段平均水深和流速；

k——热交换系数；

α——气温与水面温度的比热交换参数；

T_{u}——自起始断面到开始结冰断面滞时间的平均气温；

T_{wo}——起始水温；

q——自河段内土壤和地下水吸收的热量对于封冻日期的预报。

舒它可夫斯基 1960 年提出的河流封冻临界温度

$$\sum T = -10v^{1.2}b^{0.4} \tag{19}$$

$$T - C_{r} = -0.65vb^{0.5} \tag{20}$$

现改进为

$$T_{a}C_{r} = -\frac{3.56v^{1.93}}{(\sum T_{m})^{0.46}}\frac{b^{0.80}}{(\sum T_{L})} \tag{21}$$

$$T - C_{r} = 6.5v^2\left(\frac{b}{\sum T_{m}}\right)^{0.8} \tag{22}$$

式中 $\sum T$——累积负气温；

$T - C_{r}$——临界气温；

v——流速；

b——河宽；

$\sum T_{m}$——形成冰盖处的累积负气温；

$\sum T_{L}$——冰移动路程上的累积负气温。

式(21)、式(22)较式(19)、式(20)增加了$\sum T_{m}$ 和$\sum T_{L}$，精度有所提高。

对于开河预报方面，在建立的解冻过程模型中进一步提出了推求冰盖强度变化的方法。对水库提出了冰盖破裂条件与风速关系，即

$$\varphi h_{i}^{\frac{1}{2}} \leqslant \alpha v_{a}^{2} \tag{23}$$

式中　φ——相对弯曲破坏应力 δ/δ_0（δ 为融冰融雪的破坏应力，δ_0 为不受太阳辐射作用温度为 0 ℃时冰的破坏应力）；

h_i——融冰厚度；

v_a——风速；

α——经验系数，一般为 0.13。

对于河流，则为

$$\varphi b < f(H, \Delta H) \tag{24}$$

式中　H——解冻水位；

ΔH——解冻前最大封冻期水位以上的增值；

b——河宽。

$$\varphi h \leqslant f(Q^2 \frac{b_{冰}}{b_{河}}) \tag{25}$$

式中　Q——流量；

$b_{冰}$、$b_{河}$——冰宽和河宽。

上述方程式可根据各河的观测资料建立具体公式，例如

$$\varphi h \leqslant 2 + 50(1 - \frac{b_{冰}}{b_{河}}) Q^2 10^{-6} \tag{26}$$

式(26)中的 φ 值可由下式求得

$$\varphi = (1 - \sqrt{\frac{s}{s_0}})^2$$

式中　s——冰吸收太阳辐射热量；

s_0——使冰盖强度为 0 的太阳辐射热量，一般为 196.8 J/cm^2。

也可用经验关系

$$\varphi = \left(1 - \sqrt{\frac{n}{0.36h_0}}\right)^2 \tag{27}$$

式中　n——自融冰开始算起的天数；

h_0——开始融冰时的冰厚。

关于冰塞形成过程已有不少研究成果，为预报打下了基础，早期的研究是一维的，一般是用弗劳德数 Fr 表示，其下限为 0.06～0.09，有的著作中为 0.06～0.22。有的研究人员用其下限 Fr_c 来表示冰缘的吸水能力。

如

$$Fr_c = 0.154\sqrt{1 \cdot \varepsilon} \tag{28}$$

式中　ε——冰块堆积的空隙率；

当 $Fr > Fr_c$ 时，浮冰即被吸到冰缘下面。

有的研究人员建立了极限速度为

$$y_c = \sqrt{\alpha g L} \tag{29}$$

式中　g——重力加速度；

L——冰块长度。

还有人建立了下列关系式

$$Fr = f(\frac{l}{h}, \frac{h_i}{h}, \frac{b}{c}) \tag{30}$$

式中　h_i——冰厚；

h——水深。

对冰塞的稳定情况也有一些研究，如

$$\frac{h_j}{h_H} = 0.4 \text{ 时} \tag{31}$$

当

$$\frac{h_H \sqrt[4]{B}}{\mu \sqrt{Q}} = 2.36$$

式中　Q——流量；

B——水流宽度；

h_H——冰塞下水深；

h_j——冰塞的堆积厚度；

$\mu = 0.26$。

当式(31)中等式左边小于2.36时，冰塞稳定性即被破坏。此外，对冰塞中冰的堆积数量、冰塞过水能力、冰塞形成期间冰缘推进速度、冰塞体积和壅水高度等都有一些研究成果，对于冰塞的定量研究是按照两种途径进行的：一是按照冰块流动连续力学原理进行，这类模型是二维或三维的；二是根据观测资料进行，研究历史上发生过冰塞的地点，确定其经常形成冰塞的水文地理特征。

对于冰塞出现的时间和地点的预报是在冰塞破裂过程的研究基础上进行的，其破裂方式有水力和热力两种，也都有了一些研究成果。

关于冰坝预报，主要是预报冰坝形成的最高壅水位和出现时间，以及冰坝的位置，由于冰坝的形成因素十分复杂，并且有时各因素的组合存在一定的偶然性。因此，对冰坝的预报是很困难的。目前尚没有比较好的预报方法，对出现冰坝的地点，在冰坝重复出现的地方尚可进行预报，对经常变换地点的冰坝，尚无法预报。

对冰坝最高水位的预报，仍然是经验性的方法，一般是将最大壅高水位 ΔH 与形成冰坝的主要因素建立关系，如

$$\Delta H = c_1 + c_2 h'_s + c_3 \sum T + c_4 J \tag{32}$$

式中　h'_s——上游水位涨差；

$\sum T$——累积负气温值；

J——气温上升率；

c_1、c_2、c_3、c_4——系数。

最高水位出现时间，可以根据以往观测资料和冰坝距水文站断面的距离等建立经验关系。

1.2.2　冰情长期预报

冰情长期预报，也是愈来愈多地采用物理－统计法。目前，比较普遍地根据气象要素场及其在自然正交分量上所展开的资料进行冰情长期预报，这种方法的优点在于应用

“自然分量”表示气压和气温场。可以反映现实的大气过程，并可把各个场的指标数据综合为少量的场展开参数。在应用时间系列统计分析方法时是否有良好的效果，主要决定于资料抽样是否恰当、所选系列是否稳定，为此要对稳定性进行检验。

应用气象场的天气统计方法进行冰情预报是需要进一步发展的途径。

1.3 今后意见

(1)目前我国的江、河、湖、库冰情分析研究和预报的水平还较低，对水内冰、封冻、解冻、冰塞、冰坝等形成变化的物理机制都有许多问题需要探讨，因而影响了冰情预报的进一步深入研究，现在的分析研究工作都分散在各有关水文部门，并且这些部门多数没有对冰情的试验研究给予足够的重视。专门的冰情研究机构、冰川冻土研究所不进行江、河、湖、库冰情的研究，因而冰情研究和预报进展比较缓慢，为此建议成立冰情研究所或列入现有水文研究所作为一项重要的研究内容，并安排专门研究机构与各有关单位的观测研究相结合，促使我国冰情研究工作有一个较快的进展。

(2)为了提高冰情预报的水平，除对冰情本身加强研究外，还需要提高预见期内天气预报的精度，例如黄河下游凌汛开河时，运用三门峡水库控制下泄流量减少河槽蓄水量，防止由于武开河造成的冰坝壅水，但三门峡水库不能蓄水过早，以免库区超过限制水位，因此必须适时地进行控制，其开始控制时间要依靠冰情预报，预见期最少需要10日。实践证明，预报的成败往往在于预见期间的气温预报是否准确，关于长期冰情预报更是需要可靠的天气预报。因此，冰情预报必须与天气预报密切结合，天气预报要做到符合冰情预报的需要，应从冰情预报所需要的内容如气温转正或转负日期等进行研究，或者将天气因素直接与冰情建立关系，建立水文气象法，这是提高冰情预报精度，加长预见期的重要途径。

(3)在目前不能完全使用物理统计计算法的情况下，以分析观测资料为基础的经验分析方法仍是需要的，经验方法可以得到较长的预见期，并且在现有资料范围内的预报也可能获得比较好的结果，但是从今后的发展途径来讲，应深入研究物理统计分析法，这是提高预报质量的根本途径。

2 泥沙预报

泥沙预报对于多沙河流上合理运用水库，减少泥沙淤积，引水放淤，改良土壤以及提高洪水预报精度等，不仅需要洪水总沙量，而且需要泥沙过程预报。

近年来，随着河流水库泥沙研究的深入，泥沙预报也有所发展，本次会议有3篇论文，一是异重流预报方法；二是泥沙特征值长期预报；三是变动河床水位预报方法，后者原列入汇流部分，从预报方法本质上讲主要是进行断面冲淤变化的预报，因此可列入泥沙预报范围，现分述于下。

2.1 现有泥沙预报方法的评述

官厅异重流预报主要是依据1956~1959年的实测资料，建立了一套经验相关图，可以适时地作出异重流预报，以便合理地调度水库进行排沙减淤，文中8张关系图中只有两张有点据，其余6张均缺乏点据。按官厅水库的情况，控制面积约43 000 km^2，这样大的面积上，降雨和产流不可能十分均匀，给成单一的或基本上单一的峰量关系，洪峰和历时关系等可能是比较粗略的,由于缺乏点据,只能作为一个问题提出。

应用滑动时段累计极值控制优选法作沙量特征值的长期预报是一个新的尝试,检验预报的误差不大,但这种方法完全是经验性的统计方法,具有长期天气水文统计预报方法,类似的问题预报成果只能作为生产上的参考。

黄河下游变动河床水位预报方法,主要是预报断面的冲淤变化,求得断面面积的变化值后与用流量—流速的关系求得的流速求出水位,因而实质上是属于泥沙范围,其推求断面变化的方法,是应用来沙系数($\alpha = \frac{\rho}{Q}$,ρ 为含沙量,Q 为流量)、洪水涨率等主要因素,与断面的变化值建立关系,经实际预报的检验,具有一定的精度,但尚缺乏几率的探讨,并且对滩地的计算方法也还没有解决,均需进一步研究。

关于年月总沙量的预报方法,一般仍然应用水沙关系,由预报的水量推求沙量。

对于水库的冲淤计算方法,泥沙科研单位研究得较多,有的单位已从物理成因入手建立了一套三角洲演变模型,有的仍应用来沙系数、进出库流量和库水位比降等因素建立排沙关系推求总淤积量,然后按淤积三角洲和平衡比降等关系进行铺沙。有的对高含沙异重流进行了理论分析和室内试验,但这些方法目前尚未能用于预报。

河道中的含沙量预报,有的单位采用上下站相应来沙系数相关预报法来推求洪水中的平均含沙量和最大含沙量,有人对河床演变计算进行了不少研究,也有人对输沙率或含沙量过程试用类似于河道洪水推演的方法,但由于洪水推演是建立在上下断面水量平衡的基础上。而沙量平衡则关系到河段内的冲淤变化,比水量更为复杂,不能简单地应用洪水推演的方法进行推演输沙率过程,这项研究目前尚未获得好的研究成果。

2.2 目前泥沙预报的研究动向

泥沙预报大体可分为两类:一类是河道中泥沙输算移预报,即由上断面的输沙率过程,推演下断面的输沙率过程;另一类是流域产沙预报。泥沙科研单位对于河道泥沙运行规律的研究较多,对于流域上产沙过程计算方法的研究较少,对预报方法的研究在国内更少。在国外对于流域产沙过程预报的研究已取得了一些成果,如瑞登·海瑞(1974)、瑞拿德和拉夫申、布瑞斯和哈派、莱拿德、斯乃德、汤母生等(1975)分别提出了计算泥沙过程的概念模型。奥斯特勒、伦登·赫雷罗把径流单位线引申到分析泥沙过程线上来,推导出泥沙单位线。

瑞拿德和拉夫申的计算方法要点是,用洪水过程线的流量乘以泥沙输移模型算出的含沙量。布瑞斯和哈派等人是以侵蚀和输移能力为基础建立了一个泥沙过程模型。瑞登·海瑞提出了一个以含沙量单位线为基础的模型。他的含沙量单位线的定义是流域上已知历时的含沙量的一个单位,含沙量单位线的纵坐标称为系列过程(Series Graphs),与洪量和计算的洪水泥沙过程有关。

上述各模型的参数都有赖于实测资料,用电子计算机进行计算。

最近威廉木士提出了一个以瞬时含沙量单位线为基础的泥沙的过程模型,此模型与侵蚀源有关,可以用于无实测资料的农业地区。洪水含沙量过程是由瞬时含沙量单位线(lusG)从径流转换求出,瞬时含沙量单位线类似于瞬时单位线,即由瞬时降雨量产生一个单位径流形成的含沙量分配过程线。瞬时含沙量单位线即为由瞬时径流单位线和含沙量

分配过程的乘积，即

$$u_i = g_i C_i$$

式中 u_i——瞬时输沙率；

g_i——流量；

C_i——含沙量。

瞬时单位线的初始含沙量与流量和瞬时单位线的径流量呈线性关线一样，假定与径流量呈线性关系。而含沙量的分配是用含沙量演进系数计算的，含沙量演进方程为

$$C = C_0 e^{-\beta T d^{1/2}} \tag{33}$$

式中 C_0——初始含沙量或上游河段的含沙量；

T——上下断面间的传播时间；

d——泥沙的中数粒径；

β——参数。

$$\beta = -\ln(q_p/Q_p)^{0.56}/T_p d^{\frac{1}{2}} \tag{34}$$

式中 q_p、Q_p——q、Q 的峰值；

T_p——洪峰出现时间。

$$C_0 = b\rho h \text{ 或 } C_0 = b\rho Q \tag{35}$$

式中 b——比例常数；

ρ——水的密度；

h——水深；

Q——径流增量。

由于 q 和 C 均与径流量呈线性变化关系，所以洪水泥沙过程可由瞬时含沙量单位线与径流增量的平方（Q^2）来计算。

由瞬时径流单位线给出下式

$$U_t = Q_t^2 \int_0^{\infty} Cq \mathrm{d}t \tag{36}$$

式中 U_t——t 时径流增量的产沙量；

t——时间。

由式(36)与含沙量分配关系求得

$$U_t = Q_t^2 C_0 \int_0^{\infty} -\beta t d^{\frac{1}{2}} q \mathrm{d}t \tag{37}$$

奥斯特勒、伦登·赫雷罗的泥沙单位线为

$$USO = S_{Di}/E_s \tag{38}$$

式中 USO——泥沙单位线纵坐标；

S_{Di}——输沙率；

E_s——总沙量。

而高含沙量变成了非牛顿体，属于宾汉塑性体，其切应力为

$$\tau - \tau_0 = \eta \frac{\mathrm{d}u}{\mathrm{d}y} \tag{39}$$

式中　τ_0——屈服应力。

高含沙水流的输沙能力大于低含沙量水流，往往使河槽发生剧烈冲刷，并可挟带高浓度泥沙长距离的输送。有时，在洪水挟带高含沙量演进过程中发生浆河现象，使水流暂时减缓，水量发生暂时蓄积，当蓄水下泄时，可造成更高的洪峰，若有这种洪水就不能应用一般水力学的计算方法。进行洪水过程计算，必须与泥沙演进相结合，研究高含沙量洪水的演算方法，这是在多沙河流上的一个新的重要课题。

2.3　加强试验研究，提高泥沙测验的水平

目前，泥沙测验无论是在数量上还是在质量上都尚不能适应生产和研究工作的需要，由于泥沙测验的精度较低、误差较大，常使计算的冲淤量很不准确，甚至发生定性上的错误，即冲算成淤或淤算成冲。由于测验断面较少，往往测不到沿程的变化。近年来测沙仪器和颗粒分析仪器有了改进，如已推广应用了同位素测沙仪和光电颗分仪，提高了测验和分析成果的质量，但还很不够，还应继续加强，进一步改进测验方法和仪器，努力提高测验质量。

（本文为水文会议文章，1983 年）

冰凌观测与气温及冰情预报

1　冰凌观测

1.1　观测的目的和内容

1.1.1　观测目的

冰凌观测是防凌工作的耳目。及时准确和完整的冰凌观测资料不仅是冰凌研究的基础,而且是科学指导防凌斗争的重要依据。在我国北方,凡与河流有关的经济建设部门都需要冰凌资料。

水利水电工程建设对冰凌资料需要十分广泛。如在设计水工建筑物时需要计算动冰压力值及静冰压力值,需要流冰速度、冰块尺寸、冰厚、冰的物理特性等方面的资料;在考虑水利水电工程冬季施工时需要冰冻、冰流量、冰凌堆积、冰壅等资料。

对于河道堤防,在流冰期,凌汛的发生会造成一定的危害。冰塞、冰坝的发生会使河道水位急剧上涨,威胁堤防甚至造成更大的灾害。故需对冰凌演变过程,冰塞、冰坝形成过程进行观测,分析其规律,研究其防御措施。

对于交通运输,河流或湖泊封冻时要停止通航。但如果冰盖增厚到一定程度后又会起到桥梁和通行的作用。交通或森林部门在考虑航运或木材流放计划时,需要了解河流封冻、解冻的日期。在考虑冰上运输时,要了解冰盖厚度以及冰层的抗弯强度等资料。

冰凌观测资料是研究冰凌运行、演变规律的重要依据。

在国防和军事部门,也需要冰凌资料。

总之,冰凌观测资料需要是非常广泛的,它对国民经济发展、人民的生命财产安全有着十分重要的意义。

1.1.2　观测内容

根据对冰凌资料的需要,观测项目分为两类:第一类项目在测站上普遍施测,主要是提供基本冰凌资料,以满足国民经济各部门的需要;第二类项目在少数测站上施测或对某一河段进行施测,是为了提供特殊的冰凌资料,以满足冰凌研究及专业部门的特殊需要。

第一类项目观测内容主要是冰情目测,气象及水温观测,冰情图绘制,固定点冰厚测量,冰期水位、流量等。

第二类项目观测内容主要有:水位观测,气象及水温观测,河段冰厚测量,冰流量测验,水内冰观测,特殊冰情观测,冰凌普查,其他如冰凌结构观测、冰的物理机械性能试验等。

1.2　冰凌观测方法

1.2.1　冰情目测

冰情目测所包括的河段长度,应使观测到的冰情有一定的代表性。观测范围一般在基本水尺断面及其附近的可见范围进行,范围内应尽可能包括河流的深槽段、浅滩段。其长度,在小河应不小于200 m,较宽河流为1~2 km或更长。

在水尺附近的河岸上选择较高的地点作为冰情观测基点。在观测基点上要求:①可以清楚地看到全河段冰情全貌,如一处不能满足要求可多设几处;②在测冰流量的河段应能满足准确观测流冰密度的需要。

冰情目测内容的繁简,按不同测站作不同要求,可分三级。

第一级:正确测记在年鉴中刊布的冰情目测项目的一般要求内容,并尽量测记其他项目。

第二级:正确测记全部冰情目测项目的一般要求内容。

第三级:正确测记全部冰情目测项目的一般要求内容以外,并附加特殊要求。

选择测站等级一般参照下述原则:

(1)不测冰情图的测站(一般水位站、小河上的测站或冰情对水流影响较小的测站),可按第一级要求进行测记。

(2)测冰情图的测站,冰情对水流影响较明显的大、中河流的流量站及指定水位站,按第二级要求进行测记。

(3)有特殊要求的测站(专用站、试验站),按第三级要求进行测记。

年鉴中刊布的冰情目测项目有以下几项:①每日主要冰情,包括微冰、冰凇、岸冰、流冰、封冻、冰上有水、岸边融冰、冰层浮起、冰塞、冰坝、冰滑动、解冻;②最大流冰块尺寸、流冰速度和发生日期;③对水位有影响的冰情、连底冻等。

冰情目测可用望远镜作更详细的观测。

冰情图的绘制应按《河流冰情观测规范》(SL 59—93)进行,在冰情图上需绘出各种冰情现象及其范围。表示冰情现象的有两种方法:①填图法,主要用图例表示冰情,此法简便易行,一般测站多采用;②写生法,对某些冰情用写生作画的形式表示,绘出的冰情图更为生动、逼真,但要求绘制者有一定的写生技巧。

备有照相设备的测站,可配合冰情图测绘,拍摄冰情照片,以补充图面绘制之不足。在冰情变化急剧而不易用冰情图的方式表达时,可以拍摄相片或录像实况替代冰情图。

1.2.2 水位观测

水位是水利水电工程、防洪、防凌工作的重要水文数据之一,是堤防、水库、涵闸、水工建筑物等工程设计的主要指标。

观测水位应按照《河流冰情观测规范》(SL 59—93)进行。在凌汛期,观测人员应密切注意河流结冰情况及其对水位的影响,特别要注意对出现特殊冰情现象时的水位观测,须测得完整的水位变化过程。在封冻期观测时,需将水尺周围的冰层打开,捞除碎冰,读记自由水面的读数。若水尺冻实,需在河心方向另打冰孔,找出流水位置、增设水尺进行观测,若断面上发生局部冰上流水且时间较长,应避开流水地点,另设新水尺进行观测,若测全断面冰上流水,仍应将冰孔打开观测水位。

水位观测的次数,视水位涨落变化情况而定,以保证取得完整的水位变化过程,根据黄河下游的观测要求,具体规定是:①水位变化平稳或在封冻期间无冰塞现象发生时,每日8时观测一次;②水位变化缓慢时,每日8时、20时各观测一次;③水位变化较大或出现缓慢的涨落时,每日增加2时、14时,观测4次。如每天的水位变幅为0.1~0.4 m,按日测 4 次;水位变幅在 0.4 m 以上,每小时变幅不超过 0.05 m,可日测 6 次,即每 4 h 观测一次,若水位变幅大于 0.05 m/h,应逐时观测。

在特殊情况下,如发生严重冰塞、冰桥、冰坝和冰凌堆积等冰情现象时,应按照上级要求进行观测,保证水位过程的完整。

1.2.3 气象与水温观测

1.2.3.1 气象观测

气象资料是研究冰凌变化规律中热力因素的重要资料,也是作好冰情预报的重要条件,需要认真做好气象观测工作。

(1)气温观测。包括定时观测和最高、最低气温的观测。平时每日按 2 时、8 时、14 时、20 时四段制观测,气温变幅较大的,应增加测次。有条件的测站多用自记气温计记录。日平均气温的计算以 24 时为日分界,最高、最低气温以 8 时为日分界。每日 8 时从最高、最低气温计或自记气温计上读出前 24 h 内最高、最低值。

(2)风向风速观测。凡规定观测风向风速的测站,一般情况下每日 8 时观测一次。如遇寒潮侵袭,风速变化较大或配合特殊冰情观测研究时应适当增加测次,并同时观测风况、风历时等项目。风力等级划分可参照蒲福氏风力级表。水尺附近风向观测应按与水流方向关系记载。岸上测站风向应按方位记载。

(3)天气现象观测。天气现象主要是云、雾、雪、雨夹雪、雨、阴、晴等。一般于每日 8 时观测水位的同时观测并记载,如有天气变化则须随时记载。

(4)日照和辐射。日照和辐射是冰凌变化的重要热力因素,在相同的气温条件下,有无日照和辐射对冰凌变化影响很大。研究热力平衡条件时也必须考虑日照和辐射的作用。

因此,开展日照和辐射观测对研究冰凌变化和进行冰情预报具有非常重要的作用。根据现有设备条件,凡为二、三级的测站均应配置日照和辐射仪,加强该项目的观测。

1.2.3.2 水温观测

水温观测的目的在于了解水温的变化,为分析研究冰凌的形成与消失变化规律,制定水工建筑物的防冰措施,研究分析水面蒸发因素,有关工厂冷却设备的设计,防止热污染以及水产养殖、农田灌溉、工业和城市给水等方面提供所需要的水温资料。

(1)水温观测地点,一般要求在基本水尺断面或附近靠近岸边水流畅通处,使所测水温有一定的代表性。

(2)观测时间和次数,视需要和河流情况,每日观测 1 ~2 次(8 时、20 时)或多次。黄河下游凌汛期一般每日 8 时观测一次,遇特殊情况增加测次。

(3)水温观测的基本要求是:①水温观测应使用精度较高的刻度(不大于 0.2 ℃水温计);②水温读数一般应准确到 0.1 ~0.2 ℃;③当水深大于 1 m 时,水温计应放在水面以下 0.5 m 处,水深小于 1 m 时,可放至半深处,水深太浅时,应斜放于水中,不能触及河底,水温计放入水中的历时不应少于 5 min;④为保证水温观测资料准确,水温计应经常进行检定。

1.2.4 冰厚测量

1.2.4.1 固定点冰厚测量

固定点冰厚测量的目的是随时掌握冰厚的变化过程和为工程设计提供依据。冰厚的测量工作一般从河段封冻后、冰上能安全行走时开始，至解冻时终止。一般情况下，每5日测量一次，当冰厚变化较显著时增至每日一次。固定点的冰厚测量一般结合当日8时水位观测同时进行，如遇断面封冻不稳定，可改测岸冰厚。

固定冰厚测量的地点应能代表河段的一般情况。应离开清沟、岸边、浅滩和距离冰上道路有足够的距离，并尽可能避开特殊冰情的地点，如冰堆、冰塞、冰坝等。

冰厚测量在同一断面上分两处进行，一处在河心，一处离水边5～10 m。原则上测量冰厚的冰孔，应固定不变，以便前后资料对比。但要避免冰孔长期与空气接触而使冰厚变形失去代表性，就必须进行必要的移位。

冰厚测量操作程序一般是：如有积雪时，先量取冰上积雪深度，然后开凿冰孔，量取冰花厚、水浸冰厚与冰厚，将测量结果记入表中，并计算河心多孔的冰厚平均值。

1.2.4.2　河段冰厚测量

为了解河段的冰厚分布以及计算河段的冰量变化，需要对河段进行冰厚测量。

（1）测验河段在计算冰厚、单位河长的冰体积等方面应有足够的代表性。测量范围应尽可能涵盖顺直段、弯道、深槽、浅滩等。

（2）河段长度、断面数、冰孔数一般规定如表1所示。

表1　冰期河段测量布设

枯水河宽 B（m）	冰厚测量的最短河段长度（m）	最少断面数	每个断面最少冰孔数	说明
$60 \sim 100 < B$	$5B$	10	7	在很宽的河流上（$B > 500$ m）测量河段长度可适当减小
$25 < B < 60 \sim 100$	$300 \sim 500$	10	5	
$B < 25$	$100 \sim 300$	$5 \sim 10$	$1 \sim 3$	每断面只设一个冰孔时，设在中泓处

（3）断面布设应尽量与测流及普测断面相结合。

（4）在拟建水利枢纽区域，冰厚测量的河段长度按工程设计单位要求布置。一般情况下，河段长度为10～15 km。测量河段分为详测和简测两部分，在坝址附近范围（一般为2～3 km）内进行详测，其余部分进行简测。详测范围内，断面数应不少于10个，每个断面的冰孔数应不少于表1的规定。简测部分间距可适当加大，每个断面冰孔数亦可适当减少。

（5）冰厚测量的横断面应预先设好固定标志、引测高程点等。

1.2.5　冰流量测验

测验冰花和冰块的流量，统称为冰流量测验。目的是了解河道的流冰情况及流动冰的数量，为研究河流防凌和工程防凌提供依据。冰流量测验的时间为自流冰开始至封冻和自解冻至流冰终止这两段时间。

1.2.5.1　测验河段选择

冰流量测验河段应顺直，河宽大体一致，水流要均衡，当冰花团和冰块流速大于2 m/s时，水流深处也可能出现冰花，会给测验工作带来困难。

冰流量测验河段,应设置一个中断面,并应布设上下两个测速断面。上下断面的间距应不小于最大冰流速度的20倍,且不小于20 m。中断面最好与测流断面重合。如不能重合,应在断面上设立水尺并在两岸设立标志。用交会法测定冰块流经中断面的起点距时,应设"基线","基线"的长度应使断面上最远一点的仪器视线与断面的交角不小于15°。使用垂直交会法或极坐标法交会测定冰块位置时,应在中断面线上河岸较高处设置高程基点,基点高出水面应满足在施测中任一视线的俯角均大于2°的要求。

1.2.5.2 冰流量施测

冰流量测验包括实测冰流量和观测冰流量的主要要素,两者结合,才能推出逐日冰流量。实测冰流量包括:①测量敞露河面宽;②测量流冰或冰花的疏密度;③测量流冰或冰花团的流速;④测量冰块或冰花团的厚度与冰花的容重;⑤同时观测水位与河段的冰情。冰流量的测验方法分为精测与简测两种。简测法指用目估测定疏密度,工作比较简单,精度较低。精测法用统计法测定疏密度,测速的同时测定冰块流经中断面的起点距,工作较繁,精度较高。

(1)敞露河面宽的测量。

敞露河面宽是指两岸固定岸冰间敞露的自由水面宽度,可用垂直交会法施测或直接丈量,也可用断面索量测。

垂直交会法,在河岸的高程基点上安设经纬仪,对准两岸岸冰边缘,测得垂直角α_1、α_2,按下式计算敞露河面宽

$$\left.\begin{aligned} B &= Z(\cot\alpha_1 - \cot\alpha_2) \\ Z &= H_B + Z_1 - h \end{aligned}\right\} \tag{1}$$

式中 B——敞露河面宽,m;

Z——仪器横轴中心与水面之高差,m;

H_B——基点高程数,m;

Z_1——仪器横轴中心与基点高程之高差,m;

h——水位,m。

断面上设有拦河索时,可在索上等距系上若干带有重物的细绳,重物接近水面0.05~0.10 m,标志起点距。由断面上下的直接估读岸冰边之起点距,计算出敞露河面宽。

(2)流冰或流冰花疏密度测量。

疏密度是漂流冰花团、冰块的平面面积与敞露河面面积的比值。测量方法有目估、统计和摄影三种。目估法用于经常观测和简测,统计法只用于精测。

目估法测定疏密度时,可站在观测基点上,综览全河,估计漂流冰块或冰花团面积占敞露河面面积的比数,记至小数点后1位。有时河面并不全面流冰,仅在部分河宽处成一带状,有时十分分散,疏密度相差很大,此时可先将敞露河宽分成几部分,分别测出各部分的疏密度,将各部分疏密度与该部分的河宽相乘,加在一起,再除以全部敞露河宽,即得按权重计算的全河宽平均疏密度。为了使目估结果准确,最好能在观测时参照该站已有的流冰照片,照片宜包括各种疏密度情况,并把流冰疏密度事先精确计算标定,作为目估的"样本"。

用统计法测定疏密度时,先测定垂线疏密度,经过计算,求出断面平均疏密度。垂线

疏密度可用经纬仪测量或用垂索目测。用经纬仪测量时，在中断面上，根据当时流冰块或冰花团的疏密分布情况，选定施测垂线，流冰范围的边缘也应设置垂线。流冰密集处及流速较大处垂线应增多，当河面宽小于50 m时，布设3条垂线；河面宽为50～100 m时，布设5～6条垂线；河面宽为100～300 m时，布设6～8条垂线；河面宽超过300 m时，布设8～10条垂线。计算起点距可选用经纬仪，将经纬仪置于高程点上，对准所选垂线的水面，测垂直角。

$$D = Z\cot\alpha \tag{2}$$

式中 D——垂线起点距；

Z——仪器横轴中心至水面之高差；

α——垂直俯角。

计算垂线上的流冰疏密度有两种方法：第一种方法是按一定的时距，统计流冰的出现次数，一般取200 s为一个观测时段，每2 s为一个单位时段。为提高效率，可用记数计作记录。冰的出现次数与总次数的百分比，即为疏密度。第二种方法主要统计流冰通过断面的累计时间，在此需使用一只累计秒表与一只普通秒表。观测开始，启动普通秒表，从经纬仪内观察，当每个冰块（或冰花团）开始接触十字线交点时，开启累计秒表，待冰块离开十字线交点时，停止累计秒表。这样连续计到200 s，两只秒表同时停止。累计秒表与普通秒表读数之比，即为所求之疏密度。本法一般适用于流冰较大时，当冰块很大、冰流速很小时，每一点施测的总历时，应以连续测得5～7个冰块为准。

用摄影法测量疏密度时，应先在测验河段内布置两个相距20～40 m的断面（可用冰流量测验的上下断面），并在断面处的左右岸高程大致相同处，各设一个标志明显的木桩。

在需要测量疏密度时，用数码照相机在岸上把河面流冰情况拍摄下来。拍摄时，照相机高出水面的高度，最好不小于河宽的1/10，并最好安置支架，固定拍摄角度。每次拍摄，皆应将各个标志桩摄入。

拍摄的照片洗出后，可以用电脑制作。将照片放映到屏幕上，并加以调整，使照片上的各个标志桩与屏幕上的重合。这时，屏幕上映出的照片就是河面流冰的真实情况。

在屏幕上沿断面选择若干条垂线，在每条垂线位置顺流向作一直线。在上下断面间，此直线切割冰块或冰花团的总长度与上下断面间距之比，即为垂线疏密度。

（3）冰块或冰花团流速测量。

冰块或冰花团流速的测量方法与水面浮标法基本相同，即以冰块或冰花团作为浮标，每次测若干点，断面上有效测点处视河面宽而定，河面宽小于50 m，有效测点不少于5个；河面宽为50～100 m，有效测点5～6个；河面宽为100～300 m，有效测点6～8个；河面宽大于300 m，有效测点8～10个。各测点应分布均匀。冰块或冰花团流速测定有简测法和精测法两种，前者不测冰块流经中断面的起点距，后者则需测定。精测法分固定断面与不固定断面两种。固定断面指上下断面都固定，其施测方法与浮标测流相同；不固定断面是指上下断面有一个或两个不固定，所以冰块（或冰花团）的漂流距离就不是固定的常数，一般用经纬仪极坐标法施测。

（4）冰花团、冰块的厚度与冰花容重测量。

流动冰块厚度的测量在岸边进行,可用普通冰尺或活动冰尺,量取流经岸边的厚度,或将冰块打捞到岸上,用直尺量测,所测之冰块,应大小兼之,其冰块比例应与流动的冰块比例相当。冰花团厚度及冰花质量用冰花采样器采样测定。冰花容重可用下式计算

$$\gamma_{冰花} = \frac{W_{冰花}}{100Ah_{冰花}} \tag{3}$$

式中 $\gamma_{冰花}$——冰花容重,kg/m³;

$W_{冰花}$——冰花质量,kg;

A——采样器截面面积,m²;

$h_{冰花}$——冰花厚度,m。

施测冰流重时,要同时观测基本水尺与中断面水位以及河段上的冰情。

1.2.5.3 冰流量计算

(1)简测法。用简测法施测冰流量时,可分下列几种情况。

①当河段内流冰全部为流冰块或全部为流冰花时,冰流量计算公式为

$$Q_{冰} = Bv_{冰}\eta h_{g} \quad (全为冰块) \tag{4}$$

$$Q_{冰} = Bv_{冰}\eta h_{s}\beta \quad (全为冰花) \tag{5}$$

其中

$$\beta = \frac{\rho_{花}}{\rho_{冰}} = \frac{\rho_{花}}{910}$$

式中 $Q_{冰}$——冰流量,m³/s;

B——敞露河面宽,m;

$v_{冰}$——平均冰速,m/s;

η——平均流冰疏密度(%);

h_g——平均冰块厚度,m;

h_s——平均冰花团厚度,m;

β——冰花计算系数;

$\rho_{花}$——平均冰花密度,kg/m³;

$\rho_{冰}$——密实冰块密度,一般取910 kg/m³。

②当河段内流冰为冰块和冰花团混合流动并已分别观测流冰块和流冰花疏密度时,可分别计算冰块流量和冰花流量,再求总冰流量。

③采用分部观测疏密度和冰速时,冰流量用下式计算

$$Q_{冰} = h_g\sum_{i=1}^{n} b_i v_i \eta_i \quad (全为冰块) \tag{6}$$

或

$$Q_{冰} = h_s\beta\sum_{i=1}^{n} b_i v_i \eta_i \quad (全为冰花) \tag{7}$$

式中 b_i——部分宽,m;

v_i——部分平均冰速,m/s;

η_i——部分平均疏密度,%;

n——部分数;

其余符号含义同前。

④用简测法分部观测疏密度和冰速时,应用下列公式计算断面平均疏密度和断面平均流速

$$\eta = \frac{1}{B}\sum_{i=1}^{n} b_i \eta_i \tag{8}$$

$$v_g = \frac{Q_{冰}}{Bh_g \eta} \quad (全部为冰块) \tag{9}$$

$$v_g = \frac{Q_{冰}}{Bh_s \beta \eta} \quad (全部为冰花) \tag{10}$$

式中符号含义同前。

(2)精测法。用精测法施测冰流量时,可按下列程序计算冰流量:①绘制流冰疏密度和冰速分布曲线;②计算部分单厚冰流量,即

$$q_i = \frac{1}{2}(v_{g_i}\eta_i + v_{g_{i+1}}\eta_{i+1})b_i \tag{11}$$

式中 q_i——第 i 部分单厚冰流量,m^3/s;

b_i——两实测疏密度测点间部分河宽,m;

v_{g_i}——由第 i 条疏密度测线起点距在冰速分布曲线上查得的相应冰速,m/s;

η_i——第 i 条垂线的疏密度(%)。

③计算单厚冰流量,即

$$Q_i = \sum_{i=1}^{n-1} q_i \tag{12}$$

④计算冰流量,即

$$Q_{冰} = h_g Q_i \quad (全为冰块) \tag{13}$$

或

$$Q_{冰} = h_s \beta Q_i \quad (全为冰花) \tag{14}$$

式中 Q_i——单厚冰流量,m^3/s;

其余符号含义同前。

⑤用精测法施测冰流量时,可按下列公式计算断面平均疏密度 η 和断面平均冰速 v_g,即

$$\eta = \frac{1}{2B}\sum_{i=1}^{n-1}(\eta_i + \eta_{i+1})b_i \tag{15}$$

$$v_g = \frac{Q_{冰}}{\beta \eta} \tag{16}$$

式中符号含义同前。

1.2.6 水内冰观测

1.2.6.1 观测内容和地点

水内冰观测内容主要是:固定点观测、水内冰分布观测、特种观测、底冰观测。

在水内冰观测的同时,进行冰情现象、水位、水深、流速等附属项目的观测。

水内冰的观测河段需满足:河段比较顺直,水流稳定,无回水现象;不受泉水、工业废水和污水汇入的影响;避开易形成冰堆、冰塞和冰坝等地点;封冻后,应选择在有清沟的河

段内。

(1)固定点观测。

观测地点应在基本水尺断面附近选择岸边和河心两处。在河心处观测有困难的,可只在岸边观测。岸边垂线应离开冰边缘1~2 m。

固定点水内冰基本观测项目包括:①施测水深和流速,水深和流速变化较大时,应在每次放取冰网时施测,且2~3日施测一次;②在放取冰网时观测水位和冰情;③称水内冰质量,最小单位不大于5 g,当水内冰中所含泥沙质量大于水内冰质量的2%时,应扣除泥沙重量;④测量的水内冰厚度,记至0.5 cm;⑤观察水内冰形状、颜色和硬度。

水内冰观测附属项目包括:气温,风向、风速(力),天气状况、云量和能见度,水温。以上项目均在放取冰网时观测。

(2)水内冰分布观测。

水内冰分布观测的目的在于深入了解全河段内水内冰分布的情况,观测内容包括:①横向分布观测。在有代表性的1~3个断面上进行,在每个断面两岸岸边及河心布置3~5条垂线,最大水深、最大流速处应布置垂线。②纵向分布观测。沿河顺水流选择水深、河床组成不同而流速大致相同的地点布置一组冰网,在同一日进行观测,以作比较。观测河段的长度应涵盖各种不同特征的地点。③垂线分布观测。在固定点以外选1~3条垂线进行施测,测点布置原则是:垂线水深3 m以上,测点位置在0.2、0.4、0.6、0.8相对水深及河底,垂线水深为1~3 m,测点位置在水面、半深、河底处、垂线水深1 m以下,可不用冰网,改用直立的铁棍。

水内冰分布观测,每年数次。上述3种观测也可以分别在不同日期内进行。

(3)水内冰的特种观测。

水内冰的特种观测包括分布观测、日变化观测、清沟内水内冰观测。

水内冰分布观测的测点、测线布设要求是:①纵向分布观测沿河长布设的垂线不得少于3条;②横向分布观测可在观测河段内选择有代表性的1~3个断面,每个断面上应布设3~5个测点,水深大于3 m时,垂线上布设5个测点。

水内冰日变化观测的目的是了解水内冰出现时间及形成强度的变化。在岸边水流正常和各种自然因素影响相同的地方,于日落前后设置一组(8个)冰网,以后每隔3 h取出一个观测,并根据观测结果计算24 h内各阶段的形成强度。水内冰日变化观测应在水内冰结冰旺盛时期进行2~3次,每次可用积时法或分段法连续观测3~5天。

清沟内水内冰观测,需在清沟的中部和下部布设中、下断面,在中断面布设1~3条垂线,在下断面布设3~5条垂线。

水内冰在不同物体上形成情况的观测,可将钢、铜、铁、混凝土、木板、瓷管等及其他建筑材料置于同一地点,进行比较观测。

(4)底冰观测。

底冰观测的目的在于了解固结在水下河床上的水内冰变化范围及厚度。底冰观测一般沿着若干断面进行,也可以用一般地形测量的方法进行测量。

1.2.6.2 观测方法

(1)冰网。

观测水内冰多使用金属冰网，有大、小型两种。大型冰网为一直径 30 cm、高 10 cm 的半球型金属网罩，其底部为高 50 cm 的铁圈，上焊一凸形十字架，其中心装有一铁杆，上有挂环，以便提放，见图 1。

小型冰网与大型冰网相似，只是架子尺寸缩小，网眼孔径不变。

水深大于 0.5 m 的，使用大型冰网；水深小于 0.5 m 的，使用小型冰网；但一个测站各个时期所用冰网应一致。

冰网应编号，并预先称得表面浸湿自重，记至 5 g。每次使用之前，应将冰网洗净。

在河中间一条垂线上放置 3 个冰网时，可将船抛锚固定在预定地点，将冰网系在船上，垂入水中，见图 2。也可用大浮筒代替船，或用缆道、测桥等设备敷设河中间的冰网。

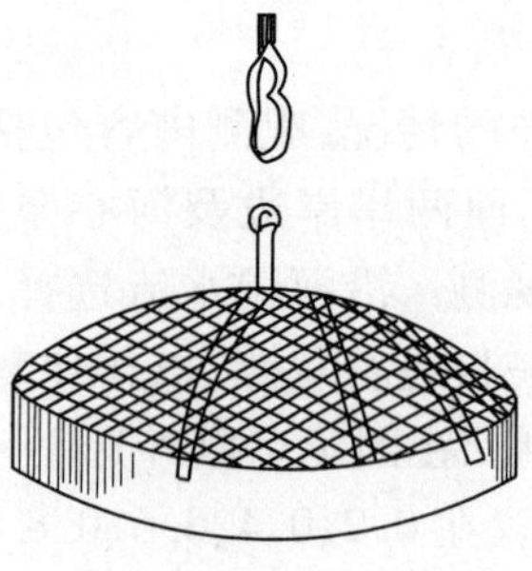

图 1　金属冰网

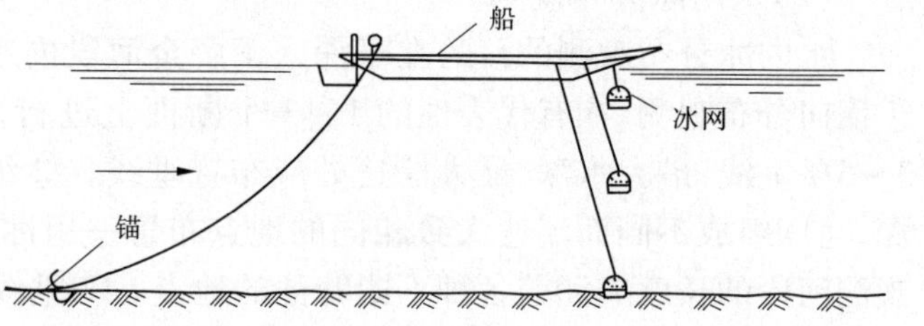

图 2　利用船放置冰网

(2)特种观测及底冰观测。

特种观测的观测方法可参照 1.2.6.1 中的规定进行。

施测底冰时，应用河道地形测量的方法测定测点在断面的起点距或在河中的位置。测量时，当测杆底座触及河底水面时，读一自由水面在杆上所截之数，再以杆压碎底冰，使之触及河底，再读一水面在杆上所截之数(即水深)，两数之差，即为河底冰厚。

1.2.6.3　资料整理

水内冰资料整理工作包括：绘制冰网位置图；编制水内冰成果表；绘制固定点水内冰过程线图及水内冰横向、纵向、垂线分布图；绘制底冰分布图；对成果进行分析，并编写文字说明。

(1)水内冰观测描述。包括水内冰存在日期、变化情况，水内冰横向、纵向、垂线分布情况，水内冰的形态特征，底冰分布情况。

(2)成果分析。分析水内冰(底冰)的形成条件，水内冰数量与相关因素的关系。如绘制水内冰数量与气温、流冰疏密度、水深、流速、云量、风速、湿度等因素的相关关系曲线图，然后进行分析。

(3)总结测验工作。如编写冰凌观测技术报告、报告附件的专项分析报告等。

1.3　冰凌普查

冰凌普查是在河道稳定封冻后，为了全面了解河道封冻情况，对封冻河段的冰厚分布、封冻特征、冰下过流情况等进行的一项调查工作。其目的是通过冰凌普查，发现河段的特殊冰情、冰凌卡塞的地点及其严重程度，以便根据气象和冰水条件分析研究凌汛发展变化趋势，进而采取有效的防凌措施，防止冰凌灾害的发生与发展。进行冰凌普查首先要掌握各种冰情的有关知识,对所观测的冰情能够正确鉴别和记载,保证测量精度、资料准确可靠。冰凌普查的主要工作内容如下所述。

1.3.1 河道冰情观测责任段的划分

河道冰情普查工作因工作量大、战线长,故多为河务部门担负。根据黄河下游山东黄河河务局对山东河段冰凌普查的经验,观测任务由各地(市)县河务部门分段负责,责任河段的划分根据各单位具体情况,按既便于工作进行又可结合所辖堤段情况,经过相邻两岸单位协商提出意见,然后由上级主管部门审查作统一划分,最后报上级批准。

各责任段应根据河道勘察情况安设观测基本设施,配置观测力量和工具设备,同时注意观测后两岸定期互相交换资料,介绍河段冰凌变化情况,使双方都能随时掌握有关冰情。

1.3.2 封冻横断面的布设

根据黄河下游的经验和规定,布设调查封冻横断面首先需安设河道滩地断面桩,自责任段上界分界桩起至下界分界桩止,沿河岸滩唇或险工(险工长度也计入纵断面长度之内)施测纵距,每隔500 m安设一个断面桩,编上桩号,同时在桩里侧(靠堤侧)10 m左右处再打一个副桩,以便安设对岸滩地桩时作瞄定方向之用。注意正副桩位置应在与河道中泓线的垂直线上。如遇弯道或历年卡凌重点河段,断面桩可适当加密。安设对岸断面桩时,其位置应在本岸正、副桩所标定的断面线上。安设时可在正、副桩后各竖一花杆,沿花杆及正副桩方向瞄准对岸并在对岸沿瞄准线在滩唇上打桩编号,对岸桩安设完毕后应及时测量各桩间的间距并作记录以便与本岸间距对照。由于河道弯曲两岸纵距可能不相等,故计算冰量时应取两岸间距的平均值。河道断面桩安设完后还应统一测定各桩的高程,以便断面测量时引用。

1.3.3 封冻横断面的测量

1.3.3.1 观测组织

各单位应根据所辖普查责任段的长短组织配备专业观测组,凡有测量封冻断面任务的责任段,一般可按10 km左右设一观测组。测量封冻断面机遇少的责任段,可组织一个观测组。观测组每组一般为六人,配备必需的测量器具和安全设备,每组通常配测绳(或皮尺)若干根、冰厚尺一把、冰花尺一把、测深锤(也有的用摸水绳绞车)一套、洋镐一把、冰穿一根、水准仪一架(带水准尺)及记录表格、文具等。冰上作业常用的安全设备有安全绳、安全杆、软爬梯、救生衣、胶手套、胶鞋、备防棉裤、油布垫肩及暖壶等。

1.3.3.2 观测内容

封冻横断面测量主要包括水位、冰孔位置、水深、冰厚、水浸冰厚、冰花厚、冰上雪深、冰上水深等,同时记载冰貌、封冻冰面特征及冰花现象,并根据所测各项内容计算出平均冰厚、平均冰花厚、河道断面面积、过水断面面积、冰盖断面面积、冰花断面面积,进而计算出冰量、冰花量及河段总冰量。为了保证观测资料的连续性及可比性,每个断面两端,须安设固定的断面标志,每个冰孔的位置也必须作有标记,以便下次能按原来的断面和冰孔施测。

1.3.3.3 断面间距

封冻横断面间距的大小应根据河道情况、封冻情况及普查时间来考虑。一般在河道弯曲、易卡塞的河段间距应较密，其他河段间距可较疏。对立封较严重的河段间距应较密，一般封冻河段可适当放宽。第一次普查间距可大些，以后普查视封冻情况逐渐加密。根据黄河下游的经验，第一次普查时，在河道弯曲处或冰面高低不平的河段断面间以1 km为宜，其他封冻河段可取2 km或稍大。通过第一次普查，如发现冰絮、冰花较多或卡塞较严重的河段，在下次普查时应将断面适当加密，直至摸清封冻情况为止。

1.3.3.4　冰孔间距

冰孔间距的控制主要以能够反映断面冰厚变化为原则。测量时，对主溜区和冰面起伏不平处间距要小，边溜区及冰面平整处间距可大。根据黄河的经验，冰孔间距小者可取20～30 m，大者可取30～50 m，但最大不宜超过75 m。

1.3.3.5　测量内容

测量内容有孔间距测量，凿冰孔，冰厚、冰花厚、水深和水位测量。

1.3.4　冰情图的绘制

测绘冰情图的目的，主要是将冰情用平面图表示出来，以记录冰情的重要资料作为防凌工作的依据。冰情图与冰情目测资料相结合，能较全面地说明冰情变化情况及其对测站或工程地点的水位、流量的综合影响。测绘时机应根据目测的冰情结合水位等资料情况适当选择。测次主要应分布在冰情复杂，不便用文字说明的时段内，具体可参照以下情况选定：①根据本责任段的观测条件，在结冰期可进行1～2次，封冻期不少于2～3次，解冻期1～2次的测绘；②当出现多次封开河现象及特殊冰情时，测次可适当增多。

冰情图测绘河段长度，力求达到全责任段，有困难时可取典型段，但应有代表性。河段范围要包含河段的顺直、弯道、浅滩、深槽等。

冰情图的测绘应根据河段上布设的封冻断面来控制，尽量利用河段冰厚测量资料，在冰情复杂处可增设断面，力求把严重冰情全部绘制在图上。

在冰情图上应绘出各种冰情现象及其范围。表示冰情现象，一般采用填图法，即用图例来表示冰情。不能以图例表示的冰情现象如水内冰、连底冻、冰层浮起、冰变色等，可在图上用文字直接说明。

此外，还有一种写生法，用写生作画的形式表达冰情更形象、更生动。但要求绘图者有一定的写生技艺，故多在指定的测站上应用。

野外绘制的草图，在室内要进行加工整理、检查，并和前几次所绘冰情图对照，发现问题及时复查订正。冰情图的文字说明，应从上次冰情图测绘以来的冰情记载详加整理编制。内容包括这一期间主要的冰情演变概况、冰情发生演变的原因、应加说明的事项，冰情图上应注明编号、测绘时间、天气、风向风力（速）、气温、水位等。

当冰情图测绘河段地形复杂或需要测绘冰情的河段较长时，可用地面摄影、航空摄影或机载侧视雷达测绘冰情图。当发生严重冰坝现象或需要了解大范围冰情时，可利用卫星遥感信息获得的资料绘制冰情图。

1.4　特殊冰情观测

1.4.1　冰塞的观测

在有冰塞现象发生的河段，需要进行重点工程规划、设计、施工及布设水工建筑物时，应设立专门测站或指定测站进行冰塞观测。

布设冰塞观测的河段，观测断面需要满足规范要求，即：①冰花聚积段断面布设数量宜为5～10个，断面应选在河段有明显收缩、扩散和坡降变化等处；②冰花下潜段观测断面的布设，应满足冰花流量测验或清沟内水内冰观测的要求；③在冰花聚积段有桥梁、水工建筑物的地点和受冰塞影响的居民区、厂矿区等布设辅助断面；④断面选定后应设置固定标志、联测各标志点高程，并将冰花聚积段断面标志标绘于河道地形图上。

冰塞的观测项目包括：①冰情目测与冰情图测绘；②冰花流量测验或清沟内水内冰观测；③测定冰塞位置、范围及体积；④水位观测；⑤灾情测记。

预估河流出现冰塞现象，应分别在冰花聚积段、下潜段开始进行冰情目测与冰情图测绘，聚积段至冰塞完全消失时停止，下潜段至该段完全封冻时停止。

在冰塞河段的上游，进行冰花流量测验，以了解构成冰塞的冰花来源。

冰塞的位置、范围及体积，应在冰塞时期内通过河段冰厚测量确定，河段冰厚测量的河段长度应为冰花聚积段全长，测次为：①当冰塞稳定，持续时间不足一个月时，可在冰塞体最大时施测一次；②当冰塞有缓慢移动或持续时间超过一个月时，根据冰塞变化情况施测2～3次。

水位观测，在冰塞河段河流纵断面发生转折的有代表性的地点设立数个临时水尺（临时水位站），观测水位，了解冰塞期水位变化的特性和确定有冰塞时的水面比降。水位观测自流冰花起至稳定封冻后冰塞消失时止。测次视冰塞变化确定，应满足测取河水涨落与受冰塞演变影响的水位变化过程和推求冰塞壅水水面线的要求。开始流冰时3～5天观测一次；冰塞发展期每日观测6次或更多。

当发生冰塞壅水引起冰凌灾害时，应进行灾情测记。

1.4.2 冰坝的观测

1.4.2.1 观测河段长度、断面布设及间距

在冰坝现象发生较频繁的河流上，需要对冰坝河段进行观测。在进行冰坝观测之前，应确定观测河段长度、布设观测断面和观测河段地形图。

观测河段长度一般不小于已发生冰坝最大长度的1.5倍。已发生冰坝最大长度可通过实测资料或调查资料分析确定；观测河段内有分流、浅滩、急弯等地段的观测断面布设间距，中等河流应不大于200 m，大河应不大于500 m。其余断面布设间距，中等河流不宜大于1 000 m，大河不宜大于2 000 m。受冰坝壅水和冰坝溃决洪水影响的范围内，应在重要居民区、厂矿区布设辅助断面。各断面应设置固定标志，进行标志点位置与高程测量。在观测河段内应选部分断面设置供摄影照片分析的标志，并将观测河段内所有断面标志标绘于河段地形图上。

1.4.2.2 冰坝观测内容

（1）河段冰厚测量。在解冻前，对产生冰坝的河段及其上游进行河段冰厚测量，了解冰层厚度及分布情况。在冰层厚度最大时，应以整个观测河段为测量长度，进行河段冰厚测量。

（2）冰情目测与冰情图测绘。当河段出现冰凌堆积，水情、冰情有明显变化至冰坝消失为止，应在观测河段进行冰情目测与冰情图绘制。

（3）测定冰坝位置尺寸。冰坝位置与尺寸的测定可用直接观测法。当观测河段地形

复杂或冰坝尺寸很大时,应进行航空摄影或收集卫星遥感信息资料,用航测照片或卫星照片确定冰坝位置和尺寸。

(4)冰流量测验。当观测河段可能即将形成冰坝时,在流冰阶段即需在河段的上、下游断面和河段内选2~3个断面,用简测法分段进行冰流量测验。

(5)冰质和冰孔隙率测验。进行冰质与冰孔隙率测验,需要选取冰样:①自水情、冰情有明显变化至冰坝形成前,可在观测河段内选1~2个测点,每3~5天取一次冰样;②冰坝形成后,可在冰坝头部、尾部各选一个取样地点。当冰坝下游为尚未解冻的冰盖时,应在冰盖上增加一个取样地点,每2~3天进行一次。

(6)水位观测。在冰坝河段设立一系列临时水尺,观测水位,以了解冰坝产生、发展和消失时水位及水面线的变化情况。测次应满足测验河段受冰坝影响的水位变化过程和推求冰坝壅水水面线的要求,在观测河段选取有代表性的断面1~2个,与冰情目测项目同时进行水位观测。按冰情目测与冰情图测绘的要求布置测次;在冰坝下游布设辅助断面,进行水位观测,测次应满足冰坝溃决洪水水位的变化过程;冰坝头部的水位观测至关重要,其观测次数应根据水位变化的情况而定,一般情况下,每1~2 h观测一次,水位变化剧烈时,可增加到每1 h或0.5 h观测一次,以足以控制水位的变化过程。

(7)估测冰坝体积和冰坝下过流能力。冰坝的体积可采用估测法和冰量平衡法估测。冰坝过水能力的测算,可在冰坝开始形成、持续时间和溃决前,选择冰坝上、下游同时水位作为代表水位,冰坝现象消失后通过水文调查或借用资料方法推求。利用冰坝上下游水文测站的流量过程线也可估算冰坝下的过流能力。

(8)灾情测记。当冰坝壅水和冰坝溃决洪水形成灾害时,应测记灾情。

1.4.3 *水工建筑物的冰凌观测*

为研究作用于水工建筑物上的静冰压力大小及其影响因素,需进行静冰压力观测,并同时进行气温、冰温、冰厚、水位、冰层动态、建筑物的变形(冻胀、位移)和受损情况的观测。静冰压力观测用土压力计,将埋入式或边界式土压力计分别分层埋入冰层中或建筑物表面。土压力计埋设的层数根据实测或分析的最大冰厚确定。各层的中心间距一般为10~15 cm。压力测量仪器根据所用的土压力计选用(参见土坝应力观测和接触土压力观测)。冰温观测可分层埋设电阻温度计,分层间距与土压力计相对应,尽量靠近土压力计。最下一支温度计埋设深度应超过最大冰厚。气温观测可用刻度为0.2 ℃的玻璃温度计或电阻温度计。测点可设在岸边或水面以上150 cm高处的百叶箱内。冰厚可根据电阻温度计测得0 ℃至冰面的距离确定,必要时可用冰砧打孔实测。观测工作需在整个冬季连续进行,一般白天观测2次(8时和14时),连续升温时要昼夜观测。观测过程中要随时记录冰盖动态和建筑物的异常现象。

1.4.3.1 *动冰压力观测*

冰块在水流或风力作用下运动时对建筑物的撞击力称为动冰压力。为研究动冰压力的大小和影响因素,需要进行的观测项目包括:冰厚、水流量、流冰速度、风向、风力、动冰压力、冰的物理力学性质等。动冰压力的观测常用荷载传感器、土压力计或应力计。将仪器安设在建筑物前缘或与之连结的承受荷载的梁或板上。测量仪器可用动态示波仪或其他自动记录仪器。冰的物理力学性质可按一般材料的试验方法进行。在取样、送样、试验过程中要特别注意保持冰的天然状态。其他水文、冰情观测项目的观测方法详见上述冰凌观测。

1.4.3.2 泄水建筑物排冰观测

为了研究建筑物的合理排冰设计形式和工程布置、最优水力条件、排冰耗水量以及冰凌流的消能方式等而进行排冰观测。各种类型的泄水建筑物所要研究的内容和观测项目不完全相同,但基本项目一致,如水位、冰流量、冰块厚度及平面尺寸、冰速、冰情目测、冰的物理力学性质、泄水建筑物排冰状况以及有关的气象项目等。为控制水位变化过程,除定时观测外,每一次集中流冰都应增加测次,有条件的尽量使用自记水位计。冰情目测内容主要有:解冻期冰情演变过程、开河日期、集中流冰的起讫日期、流冰量、流冰尺寸、冰速、流冰对泄水建筑物的撞击磨损情况、闸孔堵塞、堵塞历时及壅水高度、冰凌对溢流面及消能设施的磨损等,除作详细记录外,还应配以必要的照片和冰情图以及录像等。

1.4.3.3 引水渠系冰凌观测

为研究渠首取水建筑物的合理形式及布置、合理的排冰方式和经济的排冰耗水量、渠道冬季输水的适用条件和技术要求、对渠道进行防凌措施的可行性,以及进水口拦污栅、闸门槽等金属结构和防止水内冰滋生的加热保温措施等,需要进行冰情观测。基本观测项目包括:河道流量、冰花流量、渠道引水量、渠内流速、水深及沿程变化、渠道内冰花流量、气象要素以及冰情目测等。

1.4.3.4 水库末端、冰塞、冰坝观测

水库回水末端,在封冻初期常由于冰花堆积形成冰塞,在解冻期由于大量冰块堆积在水库入口处形成冰坝。为研究冰塞、冰坝的成因、演变过程、壅水情况以及防治措施等,需要进行观测,观测内容和方法参见本节1.4.1和1.4.2部分。

1.4.3.5 水库下游不封冻河段的冰情观测

为研究水库下游不封冻河段影响范围、封冻前缘诸因素的变化以及零温断面变化的情况等所进行的观测。其观测的主要项目有:零温断面位置、封冻前缘位置及变化过程、出库流量、出库水温及沿程变化,以及热量平衡计算的有关气象要素,如气温、云量、日照、降水、风向、风力、太阳辐射等。

1.5 观测工具

1.5.1 冰厚测量

冰厚测量一般需要测量冰上雪深、开凿冰孔、量取冰花厚、量取水浸冰厚和冰厚。测量工具主要用量冰尺测量。测量时多采用普通量冰尺和固定量冰尺。

1.5.1.1 普通量冰尺

根据1962年水利电力部颁发的《水文测验暂行规范》和1993年颁发的《河流冰情观测规范》(SL 59—93),普通量冰尺的形式有L形、钩形、山形、杆形等几种。

(1)L形量冰尺及钩形量冰尺(见图3、图4)在直尺下端伸出一横钩(L形)或斜钩(钩形)。

(2)山形量冰尺(见图5)系在直尺下端有一U形横梁,在横梁正中有铰链和直尺相连,横梁一端系有细绳。

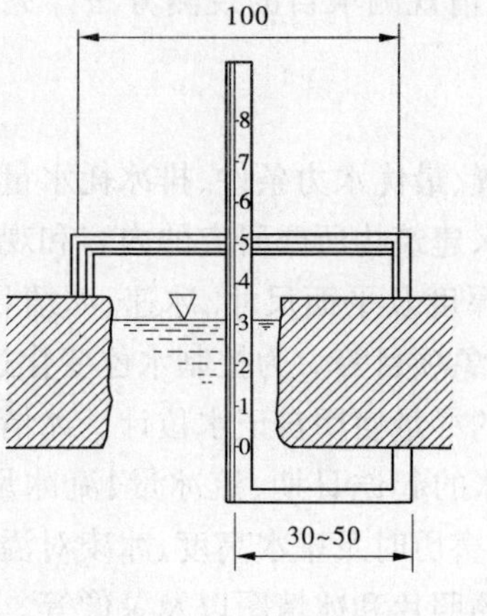

图3　L形量冰尺　（单位:cm）

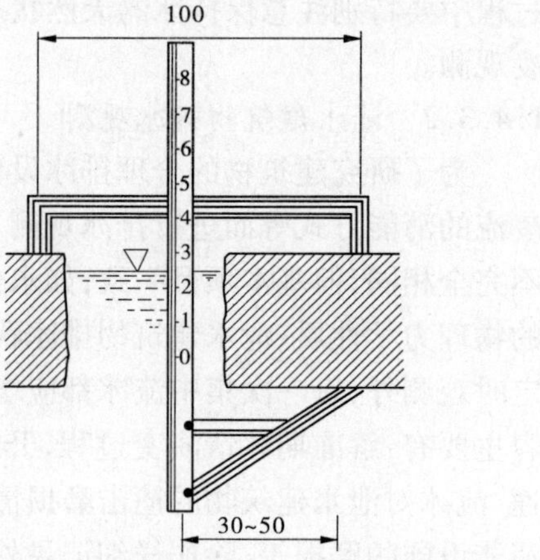

图4　钩形量冰尺　（单位:cm）

(3)杆形量冰尺(见图6)适用于冰钻钻成之冰孔中。系由2.5 cm宽之金属板条制成,下端装有一支杆,一端用弹簧连结。在使用之前,将支杆按向下端,使之与直尺方向一致(如图6中虚线所示),再用锁扣将支杆扣住。尺插入冰孔达冰下时,即将直尺紧靠冰边并稍向上提,冰底即将锁扣挂落,支杆因弹簧的作用而成水平状态(如图6中实线部分),即可量读冰厚。

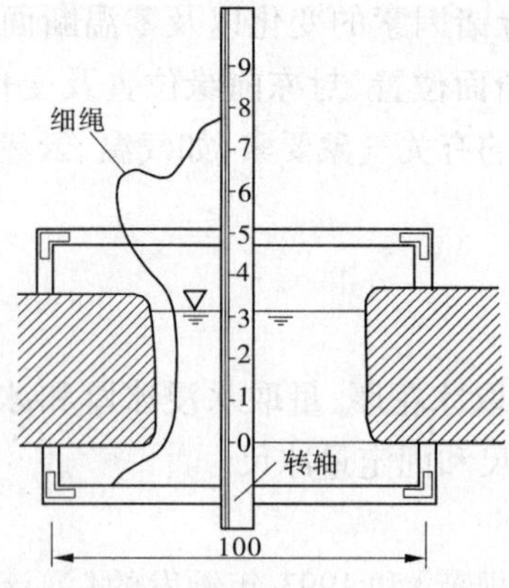

图5　山形量冰尺　（单位:cm）

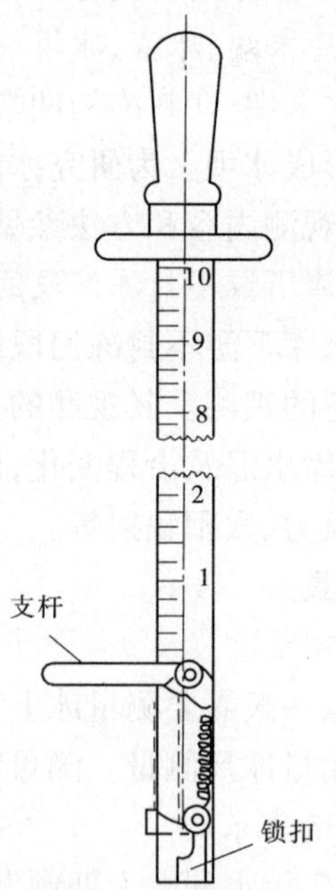

图6　杆形量冰尺

1.5.1.2　固定量冰尺

固定量冰尺分为油管式与热烫式两种。

(1)油管式固定量冰尺。油管式固定量冰尺如图7所示,它主要由固结在冰层中的注满煤油的铁管和一支穿在该管内的钩形量冰尺组成。

封冻后，打开冰孔，将油管套在量冰尺上，放入冰孔，用临时支架使管子悬于水中，然后在管子内倒入煤油，使管内水面降至冰底以下，待油管与封冻冰层冻结在一起时，即安装完毕。

为了测量水浸冰厚，将一支带有刻度的玻璃器管（刻度部分的长度应超过油管的长度）插入未装量冰尺的油管内（见图8），观测玻璃管内水面在玻璃管上的读数。

按下式计算水浸冰厚

$$h_1 = h_i + z_1 - z_2 \tag{17}$$

式中 h_1——水浸冰厚，m；

h_i——冰厚，m；

z_1——冰面上管高，m；

z_2——玻璃管读数，m。

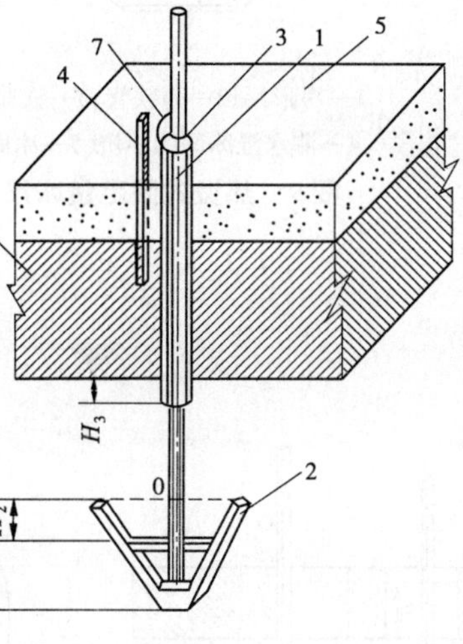

1—油管；2—量冰尺；3—注入油；
4—辅助测尺；5—雪；6—冰；7—挂钩

图7　油管式固定量冰尺

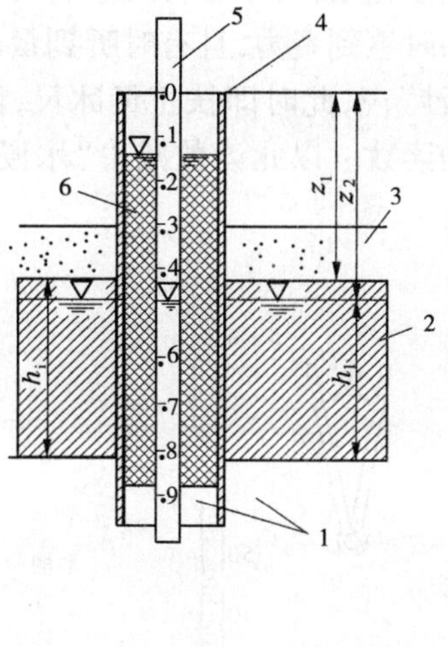

1—河水；2—封冻冰层；3—积雪；4—油管；
5—玻璃管（刻度单位为 m）；6—煤油

图8　水浸冰厚测量

（2）热烫式固定量冰尺。热烫式固定量冰尺如图9所示，由量冰尺和铁筒组成。量冰尺的杆子是一薄铁管，下端封闭，镶一弓形尺，上端加盖。铁筒外径较量冰尺铁管内径略小，下端封闭。封冻后，打开冰孔，将量冰尺放入，使铁管冻结在冰层上。测量时，打开铁管上端的盖子，将铁筒插到铁管里。在铁筒内注入热水，使铁管周围的冰融化。再将一些热水倒在铁管一侧的冰面上，使冰面部分融化成一小坑，亦可用冰穿打凿小坑。提起量冰尺，使弓形尺触及冰底，读取两个方向的冰厚，并在小坑处读取水浸冰厚。

1.5.2　冰盖下冰花厚度测量

测量冰花厚度多采用量冰花尺，有道布兰斯基式及折叠式等。

（1）道布兰斯基式量冰花尺见图10，适用于水深小于3 m、冰花团不大和无大块碎冰的情况。尺杆是一根带刻度的长杆，下端装一金属叉。金属叉有两支伸向两侧长40～50 cm的叉脚，两支叉脚同在一个与尺杆成直角的平面上，两叉脚间成20°～30°。量冰花时，尺寸可自动浮起。

(2)折叠式量冰花尺(见图11)是在密实的冰花团时使用。木杆下面装一铁板,铁板装有拉绳与弹簧。平时,铁板借弹簧的拉力和自重,呈垂直状态;放入冰孔时,可借铁板重量穿进冰花。到冰花层以下,拉紧绳子,铁板即呈水平。另一种折叠式量冰花尺如图12所示,将道布兰斯基式量冰花尺的叉脚与尺杆连接处用铰链做成折叠式,在叉脚上系一拉绳,下放时,拉紧细绳,使叉脚收起,到冰花层以下时,放松绳子,叉脚即可恢复水平状态。

测量时将量冰花尺放入冰孔,使其横钩或叉脚穿过冰花层,再小心将尺左右转动,慢慢向上提,若转动时感到费力,且有时听到量冰花尺接触冰花的"沙沙"声,此时即扶正量冰尺,读取水面截在直尺上的读数。以此读数减去"水浸冰厚度"即为冰花厚度。

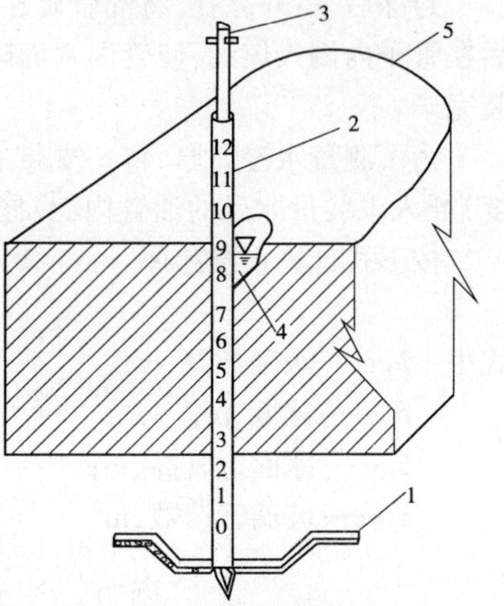

1—弓形尺;2—薄铁管;3—铁筒;
4—测水浸冰厚的小坑;5—冰面

图9　热烫式固定量冰尺

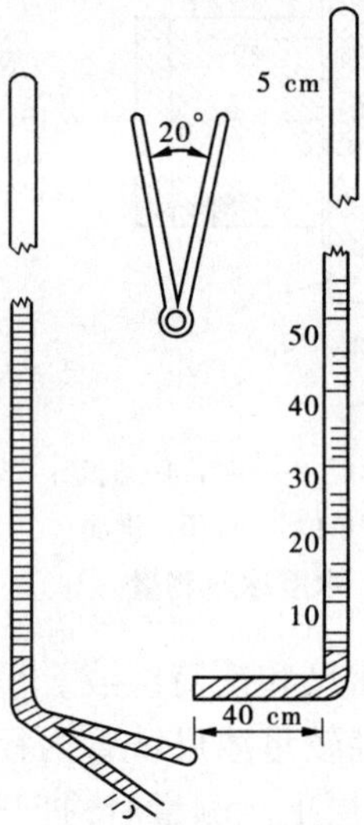

图10　道布兰斯基式量冰花尺

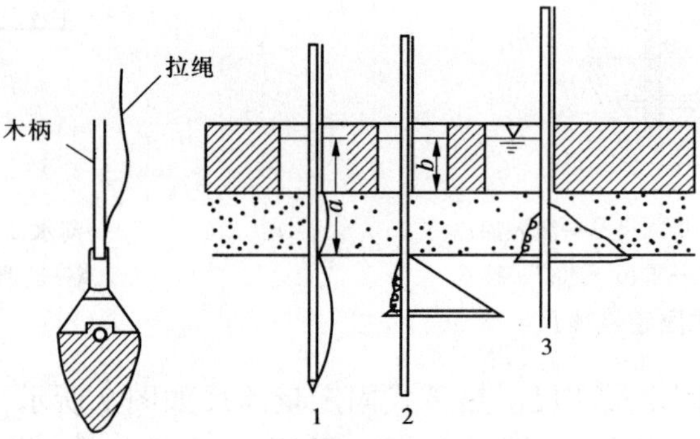

(冰花厚=$a-b$)

图11　折叠式量冰花尺(A)

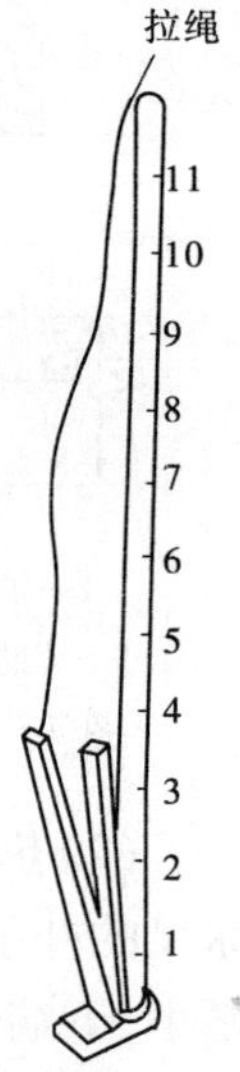

图12　折叠式量冰花尺(B)

1.5.3　水内冰测量

水内冰测量工具主要为半球形金属冰网,详见本节1.2.6.2。

1.5.4　冰块或冰花团厚度及冰花容重测量

(1)流动冰块厚度测量多使用普通量冰尺或活动量冰尺(见图12)量取流经岸边冰块的厚度。大小冰块的比例应与流动的冰块比例相应。

(2)冰花团厚度及冰花容重可使用冰花采样器测量。冰花采样器的结构见图13。采样时采样器垂直入冰花团,水及冰花将阀门顶开进入器内,当器身下端到冰花以下0.3 m时,即将筒提起,闸门因弹簧力而关闭,冰花留在阀门上。采样后,将平底尺从采样器上端放入,量取冰花厚度,并称起冰花质量,按式(3)计算冰花容重。

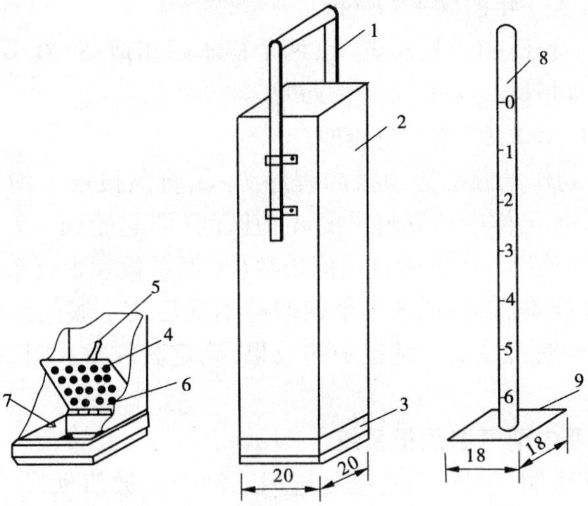

1—提柄;2—器身;3—带刀口底盘;4—带孔活动底盘;
5—弹簧;6—活动铰;7—卡条;8—尺杆;9—底盘

图13　冰花采样器　(单位:cm)

2　冰期气温预报

气温预报是冰情预报的重要依据,根据防凌的需要,要求进行中期气温预报。这种预报的方法很多,但预报精度较低,尚不能满足需要,黄河下游经过多年研究提出了几种比较可行的方法,现介绍如下。

2.1　相似分析法

(1)应用相似分析法作黄河下游凌汛期15天的气温趋势预报,一个时段的气候特点和演变过程与前期大气环流、天气气候特点有一定关系,利用近期一个或几个气象要素的演变特点与历史上同期的样本比较,如接近一致,即把历史样本后期出现的天气作为预报的依据。

相似预报的方法有多种,如图形相似、统计相似、综合优势相似和相关相似等,其中统计相似法又分为级差相似法和指数相似法。在黄河下游采取了相似指数法,并应用相似系数(q_{ij})和距离系数(D_g)为两个样本,由 N 个变量所确定,前者以在 N 维空间中两个向量之间夹角的余弦值(S_y)来表示,后者以 N 维空间的两点之间距离(D_y)来表示,它们的计算公式分别为

$$S_y = \frac{\sum_{k=1}^{N} X_{ik} X_{jk}}{\sqrt{\sum_{k=1}^{N} (X_{ik})^2} \sqrt{\sum_{k=1}^{N} (X_{jk})^2}} \tag{18}$$

$$D_y = \sqrt{\frac{1}{N}\sum_{k=1}^{N}(X_{ik} - X_{jk})^2} \tag{19}$$

式中 N——样本的变量个数；

X_{ik}——预报时段的前期气温情况；

X_{jk}——历史上第 j 年的候平均气温。

相似系数值(S_y)介于 -1 ~ 1，S_y 越大，两个样本越相似；S_y 越小，两个样本不相似；当 S_y 为 -1 时，两个样本相反。

距离系数值为(0，∞)，D_y 越小越相似。

(2)应用指数法制作气温趋势预报的程序为：①将预报候平均气温资料补充到初始候(YN)所在位置；②确定样本的资料长度 N 值区间(即起始到 YN 各候)；③对历史样本分别取 -1、0、+1 三种情况，计算所有相似指数(相似系数和距离系数)；④对各种情况分别选取最相似的 5 个样本；⑤分别求 5 个相似样本的后 3 个候的逐候平均气温作为预报基本依据；⑥参考每种组合在上次预报中的效果，确定其权重；⑦根据权重推求出综合预报值。

2.2 黄河下游凌汛期中期气温预报系统

黄河下游凌汛期中期气温预报系统是选用欧洲中心数值预报结果，采用相似过滤方法建立的。

2.2.1 资料的处理和选取

(1)历史高度资料。自 1971 年至 1995 年 3 月，包括北半球 500 hPa 逐日高度和候平均高度，每张图 576 个格点。

(2)历史气温资料。郑州、济南 1951 ~ 1987 年年逐日平均气温和逐日最高最低气温，北镇 1957 ~ 1987 年的上述三种资料。计算中应用 1971 ~ 1987 年的气温资料。

(3)实时高度资料。接收到的欧洲中心格点资料，500 hPa 层逐日格点高度，含实况图和 1 ~ 6 天的数值预报图。

(4)逐日高度 H_0 资料的极差化处理。计算公式为

$$H_0 = \frac{H - H_{min}}{H_{max} - H_{min}} \tag{20}$$

式中 H——逐日图上网格点高度；

H_{max}、H_{min}——候平均图上网格点高度的极大值和极小值。

(5)高度资料的选取包括：①历史候平均图；②实时高度资料，目前作预报所用的欧洲数值预报格点高度资料；③逐日历史高度图，每次预报需要历史上每年 11 天资料。

2.2.2 基本思路及计算方法

采用形势相似和相关指标相似，经过相似过滤输出预报结果。

(1)形势相似。采用西欧地区 10 × 10 经纬度网格应用距离相似法

$$b_1 = \sum_{i=1}^{n}(x_i - x_i') \tag{21}$$

式中 x_i、x_i'——实时资料和历史资料网格点高度；

n——格点数。

上式中 b_1 为差值的绝对值，其值愈小，相似程度愈高。

(2)相关相似。相关指标根据普查和经验方法来确定，经过分析选取了具有天气学意义，对黄河下游3个气象站气温有预报能力的28个指标，例如新疆锋区、巴尔喀什湖以北锋区、东北低涡等。

相关相似计算方法也称距离相似法，即计算实时资料相关指标与历史资料相关指标的距离相似系数

$$b_2 = \sum_{i=1}^{n} (x_i - x_i') \tag{22}$$

式中 x_i、x_i'——实时资料和历史资料相关指标；

n——相关指标个数。

两种相关指标的差距越小越相似。

(3)综合相似。同时考虑形势相似和相关指标相似，其相似系数为两种相似系数的算术平均值。

(4)相似过滤及预报值计算。先计算形势相似，从所有187个样本中选出15个形势相似的个例，再比较其中相关指标相似的5个个例，读出这些个例历史上的后期气温实况，计算出预报值。

2.3 黄河下游7天逐日平均气温预报方法

本方法主要是根据实况天气图和欧洲中心及时的形势预报图并结合多年的预报经验制作的，以形势预报为基础，在作具体逐日气温数值预报前，首先根据天气图表分析出前3天气温变化趋势，然后参考当前气温实况，推算出这3天内逐日气温距平值，并根据数值预报形势图、主要天气系统（如低压槽、冷涡等）的位置，分析出7天内黄河下游3站受冷空气影响的情况，并根据冷空气入侵前后气温变化情况的经验，确定出7天内气温变化情况、峰（谷）日期及逐日气温变化趋势，分析低压槽等环流特征、冷空气源地及冷平流强度，结合已作出的前3天气温预报结果，确定每次降（升）温过程的降（升）温幅度，最后将逐日降（升）温幅度转换成日平均气温距平等级，由距平等级求出对应的距平值，结合多年均值，即可得出未来7天黄河下游3站的逐日平均气温预报值。

各站的降温幅度与气温距平关系可用历史资料统计得出。

2.4 应用功率谱分析方法预报冷空气过程

2.4.1 方法简述

计算功率谱的方法有多种，本节采用了间接计算法。

(1)取最大落后时间间隔为 m，计算 $m+1$ 落后的自相关系数。

$$r(\tau) = \frac{1}{n-\tau}\sum_{i=1}^{n-\tau}\left(\frac{x_i - \bar{x}}{S}\right)\left(\frac{x_{i+z} - \bar{x}}{S}\right) \quad (\tau = 0,1,2,\cdots,m) \tag{23}$$

式中 $\bar{x}$——平均值；

S——标准差。

(2)粗谱估计。

$$S_l = \frac{1}{m}\left[r(c) + 2\sum_{r=1}^{m-1} r(\tau)\cos\frac{\pi l}{m}\tau + r(m)\cos(l\pi)\right] \quad (l = 0,1,2,\cdots,m) \tag{24}$$

式中　l——基本周期为 $2m$ 的波数。

(3)平滑功率谱。

采用哈明—图基(Hanming-Tukey)光滑系数

$$\left.\begin{aligned} S(0) &= 0.54\hat{s}(0) + 0.46\hat{s}(1) \\ S(L) &= 0.23\hat{s}(L-1) + 0.54\hat{s}(L) + 0.23\hat{F}(L+1) \quad (1 \leqslant L < m) \\ S(m) &= 0.46\hat{s}(L-1) + 0.54\hat{s}(m) \end{aligned}\right\} \tag{25}$$

利用式(24)和式(25)直接推导得谱估计公式如下

$$S_c = \frac{1}{m}\left[r(c) + \sum_{\tau=1}^{m-1} r(\tau)\cos\frac{\pi l \tau}{m}(1.08 + 0.9\cos\frac{\pi\tau}{m}) + 0.08r(m)\cos(l\pi) \right]$$

$$(l = 0,1,2,\cdots,m) \tag{26}$$

两端点谱值乘以$\frac{1}{2}$。

2.4.2　谱估计的显著性检验

(1)当计算时间序列落后一个时刻的自相关系数 $r(l)$ 为较大正值时,可近似看做序列为红噪音,其检验公式如下

$$\bar{S} = \frac{1}{2m}(S_0 + S_m) + \frac{1}{m}\sum_{i=1}^{m-1} S_i \tag{27}$$

$$S_l = \bar{S}\{(1 - r^2)/[1 + r^2 - 2r\cos(xl/m)]\} \quad (l = 0,1,2,\cdots,m)$$

$$S_{kl} = \bar{S}\left(\frac{x_\alpha^2}{v}\right)$$

其中:$v = (2n - \frac{m}{2})/m$ 为自由度分子 x^2 分布,比较平滑谱 S_l 与 S_{kl},当 $S_l > S_{kl}$时,则为显著周期。

(2)当序列落后一个时刻的自相关系数 $r(l)$ 接近零或负值时,则可假设序列为白噪音序列,检验公式如下

$$\bar{S} = \frac{1}{2m}(S_0 + S_m) + \frac{1}{m}\sum_{l=1}^{m-1} S_l \tag{28}$$

以郑州、济南、滨州 3 个代表站的 1951 ~ 1992 年共 41 年的气温资料进行分析,将各年 11 月 21 日到次年 3 月 15 日(凌汛期)逐日平均气温的时间序列作为功率谱分析,序列长度 $N = 115$(闰年 $N = 116$),时间后延数 $m = 14$,频率间隔 $\Delta w = \frac{1}{2}M\Delta t$。计算结果表明,三个站气温的谱峰多出现在周期 4 ~ 8 天波段,次谱峰多出现在周期为 3 天左右波段。

为了能够了解较长时间的周期,又应用 1955 ~ 1995 年共 41 年候平均气温资料,对候平均气温序列作功率谱分析,郑州、济南序列长度 $N = 966$ 候,滨州 $N = 651$ 候,相邻两点之间的时间间隔为 5 天,作谱分析,最短周期为 2 候,最长周期可达到 82 候(即 410 天),三站气温长周期郑州、济南为 21 ~ 27 候,最显著周期为 21 候,滨州最显著周期为 23 候。

3　冰情预报

冰情预报方法有三种形式:第一种是预报方程;第二种是预报图;第三种是数学模型,

将在第四节论述。本节主要介绍前两种，第一种为根据冰情形成的机理建立公式，如冰厚预报；第二种为根据冰情成因选出有关因素建立经验公式，并根据与预报因素有关的因素建立相关图，可以直接查算。

3.1 预报方程

3.1.1 封冻期预报

封冻期预报包括流凌开始日期、封冻开始日期、冰厚、冰盖承载能力等。

(1)流凌开始日期预报。一般以水温降到0 ℃的日期作为流凌开始时间。

按照热量平衡方程

$$\frac{C_p \rho \mathrm{d}(S\overline{T})}{\mathrm{d}\bar{t}} = -\psi A - C_p \rho \overline{Q} \int_0^L \frac{\partial \overline{T}}{\partial L} \mathrm{d}L \tag{29}$$

式中 C_p——水的比热容，kJ/(kg · ℃)；

ρ——水的密度，1 000 kg/m^3；

S——河槽蓄水量，m^3；

$\overline{T}$——河段平均水温，℃；

A——河段水面面积，m^2；

ψ——失热量，kJ/(m^2 · s)；

L——河段长度，m；

$\overline{Q}$——平均流量，m^3/s；

t——时间，d。

当水温沿程变化很小时，$\frac{\partial \overline{T}}{\partial L} \approx 0$，可以忽略，则式(29)为

$$C_p \rho S(\overline{T}_2 - \overline{T}_1) = -\psi A \Delta t \tag{30}$$

当流凌时，$\overline{T}_2 = 0$，因 $S = A\,\bar{h}$（$\bar{h}$ 为河段平均水深），则

$$\Delta t = C_p \rho \frac{\bar{h}\,\overline{T}_1}{\psi} \tag{31}$$

式中 $\overline{T}_1$、$\overline{T}_2$——时段始、末河段平均水温，℃；

Δt——时段，d；

ψ——失热量，可用热量平衡方法计算。

有些开始流凌日期预报采用气温转负日期作为预报因素，但由于气温变化很大，不易确定气温降到0 ℃的时间，日本增福村上提出用前后月平均气温连线的坡度表示气温变化率，两点连线通过0 ℃的日期作为气温变化的临界日期，经检验，采用该方法计算气温转负的日期比较稳定，并能增长预见期，流凌日期可用下式计算

$$t_0 = t + \frac{1}{\Delta T_a}\overline{T}_1 + \tau_k \tag{32}$$

$$\Delta T_a = \frac{\overline{T}_1 - \overline{T}_2}{\tau}$$

式中 t_0——开始流凌日期，d；

t——起始月中点时间，d；

ΔT_a——降温强度,℃/d;

$\overline{T}_1$、$\overline{T}_2$——起止月平均气温,℃;

τ——起止时距,d;

τ_k——临界日至开始流凌日历时,d。

$\overline{T}_2$ 可用预报值或多年均值,τ_k 可用 $\tau_k = f(T_w, Q)$ 推求(T_w 为临界日水温,Q 为前几日的流量,一般用前3日)。

应用有关因素建立的经验公式如黄河上游三湖河口站的经验公式为

$$t_0 = 0.90d + 1.65(\sum T_w - 10) \tag{33}$$

式中 t_0——开始流凌日期(11月23日算起的天数);

d——水温、气温相等的日期(10月15日算起的天数);

$\sum T_w$——水温、气温相等日与后一日水温之和,℃。

(2)封冻开始日期预报。有关因素的经验公式如黄河上游三湖河口站封冻开始日期经验公式为

$$D = 0.86t_0 + 3.60(\sum T_{a-} + 24) \tag{34}$$

式中 D——封冻开始日期(自11月10日算起的天数);

t_0——流凌开始日期(自11月5日算起的天数);

$\sum T_{a-}$——日平均气温转负至流凌日负气温累积值,℃。

(3)冰盖厚度预报。冰厚预报方程为

$$\frac{dh_i}{dT} = \frac{T'_s k}{334\rho_i h_i} \tag{35}$$

式中 h_i——冰厚,cm;

T'_s——冰面温度,℃;

k——冰的导热系数,0.024 J/(cm·s·℃);

ρ_i——冰的密度,一般取0.917 g/cm³。

式(35)积分后得

$$h_i = \frac{2k}{334\rho}\int T'_s dT \tag{36}$$

以气温代替冰面温度 $\int T'_s dT$ 即为累积负气温 $\sum T_{a-}$,以一日计,则

$$h_i = \sqrt{\frac{2 \times 0.024 \times 86\,400 \sum T_{a-}}{334 \times 0.917}} = 3.68\sqrt{\sum T_{a-}} \tag{37}$$

由于式(37)未考虑水流与河床的热交换和风速、雪深等的影响,在宽河段预报中应推求适应本河段的公式。

据黄河、辽河、松花江、黑龙江等求得的公式为

$$h_i = 2.08 \sum T_{a-}^{0.53} \tag{38}$$

3.1.2 解冻预报

解冻预报不等式为

$$\sigma h_{\mathrm{i}} \leqslant f(Q_{\mathrm{u}}, \Delta Z, v_{\mathrm{a}}, B_{\mathrm{i}}) \tag{39}$$

$$\sigma = \alpha\left(1 - \sqrt{\frac{\Psi_{\mathrm{wI辐}}}{\Psi_{\mathrm{WIM}}}}\right)^2$$

式中 σ——冰的抗弯应力,kg/cm²;

h_{i}——冰厚,cm;

Q_{u}——上游站解冻时的流量,m³/s;

ΔZ——水位涨差,m;

v_{a}——风速,m/s;

B_{i}——冰面宽,m;

α——经验参数,一般为5.5;

$\Psi_{\mathrm{wI辐}}$——降低冰盖强度的热量,J/(cm² · d);

Ψ_{WIM}——使冰完全丧失强度的热量,一般为 184 ~ 197 J/(cm² · d)。

当式(39)左端冰盖强度 σh_{i} 小于右边数值时,则发生解冻,各河段可根据观测资料按此关系建立解冻预报公式。

关于开河形势可用下式判断

$$k = \frac{Q_{\mathrm{L}t}}{\sum_{t}^{\tau} Q_{\mathrm{u}i}} \tag{40}$$

式中 $Q_{\mathrm{L}t}$——下游站 t 时刻的流量,m³/s;

$\sum_{t}^{\tau} Q_{\mathrm{u}i}$——$t \sim \tau$ 时刻上游站干支流各站相应流量之和,m³/s;

τ——上游站到下游站的流量传播时间,h。

$k < 0.8$ 多为武开河,$k > 0.8$ 多为文开河。

3.1.3 开河日期预报

经验关系式为

$$D = f(Q, \sum T_{+}) \tag{41}$$

式中 D——开河日期,d;

Q——本站开河前流量,m³/s;

$\sum T_{+}$——气温转正后正气温累积值,℃。

如黄河上游巴彦高勒站开河日期预报经验公式为

$$D = 14.6 - 0.014(\overline{Q}_{2下} - 200) - 1.35(\sum T_{+} - 8)$$

式中 D——开河日期(自3月5日算起的天数);

$\overline{Q}_{2下}$——本站2月下旬平均流量,m³/s;

$\sum T_{+}$——日平均气温转正至开河日正气温累积值,℃。

伊敏河开河日期预报经验公式,即

$$D = 16.96C^{0.198}$$

$$C = 47.7\frac{\Delta\psi}{\psi} - 2.158$$

式中　D——开河日期(自气温首次转正日期至解冻日期历时);

ψ——自热量首次转正至流量与封河流量相等日期的累积热量,$J/(cm^2 \cdot d)$;

$\Delta\psi$——平均增热率,$J/(cm^2 \cdot d)$。

$\frac{\Delta\psi}{\psi}$作为冰盖增热指标,解冻时流量是逐渐增加的,其过程选配一元二次方程式,即

$$Q = a + bt + Ct^2 \tag{42}$$

式(42)逐行微分后,得

$$\frac{d^2Q}{dt^2} = 2C \tag{43}$$

式中　C——流量上升加速度系数,作为流量对冰盖的抬升指标,与$\frac{\Delta\psi}{\psi}$有关。

解冻历时 t 与 C 有关,由此建立了上述方程,由此方程预报开河时间。

3.1.4　开河最高水位、最大流量预报

3.1.4.1　开河最高水位预报

开河最高水位与前期水位流量有关。如黄河上游昭君坟站的开河最高水位预报经验公式为

$$H_m = 1\,008.22 + 0.58(\overline{H}_{2上} - 1\,007) + 0.000\,6(200 - \overline{Q}_{2上} - 5) \tag{44}$$

式中　H_m——本站开河最高水位,m;

$\overline{H}_{2上}$——本站 2 月上旬平均水位,m;

$\overline{Q}_{2上}$——本站 2 月上旬平均流量,m^3/s。

3.1.4.2　开河最高水位出现日期预报

运用上下游站开河日期相关关系,如黄河上游昭君坟站开河最高水位出现日期预报经验公式为

$$D = D_{石} \tag{45}$$

$$r = D_{石}^{0.2} - 1$$

式中　D——昭君坟开河日期(2 月 28 日算起的天数);

$D_{石}$——上游石嘴山开河日期(2 月 10 日算起的天数)。

上式可改写为

$$D = 1.7e^{0.095D_{石}} \tag{46}$$

3.1.4.3　开河最大流量预报

开河最大流量与前期流量有关,如黄河上游巴彦高勒站开河最大流量经验公式为

$$Q_m = 940 - 1.18(\overline{Q}_{2中} - 200) + 8(\overline{Q}_{2下} - 460) \tag{47}$$

式中　Q_m——开河最大流量,m^3/s;

$\overline{Q}_{2中}$——2 月中旬平均流量,m^3/s;

$\overline{Q}_{2下}$——2 月下旬平均流量,m^3/s。

3.2 预报相关图

应用有关因素，建立预报经验相关图，可以直接查出被预报因素，比较方便。

3.2.1 流凌日期预报

黄河上游石嘴山站开始流凌日期预报图是应用日平均气温转负日期和转负日热流量 T_wQ（T_w 为水温、Q 为流量）建立三因子相关图，见图 14。

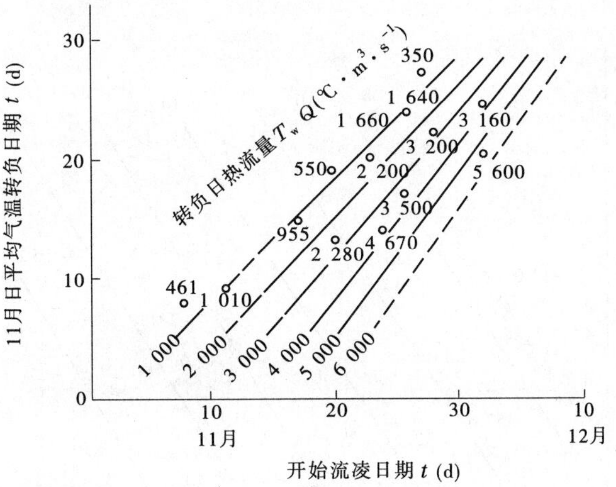

图 14　黄河石嘴山站开始流凌日期预报图

又如，黑龙江呼玛站开始流凌日期预报图，是应用降温强度 $\frac{\overline{T}_2-\overline{T}_1}{\tau}$（$\overline{T}_1$、$\overline{T}_2$ 分别为降温末、初日均气温，τ 为降温历时）、降温起始时的水温 T_w 和开始降温至开始流凌历时 Δt 三因子预报相关图，见图 15。

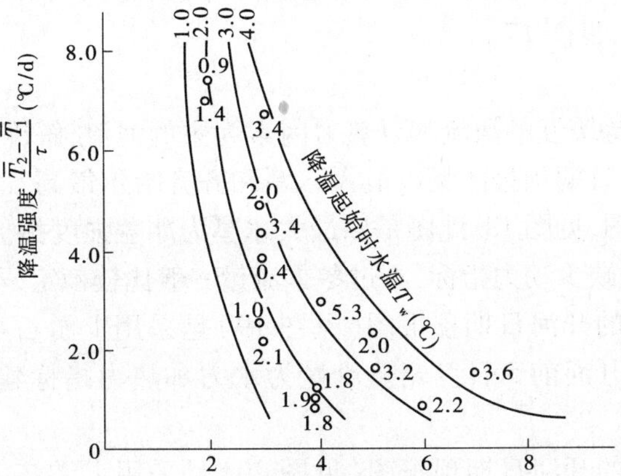

图 15　黑龙江呼玛站开始流凌日期预报图

此外，还有预报开始流凌日期的预报图，是以本站与上游站流凌日期的同时水温为参数的上下游开始流凌日期相关图，用于高纬度流向低纬度的站。

还有以单宽热流量为参数的降温强度与开始流凌日期相关图。

还有临界的热流量与临界日至开始流凌日期相关图（临界日为前后月平均气温适线

上0 ℃点的日期)均能得到较好的预报精度。

3.2.2 封冻日期预报图

应用前期冰情现象和气温情况,反映热力和水力因素建立封冻日期预报图。如黄河上游头道拐站封冻日期预报图是以开始流凌日期和日平均气温转负日至后10日平均气温累积值与封冻日期建立预报图,见图16。

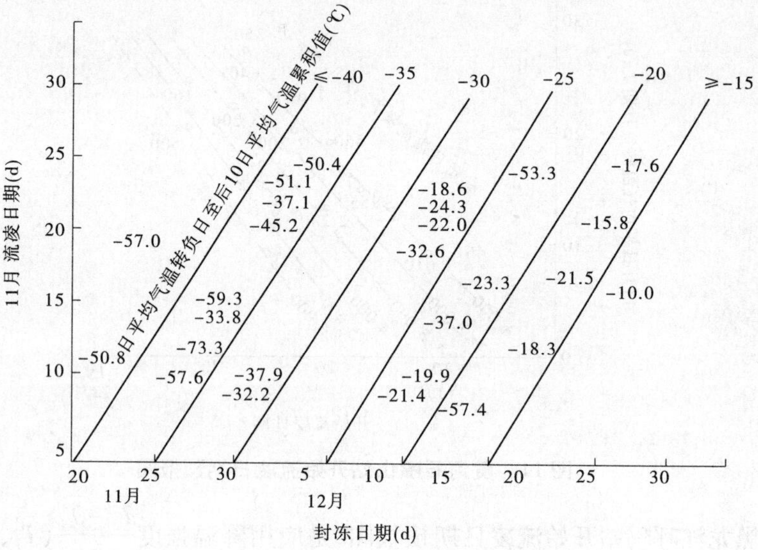

图16 黄河头道拐站封冻日期预报图

3.2.3 封冻冰盖厚度预报图

黑龙江奇克站冰盖厚度预报图是应用起始冰厚、封冻历时和冰上雪厚与冰盖厚度建立的合轴相关预报图,见图17。

3.2.4 解冻预报图

在解冻时水流涨势缓慢的河流和以热力因素为主的河流,解冻开河时间主要取决于冰厚,如嫩江江桥站开河日期预报图是以最大冰厚和齐齐哈尔最高气温稳定转正日期与开河日期建立的开河预报图,见图18。此图是以最大冰厚为冰盖强度指标,最高气温转正为太阳辐射输热强度指标,但缺少动力指标,不过冬季流量一般比较稳定,不致造成较大误差。

黄河上游包头站的开河日期预报图(见图19)是采用上游石嘴山站解冻开河日期为热力指标和石嘴山站开河前5日兰州热流量为水力和热力指标建立相关图,预报精度较高。

黄河下游利津站的开河日期预报图(见图20)是采用上游济南日平均气温稳定转正日期为热力指标、上游站的水位涨差为水力指标,预报精度也较高。

3.2.5 开河最高水位、最大流量预报图

此种预报图有两类,第一类为上下游相关图,第二类是槽蓄曲线法预报图。

3.2.5.1 上下游相关图

这类图曾用于东北松花江佳木斯站开河最高水位预报,即哈尔滨站开河最大流量以佳木斯同时冰情特征为参数和佳木斯站开河最高水位预报图,见图21。

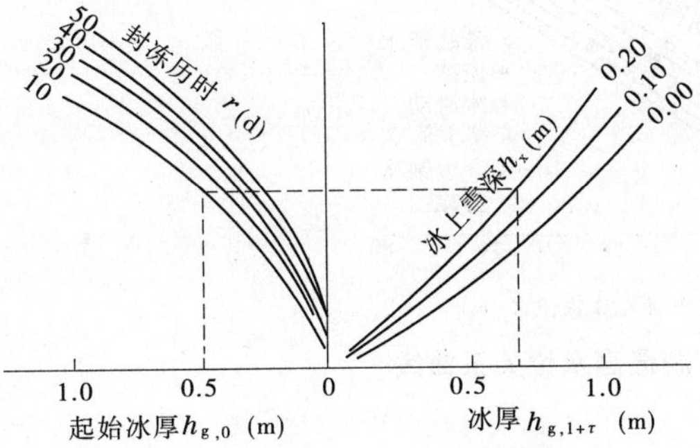

图 17　黑龙江奇克站冰厚预报图

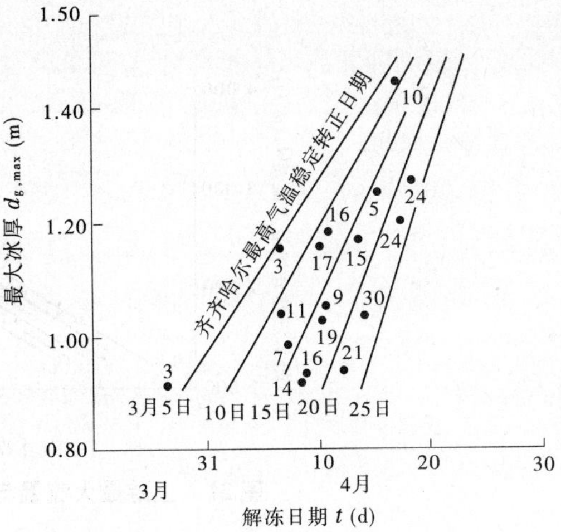

图 18　嫩江江桥站开河日期预报图

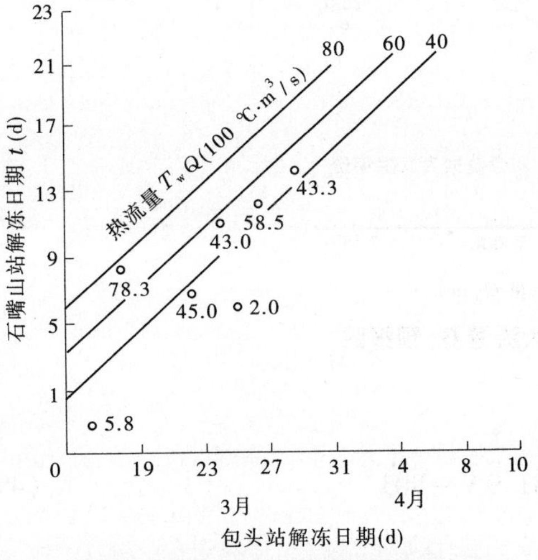

图 19　黄河包头站开河日期预报图

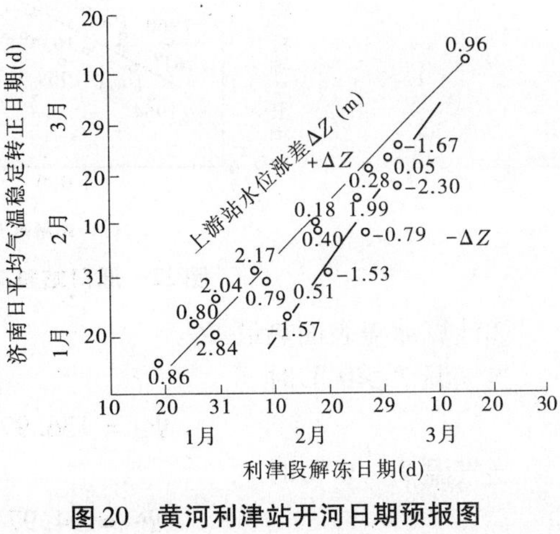

图 20　黄河利津站开河日期预报图

3.2.5.2　槽蓄曲线预报图

(1)黄河下游泺口站开河最大流量预报图。利用泺口站以上至花园口站河段槽蓄水增量($\sum S$)与泺口站解冻的最大流量 Q_p 建立相关关系,见图 22。

(2)松花江佳木斯站根据河槽蓄水量和冰盖强度预报开河最高水位,预报方法是图算结合,共有 6 个步骤。

①计算太阳辐射热量 Ψ_r。

$$\Psi_r = 0.8\Psi_{max}(1 - 0.075\overline{N}) \tag{48}$$

式中　Ψ_{max}——解冻期最大辐射热量,J/(cm² · d);

$\overline{N}$——日平均云量,反射率为 0.2,吸收系数为 0.8。

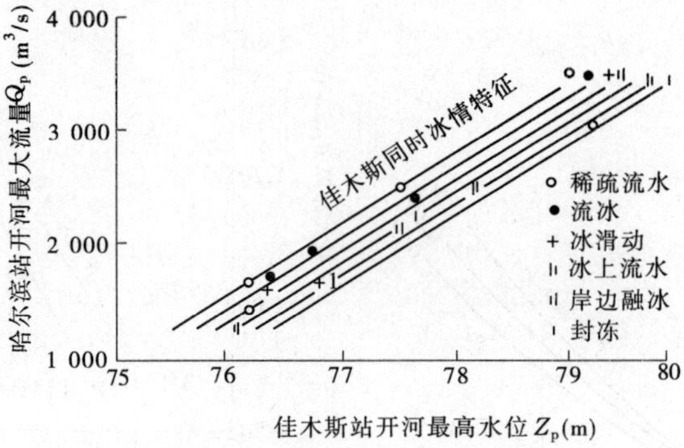

图 21　上游最大流量与下游最高水位关系曲线

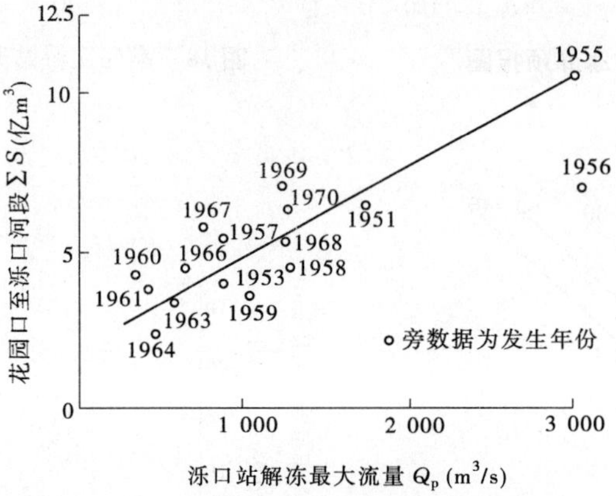

图 22　泺口站解冻最大流量 Q_p 预报图

②计算冰盖表面热量 Ψ_s。

当气温 $T_a \geqslant 0$ ℃时

$$\Psi_s = 136.97 + 81.9\overline{N} - 903 \tag{49}$$

当气温 $T_a < 0$ ℃时

$$\Psi_s = 94.97 + 81.9\overline{N} - 903 \tag{50}$$

③计算冰盖上下每天融化厚度 Δh_i。

当 $\Psi_s > 0$ 时　　$\Delta h_i = 0.003\ 93(b\Psi_r + \Psi_s)$　　(51)

当 $\Psi_s \leqslant 0$ 时　　$\Delta h_i = 0.003\ 93b\Psi_r$　　(52)

其中系数 0.003 93 是在冰的密度为 0.798 g/cm^3、冰的熔解热为 334 J/g 时所求得的。

$$b = \frac{1}{1 + 0.084\ 5h_{i0}} \tag{53}$$

式中　b——系数,5 cm $< h_{i0} <$ 60 cm 时适用;

h_{i0}——起始冰厚,cm。

④计算降低冰盖强度的热量 Ψ_{isr}

当 $\Psi_s \geqslant 0$ 时　　$\Psi_{isr} = \dfrac{(1-b)\Psi_r}{h_i}$　　(54)

当 $\Psi_s<0$ 时

$$\Psi_{isr}=\frac{(1-b)\Psi_r-\Psi_s}{h_i} \tag{55}$$

⑤计算抗弯应力 σ

$$\sigma = 5.5\left(1-\sqrt{\frac{\Psi_{isr}}{185}}\right)^2 \tag{56}$$

⑥计算冰盖强度 σ_{hi}

从无雪开始,如根本无雪,则从($\Psi_r \pm \Psi_s$) >0 开始,直至计算至解冻开河。

建立 S(槽蓄量) ~ h_{max}(最高水位)预报图(见图 23)。

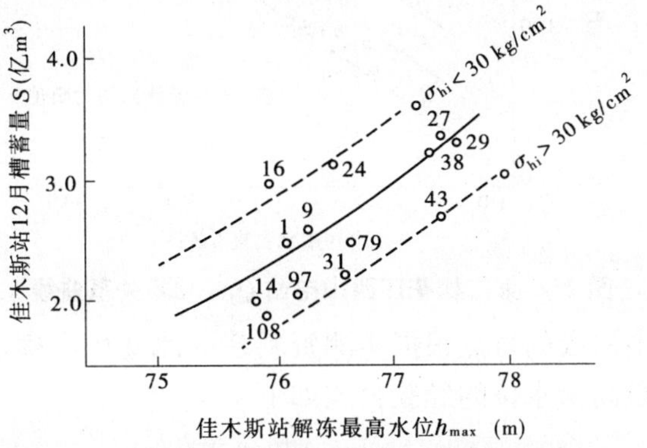

图 23　松花江佳木斯站解冻最高水位预报图

3.3　冰塞壅水位预报

3.3.1　经验相关法

在气温无明显回升时可采用前后时段水位相关法或前后期水位涨差相关法来预报最高水位及其出现时间。

在断面变化不大的河流上可绘制冰量(W_g)与壅水高度(ΔZ)关系曲线,如图 24 所示为黄河小川站 $W_g \sim \Delta Z$ 关系曲线。

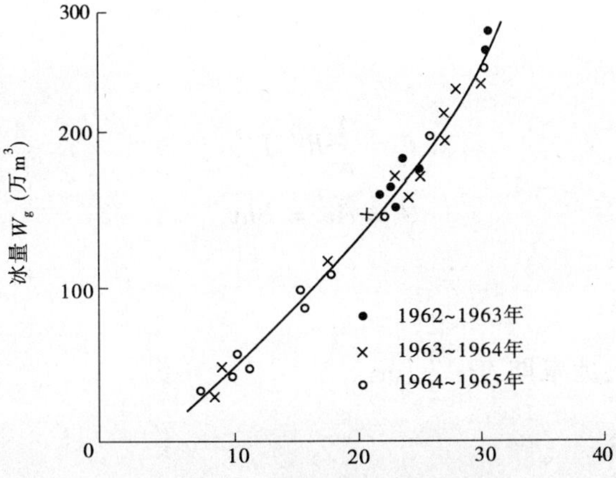

图 24　黄河小川站 $W_g \sim \Delta Z$ 关系曲线

也可用气温和流量建立关系曲线，来预报冰塞壅水位，如图25所示为第二松花江西山电站 $\overline{Q}_{11} \sim \Delta Z$ 关系曲线。

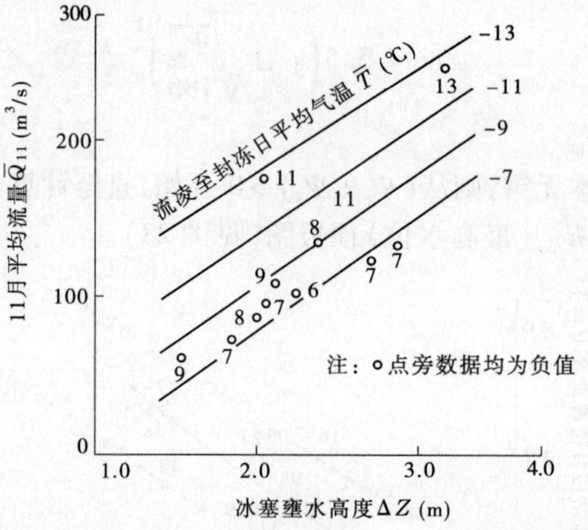

图25　第二松花江西山电站 $\overline{Q}_{11} \sim \Delta Z$ 关系曲线

有的河段可按照本河段的特点根据实测资料建立冰塞最高壅水位的经验公式，如黄河中游河曲段的冰塞最高壅水位的经验公式如下

$$h_{塞} = h_{畅} + 4.07q^{0.033} S_0^{0.213} \left(\frac{L}{L_0}\right)^{0.309} \tag{57}$$

式中　$h_{塞}$——冰塞最高壅水位，m；

$h_{畅}$——同流量畅流水位，m；

q——单宽流量，$m^3/(s \cdot m)$；

S_0——畅流断面比降；

L——封冻长度，km；

L_0——多年平均封冻长度，km。

3.3.2　水力学计算法

3.3.2.1　比降计算法

由曼宁公式

$$v = \frac{1}{n_c} R^{2/3} J^{1/2} \tag{58}$$

$$Q = Av = B\overline{h}v$$

式中　v——流速，m/s；

n_c——综合糙率；

R——水力半径，冰塞期 $R \approx \dfrac{\overline{h}}{2}$，m；

J——水面比降；

Q——流量，m^3/s；

A——过水断面面积，m^2；

B——断面宽，m；

$\bar{h}$——平均水深，m。

因
$$v = \frac{Q}{2BR} \tag{59}$$

则
$$R = \left(\frac{n_c Q}{2BJ^{1/2}}\right)^{3/5} \tag{60}$$

假设由 J 可算得 R，可求得冰底和冰面高程，并由下式算出平均水浸冰厚和断面平均冰厚。

$$\bar{h}_i = \bar{h}'_i + \left(\frac{1-\rho_i}{\rho_i}\right)\left(\frac{1-\varepsilon_{下}}{1-\varepsilon_{上}}\right)\bar{h}'_i \tag{61}$$

式中　$\bar{h}_i$、$\bar{h}'_i$——断面平均冰厚和平均水浸冰厚，m；

$\varepsilon_{下}$、$\varepsilon_{上}$——水下和水上冰花孔隙率；

ρ_i——冰的密度，一般取 917 kg/m³。

3.3.2.2　冰塞壅水计算步骤

(1)确定冰塞头部位置。

$$L = f(W_i, v)$$

式中　L——冰塞头部距回水末端距离，km；

W_i——冰量，m³；

v——流速，m/s。

建立相关关系见图26。

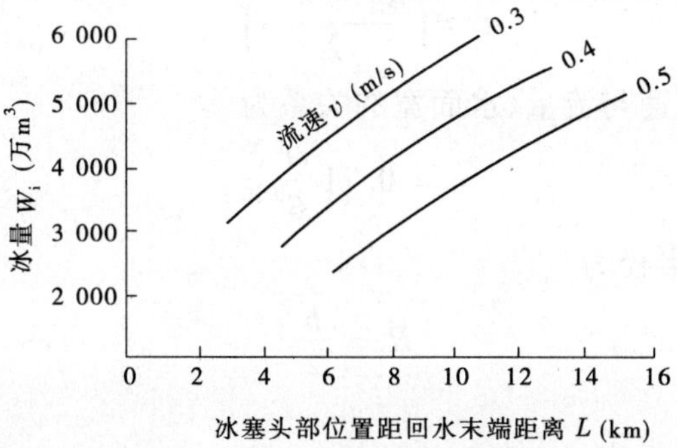

图26　$L = f(W_i, v)$ 关系曲线

(2)确定冰塞河段综合糙率

$$n_c = \sqrt{\frac{n_b^2 R_b + n_i^2 R_i}{R_b + R_i}} \tag{62}$$

式中　n_c——综合糙率；

n_b、n_i——河床糙率和冰塞体糙率；

R_b、R_i——河床和冰盖湿周。

(3)确定预见期流量和来冰量，绘制各断面的水位—河宽—水力半径(水深)关系曲线。

(4)确定冰塞河段水面比降(参照实测资料)。

(5)确定(计算)冰下过水断面的水力半径或平均水深,按 $R=\left(\frac{n_c Q}{2BJ^{1/2}}\right)^{3/5}$ 。先假定河宽,计算水力半径 R,在水位(H)—河宽(B)—水力半径(R)关系曲线上的水位相等时的 B、R 即为所求。

(6)按式(61)计算各断面的水浸冰厚和断面平均冰厚及冰所占断面面积。

(7)据各断面的平均冰厚和面积,计算出冰花堆积量,累加各河段的冰花量,当计算的总冰量与来冰量不符时,应重新审定比降并重复步骤(4)~(7),直至两者相符。

3.3.3 断面流速法

根据黄河上游刘家峡冰塞河段得出

$$v = 0.71B^{-0.36}Q^{0.35} \tag{63}$$

用试算法求解上式中的 v:先假定 B,然后验证 v 和 Q 是否相应,根据各断面的水位—河宽—水力半径关系曲线及上式即可求出 Q 值的各断面的 v,由水位—水力半径曲线查得各断面的水力半径及相应的水位,假定冰塞水面线,计算各断面面积,乘以相应河段冰量,累计总冰量与预报总冰量一致时为止。

3.4 水库冰塞计算预报

3.4.1 计算方法

将冰塞体形状概化为直角梯形,其条件是上游来冰量充分,在最高壅水位时水面比降及各断面水流条件达到平衡稳定。

3.4.1.1 方法一

综合糙率

$$n_c = \left(\frac{n_b^{3/2} + n_i^{3/2}}{2}\right)^{2/3} \tag{64}$$

冰塞稳定期,稳定流速与流量、水面宽的关系为

$$v = 0.71\frac{Q^{0.35}}{B^{0.36}} \tag{65}$$

封冻期的断面水力半径为

$$R = \frac{\bar{h}}{2} \tag{66}$$

由曼宁公式

$$v = \frac{1}{n_c}R^{2/3}J_i^{1/2} \tag{67}$$

求得比降

$$J_i = \frac{v^2 n_c^2}{\left(\frac{\bar{h}}{2}\right)^{4/3}} \tag{68}$$

各断面冰面高程由下式递推

$$d_{i+1} = d_i + (l_{i+1} - l_i)J_i \tag{69}$$

冰量计算公式为

$$W_{i+1} = \frac{W_i + (h_i + h_{i+1})(B_i + B_{i+1})(l_{i+1} - l_i)}{4} \tag{70}$$

式中 Q——冰塞稳定流量,m^3/s;

$\bar{h}$——平均水深,m;

B——河宽,m;

n_c——综合糙率;

n_b——河床糙率;

n_i——冰盖底部糙率;

v——平均流速,m/s;

R——水力半径,m;

J_i——冰塞水面比降;

d_i——冰面高程,i 为序号,m;

l_i——断面与坝的距离,i 为序号,m;

W_i——冰量,i 为序号,m^3;

h_i——冰塞厚度,i 为序号,m。

3.4.1.2 方法二

设冰塞河段稳定阶段各断面的平均流速为 0.7 ~ 1.2 m/s,冰花的主要粒径为 3 ~ 30 mm,在单位时间内通过的冰花量可用水流的推移力或水流的流速来表示,单位时间内通过单位宽度的冰花量可写成下式

$$q_i = \alpha v^{\beta} \tag{71}$$

冰塞稳定阶段断面输冰能力为

$$Q_i = \alpha v^{\beta} B^{c} \tag{72}$$

当来冰量一定时,上式中的 v 即为稳定流速

$$v_C = v \tag{73}$$

$$v_C = \alpha \frac{Q_i^{a_1}}{B^{c_1}} \tag{74}$$

将流量代替冰量则可写为

$$v_C = \alpha \frac{Q_i^{a_2}}{B^{c_2}} \tag{75}$$

式中 q_i——单宽流冰花量,$m^3/(s \cdot m)$;

v——流速,m/s;

α、β——系数、指数;

Q_i——断面输冰量,m^3;

B——河宽,m;

v_C——稳定流速,m/s;

Q——流量,m^3/s;

c、a_1、a_2、c_1、c_2——指数。

在有关的水文计算规范中列有系数和指数的取值。

水流连续方程为

$$v_C = \frac{Q}{hB} \tag{76}$$

式中符号含义同前。

3.4.2 冰塞堆积和冰塞壅高水位计算预报

参照黄河万家寨水库的运用情况计算步骤如下所述。限制条件是封河期水库起调水位使距坝址 72 km 的拐上水位不超过移民高程(984 m)。

3.4.2.1 方法一

①将概化成直角梯形的冰塞体根据实测资料定出头部和尾部比例;②根据设计冰量确定冰塞厚度沿程分布;③根据起调水位,确定冰塞的头部和尾部;④取冰塞头部断面作为上边界条件向后推演,该断面水位即为起调水位,根据水位冰塞厚度及断面资料,计算起始断面过水面积、水面宽及水深;⑤由式(63)计算起始断面的平均流速,所用流量采用稳定阶段头道拐平均流量;⑥由式(64)计算断面综合糙率,河床糙率取汛后冲淤平衡后的糙率,冰盖底部糙率可根据冰塞体头部、中部和尾部分段取值;⑦由式(68)计算比降;⑧由初始断面的冰面高程比降和与下一断面的间距,即式(69)算出下一断面的冰面高程。

依次递推重复步骤④~⑧,一直计算到冰塞尾部,即可推演出各断面的冰塞壅水位。

冰量计算,利用计算的冰量与给定的设计冰量比较。

检验概化的冰塞体比例是否正确,若不正确可重新设定,由式(70)计算冰量,该式计算的冰量是由头部逐渐向上叠加到尾部断面,即为冰塞体的冰量。

3.4.2.2 方法二

①确定冰量及相应封河流量;②确定冰塞头部和尾部,根据已有的黄河上游实测资料的分析,冰塞头部一般位于流速 0.3~0.4 m/s 处,尾部一般位于流速 0.6~0.7 m/s 处;③确定冰塞河段的综合糙率(见方法一),河床糙率按《黄河万家寨水利枢纽初步设计说明书工程规划》提供的淤积河道糙率,冰盖糙率取 0.04 左右,冰塞头部糙率比冰塞尾部糙率稍大;④根据断面资料,联解式(74)和式(75)计算稳定流速、河宽和水力半径,并由此计算过水面积和冰底高程(试算法);⑤根据上述所计算的稳定流速、水力半径和综合糙率,使用曼宁公式计算河段比降;⑥计算冰面高程和冰塞段堆冰量。若计算的堆冰量与给定冰量不符,重新确定冰塞头部和尾部进行计算,直至两者基本相符为止。

3.5 冰坝预报

由于冰坝的形成变化十分复杂,目前尚无严格的计算方法,大多根据观测资料建立经验关系。

3.5.1 冰坝地点

关于冰坝形成的地点大多根据河道水力要素分析建立关系,冰坝发生河段的水力要素主要有河宽 B、水深 h、比降 J_i、局部阻力系数 ε_i、底部阻力系数 δ_i、其上游河段的相应水力要素为 B_u、h_u、J_u、ε_u、δ_u,分别计算其系数为

$$k_B = 1 - \frac{B}{B_u} \tag{77}$$

$$k_h = 1 - \frac{h}{h_u} \tag{78}$$

$$k_J = 1 - \frac{J_i}{J_u} \tag{79}$$

$$k_\varepsilon = 1 - \frac{\varepsilon_i}{\varepsilon_u} \tag{80}$$

$$k_\delta = 1 - \frac{\delta_i}{\delta_u} \tag{81}$$

根据多年经验,形成冰坝的可能条件为:k_B、k_h、k_J 均大于0而小于1.0;k_ε,k_δ 均小于0。这主要是河槽由宽、深、陡变为窄、浅、缓,阻力由小变大,在遇到适当的水情、冰情和气温等时可能形成冰坝。

黑龙江常形成冰坝的河段其 k_B、k_h 和 k_J 都为0.5~0.8,弗劳德数 Fr 为0.07~0.09,也有出现冰坝的河段的 Fr 为0.06~0.07,无冰坝河段的 Fr 在0.05以下。

3.5.2 冰坝壅水高度预报

冰坝最高水位 H_b 与封河时的冰情要素有关。

(1)松花江佳木斯站选用封冻前期流量、河槽蓄水量和冰盖强度等因素作壅水高度预报。

$$H_p = 0.0014X_1 + 0.713X_2 + 0.434X_3 + 73.75 \tag{82}$$

式中 H_p——冰坝壅水位,m;

X_1——12月平均流量,m^3/s;

X_2——封冻期通河—佳木斯河槽蓄水量,m^3;

X_3——翌年2月冰厚和3月平均气温乘积表示冰盖强度指标。

(2)有的河流如牡丹江长江屯站,加入降水量可提高预报精度,其预报方程为

$$H_p - \overline{H}_p = 0.0269\Delta p + 1.1465\Delta H \tag{83}$$

$$Q_p - \overline{Q}_p = 255.8\Delta H + 8.96\Delta p \tag{84}$$

式中 H_p、Q_p——冰坝壅高水位,m,最大流量,m^3/s;

$\overline{H}_p$、$\overline{Q}_p$——冰坝平均壅高水位,m,平均流量,m^3/s;

ΔH——封冻最高水位距平值;

Δp——10月至次年3月累积降水量距平值,由于积雪蒸发损失和融雪出水量各有不同,分别乘以折减系数0.5、0.6、0.7、0.8、0.9。

(3)松花江依兰河段采用综合系数法进行冰坝最高水位预报。

所谓综合系数就是把影响冰坝最高水位较大的因素作为预报因子,并加上不同权重,计算出 $k_1,k_2,\cdots,k_n$,相加为 k,然后与冰坝最高壅水位建立关系

$$H_p = f(k) \tag{85}$$

$$k = a_1k_1 + a_2k_2 + a_3k_3 + \cdots + a_nk_n$$

式中 H_p——冰坝壅高水位,m;

k——综合系数;

$k_1,k_2,\cdots,k_n$——影响因素;

$a_1,a_2,\cdots,a_n$——权重。

依兰河段冰坝壅高水位预报关系为

$$H_p = f(k) \tag{86}$$

$$k = 0.41k_1 + 0.32k_2 + 0.37k_3$$

式中　k_1——依兰站融冰至解冻日水位涨差，m；

k_2——河段总冰量，m^3；

k_3——上游解冻最高水位，m。

3.6　封冻前缘位置预报

首先运用式(87)计算零温断面位置，即

$$L_0 = \frac{\tau \overline{Q} C_p \rho T_w}{\overline{B} \psi \Delta t} = \frac{\tau q C_p \rho T_w}{\psi \Delta t} \tag{87}$$

式中　L_0——零温断面至水库坝址的距离，m；

τ——水体由坝址流到零温断面所需的传播时间，d；

$\overline{Q}$——水库下泄日平均流量，m^3/s；

q——单宽流量，$m^3/(s \cdot m)$；

$\overline{B}$——河段平均水面宽度，m；

C_p——水的比热容，kJ/(kg · ℃)；

ρ——水的密度，1 000 kg/m^3；

T_w——水库下泄水温，℃；

ψ——单位时段内单位水面上的失热量，$kJ/(m^2 \cdot d)$；

Δt——计算时段，d。

计算时先假定 L_0，再计算 $\overline{B}$，然后再计算 L_0，直至假定值与计算相符为止。

封冻前缘位置可根据下列公式计算

$$L = L_1 - (L_1 - L_0)(1 - e^{-\alpha \Delta t \psi}) \tag{88}$$

$$\alpha = \frac{1}{33 \psi h_i}$$

式中　L——封冻前缘到水库坝址的距离，m；

L_1——初封前缘到水库坝址的距离，在计算时以上一时段的 L 作为 L_1，m；

L_0——零温断面到水库坝址的距离，m；

α——参数；

h_i——封冻前缘处的冰厚，m；

Δt——计算时段，d；

ψ——单位时段内单位水面上的失热量，$kJ/(m^2 \cdot d)$。

计算 L 时应采用试算法。

封冻边缘的位置确定，由于零温断面至封冻前缘的变化十分复杂，目前尚无比较好的计算方法，从影响 L 的因素分析，通过实测资料建立经验关系，尚是可行的，在我国东北地区根据一些水库的实测资料建立了如下的经验公式

$$L = 12.4 + q^{0.608} T_s^{1.435} \tag{89}$$

$$L = 14.5 q_r^{1.228} + 8.5 \tag{90}$$

式中　q——电站 1 月份最小旬平均单宽流量，$m^3/(s \cdot m)$；

T_s——出库水温，℃；

q_r——电站 1 月份最小旬平均单宽热流量，$m^3 \cdot K/(s \cdot m)$。

3.7 冰流量预报

可应用前述冰流量公式进行计算预报

$$\frac{\mathrm{d}(\Delta A\rho_i)}{\mathrm{d}t}\Delta t = \Delta A\frac{\psi}{334}\Delta t \tag{91}$$

式中 A——断面面积，m^2；

ρ_i——流凌的疏密度，即单位水面面积上的冰凌重量，kg/m^2；

ψ——失热量，$kJ/(m^2 \cdot d)$；

Δt——计算时间，d。

将式(91)积分得冰流量

$$Q_i = \frac{1}{\rho_i}\int_0^\tau \frac{\partial A}{\partial T}\frac{\psi - \tau}{334}\mathrm{d}\tau \tag{92}$$

式中 Q_i——冰流量，m^3/s；

τ——传播时间，d；

其余符号含义同前。

因流冰量的多少取决于产冰河段的水面面积及单位时间内单位水面的失热量，失热量与气温有关，水面面积与流量有关，故可改写成下列经验公式

$$W_i = kT^m Q^n \tag{93}$$

式中 W_i——冰花量，m^3；

k——地区经验系数；

T——上游河段气温，℃；

Q——封冻期流量，m^3/s；

m——负指数；

n——正指数。

也可建立封冻期负气温与冰流量的关系，或累积负气温、流冰天数与冰流量的关系，以此预报流冰量。

参 考 文 献

[1] 中华人民共和国水利部. SL 59—93　河流冰情观测规范[S]. 北京：中国水利水电出版社，1994.

[2] 中华人民共和国水利电力部. 水文测验暂行规范(第四卷第六册　冰凌观测)[S]. 北京：中国工业出版社，1962.

[3] 陈储军，徐伯孟. 中国水利百科全书——冰凌观测条目[M]. 北京：中国水利电力出版社，1990.

[4] 长江水利委员会. 水文预报方法[M]. 北京：中国水利水电出版社，1993.

（本文摘自《中国江河冰凌》，黄河水利出版社，2008 年）

江河冰情特征分析计算

1 热量平衡计算

在有冰情的河流中，热量是形成冰凌生消演变的主要因素，只有当河道中水体的热量支出大于收入，水温降至0 ℃以下时才有冰情，并随着流量的变化在一定河道形态情况下，由于热量的变化才产生各种冰情现象。因此，分析研究冰情时，必须深入研究热量平衡计算。

河流水体的热量交换方式有：辐射、对流、蒸发、降水、支流和地下水汇入、水流动力加热、河床和水体的热量交换等。

1.1 辐射热量交换

辐射有短波辐射和长波辐射两种。短波辐射来自太阳，当其通过大气时，部分被各种分子所吸收，其余部分有的直接到达地面，有的发生散射和由分子颗粒反射，这部分散射和反射中，有部分到达地球表面，其中一部分被水体吸收，部分自水面反射，图1显示了冬季白昼和夜间的水流热量收支情况。

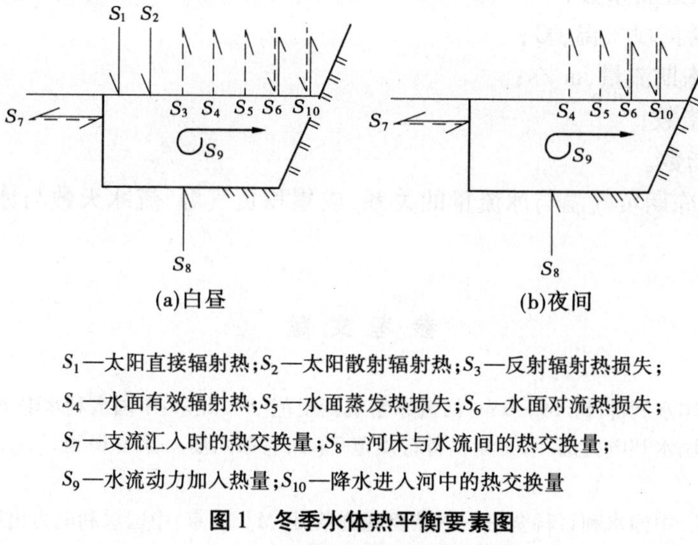

(a)白昼 (b)夜间

S_1—太阳直接辐射热；S_2—太阳散射辐射热；S_3—反射辐射热损失；

S_4—水面有效辐射热；S_5—水面蒸发热损失；S_6—水面对流热损失；

S_7—支流汇入时的热交换量；S_8—河床与水流间的热交换量；

S_9—水流动力加入热量；S_{10}—降水进入河中的热交换量

图1 冬季水体热平衡要素图

图中实箭头 S_1、S_2、S_8、S_9 表示增热因素，虚箭头 S_3、S_4、S_5 表示失热因素，双向箭头 S_6、S_7、S_{10}表示在不同的水温和气象条件下可增热或失热因素。这些水流热平衡因素有些对水体的增热或失热是极为重要的，有些则是次要的，有些可忽略不计。分析计算时，应考虑河流的具体情况有所侧重。

地球上的陆地、水体和大气，则以长波辐射（波长大于4 μm）放射热量，水面上以长波辐射放射热量的同时也得到周围的长波辐射。

对于短波辐射有两种计算方法，一种是将直接辐射和散射辐射合并，二者之和为太阳的总辐射。目前我国有88个日射台站，其中北方地区46个，都进行了总辐射观测，这些观测资料可作为计算辐射的依据。

在缺乏观测资料的地区，可应用辐射公式进行计算，我国中央气象局气象科学研究院研究制定了月总辐射的计算公式为

$$\Psi_1+\Psi_2=(\Phi_1+\Phi_2)(a+bR) \tag{1}$$

式中 $\Psi_1+\Psi_2$——月总辐射量，kJ/(m²·月)；

$\Phi_1+\Phi_2$——理想大气中的月总辐射量，kJ/(m²·月)；

R——月日照百分率；

a、b——系数。

我国北方部分地区a、b值见表1。

表1　我国北方部分地区a、b值

系数	爱辉	哈尔滨	沈阳	二连	烟台	太原	银川	民勤	郑州
a	0.15	0.15	0.17	0.23	0.14	0.21	0.21	0.17	0.19
b	0.77	0.70	0.66	0.64	0.61	0.66	0.68	0.74	0.55
系数	西宁	昌都	玉树	格尔木	乌鲁木齐	阿勒泰	喀什	库车	西安
a	0.18	0.20	0.17	0.27	0.30	0.37	0.33	0.34	0.17
b	0.75	0.82	0.83	0.63	0.49	0.46	0.47	0.49	0.65

注：表中数据摘自中国科学院自然资源综合考察组《我国的太阳能资源及其计算》。

中央气象局气象科学研究院王炳忠研究发现：a与海拔高度有关，一般均为0.15～0.21，平均为0.18，高原地区数目较大，如拉萨为0.29；b与年平均绝对湿度(e_n)有关，b和$\frac{1}{e_n}$的相关系数为0.86，$b=0.55+1.11\frac{1}{e_n}$。冬季不同纬度、高度大气总辐射量见表2。

在国外也有一些公式，如苏联K. И. 洛辛斯基公式

$$\Psi_1+\Psi_2=0.46NJ_1+(1-N)J_2 \tag{2}$$

式中 $\Psi_1+\Psi_2$——日总幅射量，kcal/(m²·d)；

N——云量(十分率)；

J_1、J_2——随纬度、时间而变的参数，见图2。

沈洪道《河冰水力学》中的公式

$$\Psi_1+\Psi_2=[a-b(\phi-50)](1-0.0065N^2) \tag{3}$$

式中 $\Psi_1+\Psi_2$——日总辐射量，kcal/(m²·d)；

ϕ——纬度；

N——云量(十分率)；

a、b——常数，其值见表3。

表2　冬季各高度、纬度、月份理想大气总辐射量　（单位:1 000 kJ/(m^2·月)）

纬度(°N)	月份					纬度(°N)	月份				
	11	12	1	2	3		11	12	1	2	3
	1 000 hPa						900 hPa				
32	138.66	123.76	133.80	150.95	209.69	32	139.59	124.64	134.72	151.92	210.91
34	130.88	115.25	125.44	144.23	204.18	34	131.78	116.10	126.34	145.18	205.39
36	122.99	106.73	117.08	137.37	198.41	36	123.86	107.55	117.94	138.28	199.61
38	115.05	98.23	108.61	130.38	192.40	38	115.89	99.00	109.43	131.26	193.58
40	107.03	89.71	100.18	123.30	186.14	40	107.84	90.43	100.96	124.15	187.31
42	99.01	81.24	91.66	116.03	179.68	42	99.77	81.92	92.40	116.89	180.80
44	90.92	72.84	82.23	108.71	172.95	44	91.64	73.48	83.92	109.51	174.07
46	82.86	64.55	74.84	101.28	166.06	46	83.54	65.10	75.48	102.05	167.16
48	74.82	56.40	66.54	93.81	158.92	48	75.46	56.92	67.13	94.50	160.00
50	66.85	48.43	58.36	86.34	151.67	50	67.44	48.90	58.90	87.03	152.71
52	58.96	40.69	50.34	78.77	144.14	52	59.51	41.10	50.83	79.42	145.18
54	51.21	33.25	42.56	71.23	136.44	54	51.70	33.61	42.90	71.85	137.44
纬度(°N)	月份					纬度(°N)	月份				
	11	12	1	2	3		11	12	1	2	3
	800 hPa						700 hPa				
32	141.42	126.38	136.54	153.79	213.27	32	143.89	128.73	139.01	156.32	216.43
34	133.55	117.76	128.09	147.00	207.70	34	135.95	120.04	130.47	149.47	210.85
36	125.57	109.13	119.61	140.07	201.90	36	127.89	111.32	121.91	142.48	205.00
38	117.52	100.51	111.04	133.00	195.84	38	119.77	102.59	113.24	135.34	198.91
40	109.41	91.88	102.48	125.82	189.54	40	111.56	93.84	104.58	128.10	192.57
42	101.27	83.26	93.85	118.50	183.00	42	103.34	85.13	95.86	120.71	185.99
44	93.07	74.73	85.28	111.07	176.24	44	95.05	76.47	87.18	113.20	179.18
46	84.89	66.29	76.76	103.55	169.29	46	86.76	67.91	78.54	105.61	172.17
48	76.73	57.98	68.31	95.98	162.09	48	78.49	59.47	69.97	97.96	164.92
50	68.61	49.85	59.98	88.39	154.75	50	70.26	51.21	61.52	90.28	157.51
52	60.59	41.94	51.81	80.72	147.15	52	62.11	43.15	53.20	82.52	149.87
54	52.68	34.33	43.86	73.07	139.38	54	54.07	35.38	45.10	74.76	142.01

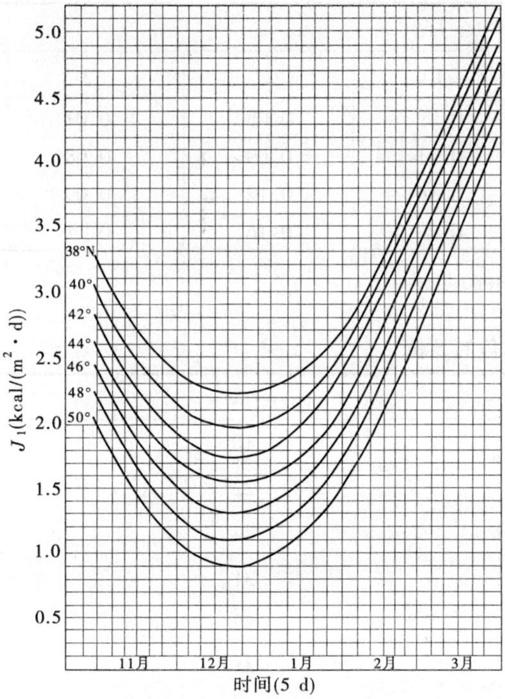

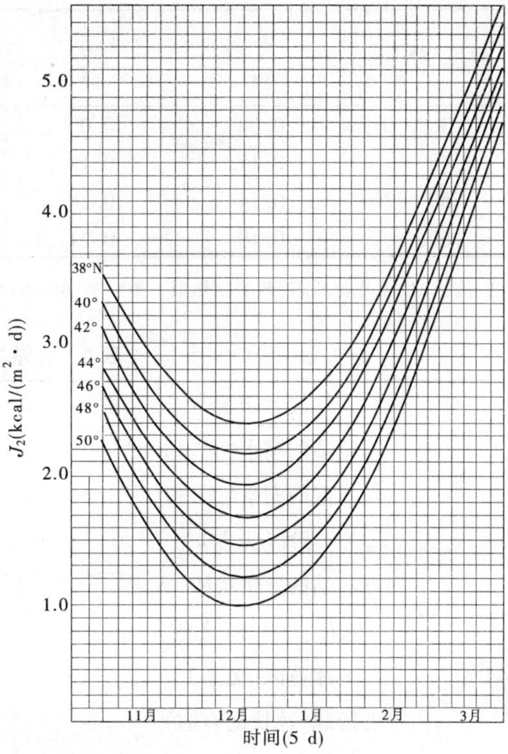

图 2　J_1、J_2 与时间(纬度)关系图

表 3　沈氏公式中的 a、b 值　　　　(单位:J/(cm^2 · d))

月份	a	b
12	419	34.3
1	595	45.9
2	953	46.9
3	1 650	53.2
4	2 320	35.2

由于部分太阳辐射自水面反射入大气(反射辐射),则净太阳辐射 $\Psi_{m\cdot2}$ 为

$$\Psi_{m\cdot2} = (1-\alpha)\Psi_{1,2} \tag{4}$$

式中　$\Psi_{1,2}$——日总辐射量;

α——反射率,对水面接近 0.1。

水面的反射率 α 与下垫面的情况和太阳高度有关,不同纬度的水面 α 值见表 4。

不同的水面情况,α 值也不相同,如 S. J. 沃尔索格(S. J. Bolsenga)对大湖冰盖的 α 值观测结果见表 5。

表4　不同纬度水面 α 值

纬度(°N)	月份				
	11	12	1	2	3
30	0.08	0.09	0.09	0.08	0.07
40	0.11	0.12	0.11	0.09	0.08
50	0.14	0.16	0.16	0.12	0.09
60	0.19	0.21	0.20	0.16	0.11

注:摘自 M. И. 布德科著《地表面热量平衡》,科学出版社,1980 年。

表5　大湖冰盖的 α 值

湖水情况	α(%)
清洁的湖水(无雪)	10
冒泡的湖水(无雪)	22
球冰(无雪)	24
重新冻结的薄饼状冰(无雪)	31
冰花、乳状冰(无雪)	32
冰花冰(无雪)	41
碎冰(冰块间有雪)	41
雪冰(无雪)	46

1.1.1　短波辐射

短波辐射按直接辐射和散射辐射计算。

来自太阳的直接辐射,其单位面积和单位时间的基本热量公式为

$$\Psi_{r1} = \beta_1 S C_s \sin\lambda \tag{5}$$

式中　Ψ_{r1}——直接辐射热量,kJ/(m² · h);

S——太阳能常数,5 021 kJ/(m² · h);

C_s——由于空气中的悬浮质和水蒸气臭氧吸收使辐射减少的系数,由表6查出;

λ——太阳高度角;

β_1——水的直接辐射吸收系数,β_1 由下列公式推求。

$$\beta_1 = 1 - \alpha$$

根据弗莱斯奈尔(Fresnel)定律,先求出反射率 α 为

$$\alpha = \frac{1}{2}\left[\frac{\sin^2(i-r)}{\sin^2(i+r)} + \frac{\tan^2(i-r)}{\tan^2(i+r)}\right] \tag{6}$$

$$\gamma = \sin i / \sin r$$

式中　i——太阳入射角与太阳高度角 λ 的余角,即(90° − λ);

r——太阳折射角;

γ——反射指数,对于水与空气交界面为1.33。

表6　晴天吸收的太阳辐射和 C_s 值

日期（月-日）	40°N		50°N		60°N		70°N	
	太阳辐射值（Btu/(ft^2·d)）	C_s	太阳辐射值（Btu/(ft^2·d)）	C_s	太阳辐射值（Btu/(ft^2·d)）	C_s	太阳辐射值（Btu/(ft^2·d)）	C_s
09-01	2 239	3.498	1 750	2.734	1 263	1.973	801	1.251
09-15	2 034	3.178	1 540	2.406	1 031	1.610	589	0.920
10-01	1 794	2.803	1 270	1.984	787	1.230	375	0.586
10-15	1 509	2.358	1 027	1.605	553	0.864	208	0.325
11-01	1 270	1.984	766	1.197	3 446	0.541	71	0.111
11-15	1 088	1.700	563	0.880	209	0.327	9	0.014
12-01	878	1.372	437	0.683	129	0.202	0	0
12-15	831	1.298	388	0.606	104	0.163	0	0
01-01	837	1.308	391	0.611	102	0.159	0	0
01-15	922	1.440	465	0.727	142	0.222	0	0
02-01	1 211	1.892	625	0.977	249	0.389	35	0.055
02-15	1 305	2.039	873	1.364	418	0.653	130	0.203
03-01	1 636	2.556	1 128	1.762	634	0.990	255	0.398
03-15	1 971	3.079	1 394	2.178	886	1.384	458	0.716
04-01	2 240	3.500	1 778	2.684	1 204	1.881	695	1.085
04-15	2 405	3.758	1 925	3.008	1 413	2.208	914	1.428
05-01	2 523	3.942	2 102	3.284	1 612	2.519	1 101	1.720
05-15	2 592	4.050	2 214	3.459	1 762	2.753	1 267	1.979

注：1 Btu/(ft^2·d) = 11.34 kJ/(m^2·d)。

$$\beta_1 = 1 - \frac{1}{2}\left[\frac{\sin^2(i-r)}{\sin^2(i+r)} + \frac{\tan^2(i-r)}{\tan^2(i+r)}\right] \tag{7}$$

当天空多云，仅有25%的太阳辐射到达地球表面时，则太阳直接辐射为

$$\Psi_{r1} = \beta_1 S C_s \sin\lambda\left(0.25 + 0.75\frac{m}{n}\right) \tag{8}$$

式中　$\frac{m}{n}$——白天晴天时间分数；

其他符号含义同前。

关于太阳散射辐射的基本关系式为

$$\Psi_{r2} = f\beta_1 S C_s \sin\lambda\left(0.25 + 0.75\frac{m}{n}\right) \tag{9}$$

式中　f——间接辐射对直接辐射的比率，随太阳高度角 λ 而变。

太阳高度角与扩散辐射系数 f 的关系见图3。

1.1.2　长波辐射

从水面或冰盖发射的长波辐射和接收来自周围的辐射（二者组合）在空间单位面积和单位时间发射的热量 $\Psi'_{1.2}$ 由斯梯芬－沃尔兹曼（Stefen-BoLtzman）公式求得，即

$$\Psi'_{1.2} = -\epsilon_1 \sigma T_{wk}^4 \tag{10}$$

式中　ϵ_1——水的发射率，一般取0.95；

σ——斯梯芬－沃尔兹曼（Stefan-BolTzmann）常数，其值为 5.67×10^{-8} W/($m^2 \cdot K^4$)；

T_{wk}——郎肯（RanKine）标属的绝对水温。

自水平面周围水体接收的辐射热量 Ψ'_2 为

$$\Psi'_2 = \epsilon_2 \sigma \beta_2 T_{ak}^4 \tag{11}$$

式中　ϵ_2——发射率，与云量有关，对于晴空可用布兰特（Brunt）公式，得

$$\epsilon_2 = C + d\sqrt{P_a}$$

P_a——水汽压力，有云的天空可采用0.96；

d——系数，沈洪道河冰水力学中为0.052；

C——系数，一般取0.55；

β_2——水的间接辐射吸收系数，为0.83；

T_{ak}——气温，℃。

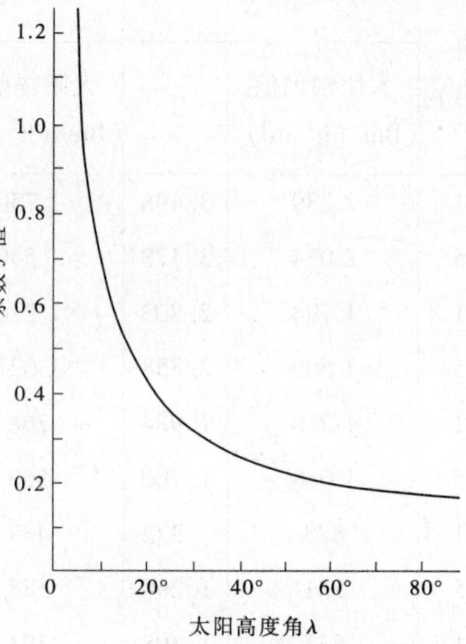

图3　太阳高度角和扩散辐射系数 f 关系

由水体得到的净长波辐射热量 Ψ'_3 为

$$\Psi'_3 = -\epsilon\sigma T_{wk}^4 + \epsilon_2\sigma\beta_2 T_{ak}^4 \tag{12}$$

由辐射获得的总热量 Ψ' 为

$$\Psi' = \Psi'_1 + \Psi'_2 - \Psi'_3 = (\beta_1 + 0.83f) SC_s \sin\lambda\left(0.25 + 0.75\frac{m}{n}\right) - \epsilon\sigma T_{wk}^4 + \epsilon_2\beta_2\sigma T_{ak}^4 \tag{13}$$

有云的天空的长波辐射可用沃尔兹（Bolz）公式计算

$$\Psi'_c = \Psi'(1 + K_e C_e^2) = \sigma T_{ak}^4 (C + d\sqrt{P_a})(1 + K_e C_e^2) \tag{14}$$

式中　K_e——经验系数，一般为0.001 7。

因冰或水面的反射率为0.03，则净大气辐射 Ψ'_n 为

$$\Psi'_n = 0.97\Psi' \tag{15}$$

式中　Ψ'_n——净大气辐射，kcal/($m^2 \cdot d$)。

有效逆辐射 Ψ_b 为

$$\Psi_b = \Psi' - \Psi_n = \epsilon\sigma T_{ak}^4 - 0.97\sigma T_{ak}^4 (C + d\sqrt{P_a})(1 + K_e C_e^2) \tag{16}$$

式中　Ψ_b——有效逆辐射，kcal/($m^2 \cdot d$)。

O. 德维克公式(O. Devik)

$$\Psi_b = 2.6(1 - 0.9C_e) + 0.09(T_w - T_a) \tag{17}$$

式中 C_e——云量；

T_w——水温,℃；

T_a——气温,℃。

1.2 对流热交换

对二维液体紊流的两个流域间,x 向(水流方向)和 z 向(水深方向)的流速为 v'和 v'_1,二流线间的雷诺(Reynoeds)剪应力为

$$\tau = -\rho v' v'_1 \quad (\rho \text{ 为水体密度}) \tag{18}$$

按热量传输的雷诺比似,按速度的变化,v'侧向传输热量则为

$$\Psi_c = \frac{d\phi_c}{dT} = -\rho v' C_p \frac{dT}{dx} L \tag{19}$$

式中 Ψ_c——单位时间和单位面积上的对流热流量(导热损失率),cal/(cm^2 · d)；

ϕ_c——单位面积上的对流热流量,cal/(cm^2 · d)；

C_p——水体的比热容,cal/(g · ℃)；

T——水体的温度,℃；

L——混合距离,m。

由式(18)与式(19)得

$$\Psi_c = \tau C_p \frac{L}{v'_1} \frac{dT}{dx} \tag{20}$$

在稳定情况下,Ψ_c 为常数,τ 为边界剪应力,对式(20)由 0 到 u 进行积分得

$$\Psi_c = H_c(T_1 - T_2) = H_c(T_a - T_w) \tag{21}$$

$$H_c = \frac{\tau_b C_p}{\bar{v}}$$

式中 H_c——总热量输送系数,J/(cm^2 · d · ℃)；

T_{a2}——水面以上 2 m 处的温度,℃；

T_w——水温,℃；

$\bar{v}$——一个水体两流线间的平均流速,m/s；

C_p——液体的比热容,J/(g · ℃)；

τ_b——流线间的剪应力。

应用 B. A. 雷姆沙,P. B. 多钦科公式

$$\Psi_c = (K_n + 3.9v_{a2})(T_w - T_a) \tag{22}$$

式中 Ψ_c——导热损失率,kcal/(m^2 · d · ℃)；

K_n——对流效应系数,$K_n = 8.10 + 0.35(T_w - T_a)$；

v_{a2}——水面以上 2 m 处的风速,m/s；

其余符号含义同前。

当河面有冰盖时,则为

$$\Psi_c = C_c(K_n + 3.9v_{a2})(T_w - T_a) \tag{23}$$

式中　C_c——敞露河面的十分率。

经验公式

O. 德维克公式(O. Devik)

$$\Psi_c = 0.12(v_a + 0.3)^{1/2}(T_w - T_a) \tag{24}$$

式中　v_a——风速,m/s;

其他符号含义同前。

C. H. 克里茨基,M. Φ. 门开里,K. И. 洛辛斯基公式

$$\Psi_c = 0.115(1 + 0.3v_a)(T_w - T_a) \tag{25}$$

1.3　蒸发热交换

水面蒸发的热量损失,可用下式计算

$$\Psi_e = mL_w \tag{26}$$

式中　Ψ_e——热量损失,kJ/(m^2·d);

m——单位面积和单位时间的质量;

L_w——水的蒸发潜热,多采用 2.26 kJ/kg。

亦可用下式计算

$$\Psi_e = EL\gamma \times 10^{-3} \tag{27}$$

$$L = 597 - 0.57T_w$$

式中　E——蒸发量,mm/d;

γ——水的容重,kg/m^3;

T_w——水温,℃。

空气中水汽的密度 γ' 与水汽的压力的关系为

$$P_a = \gamma' RT \tag{28}$$

式中　γ'——水汽密度,kg/m^3;

P_a——水汽压,一般取 5.04 Pa;

R——气体常数,一般取 8.314 J/(mol·K);

T——绝对温度。

计算水面蒸发热量损失亦可用下式表示

$$\Psi_e = H_e(P_a - P_w) \tag{29}$$

$$H_e = \frac{H_c}{\beta}$$

式中　Ψ_e——蒸发热量损失,kJ/(m^2·d);

P_a——水面以上 50 ft(15.24 m)处的水汽压,Pa;

P_w——接近冰点水面水汽压,Pa;

H_c——v_{a50}蒸发热量传导系数值;

B——包文数(Bowon number),为 0.011。

B. A. 雷姆沙,P. B. 多钦科公式:

$$\Psi_e = (1.56K_n + 6.08v_{a2})(P_s - P_a) \tag{30}$$

式中　Ψ_e——蒸发热量损失,kcal/(m^2·d);

v_{a2}——水面以上 2 m 处的风速,m/s;

P_s——水面温度 T_w 下的饱和水汽压,Pa;

P_a——水面以上 2 m 处气温的水汽压,Pa;

K_n——对流效应系数,$K_n = 8.0 - 0.35(T_w - T_a)$;

T_w——水面温度,℃;

T_a——水面以上 2 m 处的气温,℃。

当有冰盖时其热量损失为

$$\Psi_e = C_e(1.56K_n + 6.08v_{a2})(P_s - P_a) \tag{31}$$

C_e 为有冰盖与无冰盖热量损失的比值,可由实测资料求得。

Д. Н. 比比科夫公式

$$\Psi_e = 0.233(1 + 0.134v_a)(P_m - P_w) \tag{32}$$

式中 v_a——风速,m/s;

P_m——与水温相同情况下的空气饱和水汽压,Pa;

P_w——大气中的水汽压,Pa。

Б. Д. 查依科夫公式

$$\Psi_e = 19.92(1 + 0.85v_a)(P_m - P_w) \times 10^{-5} \tag{33}$$

式中符号含义同前。

1.4 对流和蒸发合并

К. И. 洛辛斯基公式

$$\Psi_{ce} = \Psi_c + \Psi_e = 0.25[0.46(T_w - T_a) + d](1 + 0.3v_a) \tag{34}$$

式中 Ψ_{ce}——对流蒸发合并,取 11.39 kJ/m²;

d——空气湿度饱和差;

其余符号含义同前。

按照前述对流公式为

$$\Psi_c = H_c(T_a - T_w) \tag{35}$$

$$H_c = \frac{\tau C_p}{\bar{v}}$$

对于强紊流波浪的风

$$H_c = 4.4v_{a50}$$

$$\Psi_c = 4.4v_{a50}(T_a - T_w) \tag{36}$$

对于蒸发

$$V_e = H_e(P_a - P_w) \tag{37}$$

$$H_e = \frac{H_c}{\beta} = 400v_{a50} \tag{38}$$

式中 v_{a50}——水面上 50 ft(15.24 m)处的风速。

$$V_e = 400v_{a50}(P_a - P_w) \tag{39}$$

$$\Psi_{ce} = \Psi_c + \Psi_e = 4.4v_{a50}(T_a - T_w)t + 400v_{a50}(P_a - P_w) \tag{40}$$

当 T_w 为 0 ℃时,按 Bernard,Michel – WinTer Regime of Rivers and Lakesk 中演算

$$\Psi_{ce} = -6.6v_{a50}[32-(0.66+0.33e\varepsilon)T_a] \tag{41}$$

式中 $\varepsilon=1$ 时，$T_a>0$ ℃；

$\varepsilon=0$ 时，$T_a\leqslant 0$ ℃；

e——相对湿度；

T_a——气温，℃。

1.5 河水与冰盖热交换

$$\Psi_{wi}=K_{wi}(T_w-T_i) \tag{42}$$

式中 Ψ_{wi}——水和冰盖的热交换，J/(cm²·d)；

K_{wi}——热交换系数，J/(cm²·d·℃)；

T_w——水温，℃；

T_i——冰点，0 ℃。

$$K_{wi}=C_{wi}\frac{v^{0.8}}{h_w^{0.2}}$$

式中 v——流速，m/s；

h_w——水深，m；

$C_{wi}=1\,622v_aT^{0.8}/(m^{2.6}\cdot ℃)$，随冰盖阻力而变。

在 E.Γ. 波波夫等公式基础上改进为

$$h_{wi}=\frac{2K_w}{h_w}\cdot\frac{(f_i/8)RePr}{1.07+12.7\sqrt{(f_i/8)}(Pr^{2/3}-1)} \tag{43}$$

式中 K_w——水的导热系数，取 0.552 W/(m²·℃)；

h_w——水深，m；

f_i——冰盖的摩擦系数；

Re——雷诺数(Reynolds Number)；

Pr——普兰德数(Prandt Number)，取 13.6。

1.6 降雪造成的热量损失

降雪可增加河流中的冰量，由于水面降雪造成的热损失 Ψ_s 用式(44)或式(45)估算

$$\Psi_s=A_{sn}[L_i+C_p(T_w-T_2)] \tag{44}$$

式中 A_{sn}——单位水面上降雪的始末质量比，一般按式 $A_{sn}=7.85V_p^{-2.375}$ 计算；

L_i——溶冰的潜热，取 336 J/g；

C_p——水的比热容，一般取 4.2 J/(g·℃)；

V_p——能见度，km；

T_w——水温，℃；

T_{a2}——水面以上 2 m 处的气温，℃。

$$\Psi_s=PC_p\rho(79.6-0.5T_a+T_w)\times 0.001 \tag{45}$$

式中 P——降雪量，折合成水深，mm/d；

C_p——水的比热容，取 4.2 J/(g·℃)；

ρ——水的容重，kg/m³；

T_a——气温,℃;

T_w——水温,℃。

供融雪化成水所需的热量

$$\Psi_s = 750 i_s \tag{46}$$

式中 i_s——雪融水量,mm。

从降水量得到的热量

$$\Psi_1 = 132P(T_a - T_w) \tag{47}$$

式中 P——降水量,mm;

T_a——气温,℃;

T_w——水温,℃。

1.7 河床与水体的热交换

在有冰盖的河流中,河床与水体的热交换($\Psi_{床}$)是热量主要来源之一,表7为河床与水体之间的热交换的近似值,供参考应用。

表7 $\Psi_{床}$ 近似值 (单位:kcal/(m^2·d))

纬度(°N)	11月		12月		1月		2月		3月	
	$\bar{h}$(m)		$\bar{h}$(m)		$\bar{h}$(m)		$\bar{h}$(m)		$\bar{h}$(m)	
	0~5	10	0~5	10	0~5	10	0~5	10	0~5	10
30	0.33	0.29	0.36	0.32	0.26	0.23	0.14	0.14	-0.08	-0.07
40	0.31	0.27	0.28	0.25	0.22	0.20	0.12	0.11	0.02	0.02
50	0.27	0.24	0.21	0.19	0.14	0.12	0.09	0.08	0.08	0.07
60	0.24	0.11	0.14	0.12	0.10	0.09	0.07	0.06	0.06	0.05

注:①$\bar{h}$—平均水深;②表中数据摘自原东北勘测设计院编《冰情分析与计算》;③表中1 kcal = 4.2 kJ。

1.8 水流动力增热

增热量 Ψ_a 的大小与水深、流速、比降成正比,当比降 $J > 0.001$ 时应考虑此项增热

$$\Psi_a = \frac{86\,400\bar{Q}\gamma J}{R\bar{B}} \tag{48}$$

式中 $\bar{Q}$——日平均流量,m^3/s;

J——比降;

R——热功当量;

γ——水的容重,kg/m^3;

$\bar{B}$——河段平均宽度,m。

地下水加入热量为

$$\Psi_{wg} = \frac{62.4 q_g \Delta T_g}{B} \tag{49}$$

式中 Ψ_{wg}——地下水加入热量,11.39 kJ/(m^2·d);

q_g——地下水流量,0.028 ft^3/d;

ΔT_g——河段河水温度差值,℃;

B——河宽,ft(1 ft = 0.304 8 m)。

1.9 支流加入的热量

$$\Psi_b = \frac{\tau Q'\rho C(T'_w - T_w)}{F} \tag{50}$$

$$F = \bar{v}\bar{B}\tau$$

式中 Ψ_b——支流加入的热量,kJ/(m^2·d);

Q'——支流加入的流量,m^3/s;

C——水的热容量,kJ/(kg·K);

F——计算时段的水面面积,m^2;

$\bar{v}$——河段平均流速,m/s;

$\bar{B}$——河段平均宽度,m;

τ——计算时段秒数;

ρ——水的密度,t/m^3;

T'_w——支流水温,℃;

T_w——干流水温,℃。

2 冰情特征分析计算

2.1 水温计算

河流中出现冰情是由水温下降到0 ℃开始的,因此必须分析计算水温的变化,根据沈洪道《河冰水力学》,以河段的热能守恒原理建立的一维对流—扩散方程可导出简要的计算方法,该方程为

$$\frac{\partial}{\partial t}(\rho C_p A T_w) + \frac{\partial}{\partial x}(Q\rho C_p T_w) = \frac{\partial}{\partial x}\left(AE_x\rho C_p \frac{\partial T_w}{\partial x}\right) + B\sum\Psi \tag{51}$$

式中 ρ——水的密度,kg/m^3;

C_p——水的比热容,kJ/(kg·℃);

A——河道横断面面积,m^2;

T_w——水温,℃;

Q——流量,m^3/s;

E_x——纵向扩散系数;

x——距离,m;

B——河面宽,m;

$\sum\Psi$——河流每单位表面积上净输入热量,kJ/(m^2·d)。

如河道流量变化不大,忽略纵向混合项,则为

$$\frac{\partial T_w}{\partial t} + \bar{v}\frac{\partial T_w}{\partial x} = \frac{\sum\Psi}{\rho C_p h_w} \tag{52}$$

式中 $\bar{v}$——平均流速,m/s;

h_w——水深,m。

如把热交换作为线性函数，则为

$$\sum \Psi = K_{wa}(T_a - T_w) \tag{53}$$

式中 K_{wa}——热量交换系数，J/(cm²·d·℃)；

T_a——气温，℃。

$$T_w = T_a - \frac{\sum \Psi}{K_{wa}}$$

计算时 T_a 和 $\sum \Psi$ 取河段平均值。

按照 B. 米切尔(Bernard Michel)《河流和湖泊的冬季情势》中提出自水面获得总热量 Ψ_s，自水内获得的热量 Ψ_f，从水流摩擦损失和地面水获得的热量 Ψ_{wg}，以及单位面积和单位时间内得到的外部热量 Ψ_{wo}。列出热量平衡方程式为

$$\sum \Psi = \Psi_s + \Psi_f + \Psi_{wg} + \Psi_{wo} = \rho C_p \bar{v} h \frac{dT_w}{dL} - \epsilon h \frac{d^2 T_w}{dL^2} \tag{54}$$

省略二阶项积分后得到

$$T_{we} - T_{wo} = \frac{1}{\rho C_p} \int_{L_0}^{L} \frac{\sum \Psi dL}{dh} \tag{55}$$

$$T_{we} = T_{wo} + \frac{1}{\rho C_p} \int_{L_0}^{L} \frac{\sum \Psi dL}{dh} \tag{56}$$

$$T_{wo} = T_{we} - \frac{1}{\rho C_p} \int_{L_0}^{L} \frac{\sum \Psi dL}{dh} \tag{57}$$

$$L - L_0 = \rho C_p \int_{T_{wo}}^{T_{wL}} \frac{\nu h dT_w}{\sum \Psi} \tag{58}$$

式中 $\Psi_s = \Psi_c + \Psi_e + \Psi_{r1} + \Psi_{r2} + \Psi_{r3} + \Psi_{sp}$；

Ψ_c——单位时间和单位面积上的对流热量，kJ/(m²·d)；

Ψ_e——蒸发热量损失，kJ/(m²·d)；

Ψ_{r1}——太阳直接辐射(短波辐射)，kJ/(m²·d)；

Ψ_{r2}——散射辐射，kJ/(m²·d)；

Ψ_{r3}——长波辐射，kJ/(m²·d)；

Ψ_{sp}——降水和地下水增加的热量，kJ/(m²·d)；

Ψ_f——水流摩擦损失获得的热量，kJ/(m²·d)；

Ψ_{wg}——地下水增加的热量，kJ/(m²·d)；

Ψ_{wo}——单位面积单位时间内的外部热量，kJ/(m²·d)，上述各项见本章热量平衡分析计算；

ρ——水的密度，kg/m³；

C_p——水的比热容，kJ/(kg·℃)；

$\bar{v}$——平均流速，m/s；

h——水深，m；

T_w——水温,℃;

L——纵向距离,m,下标 0 为起始断面。

A. Γ. 卡列斯尼柯夫和 A. A. 皮沃瓦洛夫计算水温公式为

$$T_L = T_0 \exp[-\alpha_2 L/(C_p \rho h)] - e\{\exp[-\alpha_\alpha L/(C_p \rho h)] - 1\} \tag{59}$$

式中 T_L——在 L 处的水温,℃;

T_0——初始断面水温,℃;

α_2——水面与水面上 2 m 处的大气热交换系数,W/(m² · K);

α_α——水面与大气热交换系数,W/(m² · K);

C_p——水的比热容,kJ/(kg · ℃);

ρ——水的密度,kg/m³;

h——水深,m;

e——气温当量,℃。

Л. Γ. 舒里亚科夫斯基,Γ. B. 安德 · 里阿诺娃,B. M. 巴苏林娜,Γ. A. 兹维亚贡斯卡娅公式

$$T_L = T_0 \exp(-\alpha_0 L) + \frac{\alpha_B k T_2 + \alpha_B d + (\alpha_B + k) S^*}{\alpha_B k + (\alpha_B + k) C_p \rho \gamma}[1 - \exp(-\alpha_0 L)] \tag{60}$$

其中

$$\alpha_0 = \frac{\alpha_B k + (\alpha_B + k)\gamma}{(\alpha_B + k) h v}$$

$$S^* = S_{\text{тр}} + S_{\text{Ц}} + S_{\text{Г}}$$

$$k = [(S_{\text{и}} - S'_{\text{и}} + S_{\text{Т}}) \cdot (S_{\text{зф}} - S'_{\text{зф}})]/(T - T_2)$$

$$\alpha_B = 10^{-3}(0.2v + 0.02v_a) C_p \rho$$

式中 T_L——L 断面处的水温,℃;

T_0——起始断面水温,℃;

T_2——水面以上 2 m 处的气温,℃;

d——水面温度和气温相等情况下的单位热交换系数,可由式 $d = S'_{\text{p}} + S''_{\text{n}} + S''_{\text{зф}}$ 计算;

S'_{p}——太阳辐射热量,W/m²;

γ——单位面积流量,m³/s;

$S_{\text{тр}}$——水流摩擦所产生的热量,W/m²;

$S_{\text{Ц}}$——来自河床土壤热量,W/m²;

$S_{\text{Г}}$——地下水的热量,W/m²;

$S_{\text{и}}$——蒸发损失热量,W/m²;

$S'_{\text{и}}$——太阳辐射形成的除 $S_{\text{и}}$ 外的蒸发损失热量,W/m²;

$S_{\text{Т}}$——紊流热交换中的热量,W/m²;

$S_{\text{зф}}$——有效辐射热量,W/m²;

$S'_{\text{зф}}$——除 $S''_{\text{fф}}$ 之外的太阳辐射形成的有效辐射热量,W/m²;

S''_{n}、$S''_{\text{зф}}$——当水表层温度和气温相等时的蒸发损失和有效辐射热量,W/m²;

T——气温,℃;

v_a——风速,m/s;

其余符号含义同前。

上述各参数均取河段均值。

当流速 $v>0.4$ m/s 时,式(60)可化简为

$$T_L = T_0 \exp(-\alpha_1) + \frac{kT_2 + d + S}{k + \gamma C_p \rho}[1 - \exp(-\alpha_0)] \tag{61}$$

$$\alpha_1 = (k + \gamma C_p \rho)/(hvC_p \rho)$$

计算零温断面可用下式

$$L_0 = -\frac{hvC_p\rho}{k}\ln\frac{-S/d_B - l_2 - (d+S)/k}{T_n - T_2 - (\bar{d}+S)/k} \tag{62}$$

式中 h——平均水深,m;

v——平均流速,m/s;

T_n——水面气温,℃;

k——系数,一般由式 $k=(S_f'+S_n''+S_\Phi'')/(T_n+T_2)$ 求得;

S——当水表层温度等于气温时的紊流交换热量,W/m^2;

其余符号含义同前。

零温断面位置亦可用下式计算

$$L_0 = \frac{\bar{Q}C_p \rho T_s}{\bar{B}\sum S} \tag{63}$$

式中 $\bar{Q}$——水库下泄流量,m^3/s;

C_p——水的比热容,一般取 4.2 kJ/(kg · ℃);

ρ——水的密度,kg/m^3;

T_s——出库水温,℃;

$\bar{B}$——平均水面宽度,m;

$\sum S$——单位水面失热量,kJ/m^2。

当气温为负时,水温 T_L 可用下列简单公式计算

$$T_L = T_0 - \bar{B}L\sum S/(QC_p\rho) \tag{64}$$

T_0——起始断面水温,℃;

其余符号含义同前。

2.2 初冰形成

当河水温度降至略低于 0 ℃时出现冰情,由于河水的紊动作用,冰情不仅在水面产生,整个水体中都可能产生冰晶。按照 B. A. 雷姆沙对冰晶形成过程的理论表达式分析,表达为

$$P_z = \frac{S}{\sqrt{\eta m}}\frac{\mathrm{ch}[(h-z)/\sqrt{\eta m}]}{\mathrm{sh}(h/\sqrt{\eta m})}$$

当 η 值不同时，冰的形成速度沿水深的分布不同，当 η 值较小时，即水的混合较弱，冰多集中在水的表面，η 值较大时，即水的混合较强时，冰即沿水深接近均匀分布，即可形成水内冰，P_z 值愈小形成水内冰的可能性愈大。当水内冰水力沉降速度小于脉冲速度的垂直分量时发生悬浮，当水力沉降速度大于脉冲速度的垂直分量时则下沉，其下沉速度随着形状而不同。

如圆片状为 $$v = f_k g^{0.5} h^{0.4} d^{0.1} \tag{65}$$

球状为 $$v = 167 u d^{0.96} \tag{66}$$

式中 v——沉降速度，cm/s；

f_k——无因次系数；

g——重力加速度，m/s^2；

h——水深，m；

d——晶体直径，cm；

u——动力黏滞度，m^2/s。

2.3 河冰出现日期计算

可应用分段水温连续计算，当计算到 0 ℃或略低于 0 ℃的日期即可作为河冰初始出现日期，设零温断面的位置为 L_0，进入 L_0 河段的热量应等于该河段的水面失热量，其热量平衡方程为

$$QC_p \rho T_0 = \overline{B} L_0 \sum S \tag{67}$$

取时段为一日方程为

$$86\,400 \overline{Q} C_p \rho T_0 = \overline{B} L_0 \sum S \tag{68}$$

$$L_0 = 86\,400 \frac{\overline{Q} C_p \rho T_0}{\overline{B} \sum S} \tag{69}$$

式中 Q——流量，m^3/s；

$\overline{Q}$——日平均流量，m^3/s；

C_p——水的比热容，一般取 4.2 kJ/(kg · ℃)；

ρ——水的密度，kg/m^3；

T_0——初始水温或水库下泄流量时水温，℃；

$\overline{B}$——平均河面宽，m；

L_0——到达零温断面的河段长，m；

$\sum S$——单位水面失热量，W/m^2。

设 $\overline{B}$、L、$\sum S$、T 为河流每个分段的平均河宽、河段长、失热量和河段进口的水温，下标 $1 \sim n$ 分别表示第 1 个河段到第 n 个河段，则计算各河段出口水温公式为

$$T_2 = T_1 - \frac{L_1 \overline{B}_1 \sum S_1}{86\,400 \overline{Q}_1 C_p \rho} \tag{70}$$

$$T_3 = T_2 - \frac{L_2 \bar{B}_2 \sum S_2}{86\,400 \bar{Q}_2 C_p \rho} \tag{71}$$

$$\vdots$$

$$T_n = T_{n-1} - \frac{L_{n-1} \bar{B}_{n-1} \sum S_{n-1}}{86\,400 \bar{Q}_{n-1} C_p \rho} \tag{72}$$

上述计算直至 $T_n = 0$ ℃为止，如河段有支流或旁侧入流均需考虑。

2.4 流冰量计算

流冰量分为秋季流冰和春季流冰。秋季流冰主要在秋末冬初，在封冻前的流冰主要由水内冰、岸冰脱落等组成，不封冻的河流在整个冬季仅出现流冰。春季流冰主要是开河破碎的冰盖或由冰塞、冰坝破碎后形成的冰块。流冰量的计算在水文计算规范中提出了三种方法。

2.4.1 水文学法

$$Q_f = k\eta B v_f h_f \tag{73}$$

$$k = \frac{\rho_f}{\rho_i}$$

式中 Q_f——冰流量(密实体)，m^3/s；

k——流冰密实体折算系数；

η——平均流冰疏密度的流冰面积占敞露河面面积的比值，用十分率表示；

B——断面敞露水面宽，m；

v_f——平均流冰速度，一般可近似用平均水面流速表示，m/s；

h_f——平均流冰厚度，m；

ρ_f——冰花密度，g/cm^3；

ρ_i——结晶冰密度，一般近似取用 0.917 g/cm^3。

根据我国东北诸河及黄河共 12 个站资料，归纳流冰特征数据如下：

流冰密实体折算系数 k	0.4～0.6
平均流冰厚度 h_f(m)	0.10～0.30
瞬时最大疏密度 η_{max}	0.6～0.9
最大日平均疏密度 η_{max}	0.5～0.8
流冰期平均疏密度 $\bar{\eta}$	0.12～0.4

2.4.2 经验关系法

冰流量的大小主要取决于当时的流量和气温，即

$$Q_f = f(Q, T) \tag{74}$$

式中 Q_f——冰流量，m^3/s；

Q——流量，m^3/s；

T——气温，℃。

可应用本地实测资料建立经验相关关系。

2.4.3 热量平衡计算法

逐日冰流量计算公式

$$\overline{Q}_f = \frac{\beta LB\sum S}{336\rho_i} \tag{75}$$

式中 $\overline{Q}_f$——日冰流量(密实体),m^3/d;

β——河段敞露度;

L——计算河段长度,m;

B——水面宽,m;

$\sum S$——水体单位面积的热量损失;

336——结冰潜热,J/g;

ρ_i——密实冰体密度,约 0.917 g/cm^3。

计算时将整个河段按一日流程划分成段,逐段进行汇流计算

$$\beta = 1 - \eta \tag{76}$$

$$\eta = \frac{Q_f}{vBh_f k}$$

如式中 Q_f 以日冰流量表示则为

$$\eta = \frac{\overline{Q}_f}{86\ 400vBh_f k} = \frac{\overline{Q}_f}{LBh_f k} \tag{77}$$

沈洪道《河冰水力学》中计算产冰量的公式为

$$\frac{dQ_i}{d\Gamma} = \frac{-\sum SA_s}{\rho_i L_i} \tag{78}$$

式中 Q_i——产冰(体积)的流量,m^3/s;

$\sum S$——水和大气的热交换量,W/m^2;

A_s——河段水流的表面积,m^2;

ρ_i——冰的密度,g/cm^3;

L_i——冰的冻结或融化的潜热,取 336 J/g。

2.5 岸冰形成计算

岸冰是在流速足够慢的河流岸边形成的冰盖。马陶麦克(Matoumek)提出在断面垂直分块中的平均流速小于下式右项值时,则会产生岸冰

$$v_s < \frac{\Psi}{1\ 130(-1.1 - T_v)} - \frac{15v_a}{1\ 130} \tag{79}$$

式中 v_s——垂直分块中的平均流速,m/s;

Ψ——净热通量,可由式 $\Psi = \Psi_s - \Psi_L - \Psi_e - \Psi_c$ 确定;

Ψ_s——短波辐射的热量,W/m^2;

Ψ_L——长波辐射的热量,W/m^2;

Ψ_e——蒸发造成的热量,W/m^2;

Ψ_c——对流形成的热量,W/m^2;

T_v——垂直分块的平均水温,℃;

v_a——风速,m/s。

由下式求出断面分成的垂直分块

$$\Psi_{wi} = K_{wi}(T_w - T_v) \tag{80}$$

$$h_{wi} = 1\ 662 v^{0.8} h^{0.2}$$

式中 v——流速,m/s;

h——水深,m;

其余符号含义同前。

$$\frac{Q_v}{Q} = \frac{(1/n) A_v R_v^{2/3}}{(1/n) A R^{2/3}} \tag{81}$$

式中 Q_v——垂直分块流量,m^3/s;

A_v——水流面积,m^2;

R_v——水力半径,m;

n——糙率。

流量(垂直分块)为

$$Q_v = \left(\frac{1}{n} A_v R_v^{2/3} \Big/ \frac{1}{n} A R^{2/3} \right) Q \tag{82}$$

2.6 动力冰盖计算

当水面冰向下游输移时,如遇冰栅或由于岸冰形成跨河的冰桥等障碍物则停止前进,如果其流速小于下式算得的流速,冰盖的厚度即等于来冰的厚度

$$\frac{v_c}{\left[g h_i \left(1 - \frac{\rho}{\rho_i} \right) \right]^{0.5}} = \frac{2\left(1 - \frac{h_i}{g} \right)}{\left[5 - 3\left(1 - \frac{h_i}{h} \right)^2 \right]^{0.5}} \tag{83}$$

式中 v_c——在封冻冰盖前缘使浮冰转向下方和潜没的临界流速,m/s;

h_i——浮冰厚度,m;

h——上游水深,m;

g——重力加速度,m/s^2;

ρ、ρ_i——水和冰的密度,kg/m^3。

如果水流速度大于 v_c,由流冰确定冰盖厚度,可用米切尔(B. Michel)公式计算

$$\frac{v}{(gd)^{1/2}} = (1 - h_i/h) \left[2(1 - e_c) \left(1 - \frac{\rho_i}{\rho} \right) \left(\frac{h_i}{h} \right) \right]^{1/2} \tag{84}$$

式中 v——冰盖边缘上游流速,m/s;

h_i——冰盖厚度,cm;

e_c——冰体总孔隙度,$e_c = e_p + (1 - e_p) e$;

e——单个流冰的孔隙度;

e_p——流冰堆积中的孔隙度;

其余符号含义同前。

如果河流弗劳德数 Fr 大于临界弗劳德数 Fr_c，冰盖停止发展，流冰将潜入冰盖之下，河流临界弗劳德数由下式确定

$$Fr_c = 0.1578(1 - e_c)^{1/2} \tag{85}$$

2.7 冰桥计算

冰桥或由岸冰形成或由水面流冰形成，当河面流冰密度已知时，冰桥判别由下式计算

$$\frac{B_i}{B} = \frac{B_{bl} + B_{br} + (C_s Q/v) h_i}{B} \tag{86}$$

式中 B_i——断面上有冰覆盖的宽度，m；

B——断面宽度，m；

B_{bl}——左岸岸冰宽度，m；

B_{br}——右岸岸冰宽度，m；

C_s——水面冰密度；

Q——流量，m^3/s；

v——流速，m/s；

h_i——冰盖厚度，cm。

当比值 $B_i/B = 1$ 时，全断面被冰覆盖，由于来冰对冰盖的推力，当形成冰桥时，其比值多大于 1，如 $B_i/B \geq B_{cr}$ 就可能产生冰桥，B_{cr} 为冰桥的临界值，常用的数值为 1.45 或 1.65，对每个断面应根据观测资料分析确定。

2.8 冰盖厚度计算

封冻后气温持续在 0 ℃以下，冰盖厚度不断增加，在冰盖的上边界为

$$K\frac{\partial T}{\partial z} = \sum \Psi_i - \rho_i L_i \frac{dh_i}{dt} \quad (z = 0) \tag{87}$$

式中 K——冰的导热系数，0.022 J/(cm·s·℃)；

T——冰盖中的温度，℃；

$\sum \Psi_i$——空气与冰接触面上净热量损失率（忽略净太阳辐射热量 Ψ_{sl}）；

ρ_i——冰的密度，kg/m^3；

L_i——结冰或溶冰潜热，取 336 J/g；

h_i——冰盖厚度，cm。

在冰盖的下边界为

$$K\frac{\partial T}{\partial z} = q_{wi} + \rho_i L_i \frac{dh_i}{dt} \quad (z = h) \tag{88}$$

式中 q_{wi}——水到冰盖的净热量。

$q_{wi} = f(T_w)$，即

$$\frac{\partial T_w}{\partial t} + \bar{v}\frac{\partial T_w}{\partial x} = \frac{\sum \Psi}{\rho C_p h_w} \tag{89}$$

式中 T_w——水温，℃；

$\bar{v}$——平均流速，m/s；

h_w——水深，m；

$\sum \Psi = K_{wa}(T_a - T_w)$；

T_a——气温，℃；

K_{wa}——能量交换系数。

应用下列简化公式计算

$$\frac{\partial T}{\partial z} = \frac{T_f - T_s}{h_i} \tag{90}$$

式中　T_f——冰的熔点，℃；

T_s——冰面温度，℃。

如果 $T_s < T_f$，则冰盖厚度为

$$\rho_i L_i \frac{dh_i}{dt} = \frac{K(T_f - T_s)}{h_i} - \sum \Psi_i \tag{91}$$

式中　K——冰的导热系数，0.022 J/(cm·s·℃)；

$\sum \Psi_i$——热量损失项，一般用式 $\sum \Psi_i = K_{wi}(T_w - T_f)$ 计算。

如果 $T_s > T_f$，则冰盖表面融化

$$\rho_i L_i \frac{dh_i}{dt} = -K_{ia}(T_a - T_f) - K_{wi}(T_s - T_f) \tag{92}$$

式中　T_s——冰盖顶面的温度，℃；

T_f——熔点，℃；

h_i———冰盖厚度，cm；

K_{ia}、K_{wi}——冰与空气和水与冰的热传导系数，W/(cm·℃)。

度-日法计算冰盖厚度

$$h_i = (h_{i0}^2 + \alpha s) - \beta t_T^{\gamma} \tag{93}$$

式中　h_i——冰盖厚度，cm；

h_{i0}——起始冰盖厚度，cm；

s——形成冰盖的度—日数；

t_T——形成冰盖的时间，d；

α、β、γ——经验系数，指数 $\gamma \approx 1.0$。

传统的度-日法公式为上述公式的简化

$$h_i = \alpha_0 s^{1/2} \tag{94}$$

式中　α_0——系数，其值见表8。

表8　α_0 值

冰盖情况	α_0
湖泊，无雪多风	2.7
有雪的一般湖泊	1.7~2.4
有雪的一般河流	1.3~1.7
有遮蔽的急流小河	0.7~1.4

2.9　冰盖熔解计算

$$h_i = h_{imax} - \alpha_0 s_t \tag{95}$$

式中　h_i——冰盖厚度,cm;

h_{imax}——冰盖最大厚度,cm;

s_t——累积融化度;

α_0——经验系数。

P. B. 多钦科冰盖厚度计算,从封冻之日算起

$$h_i = h_{i0} + \sum - \frac{\lambda_i T_i}{L_p \rho_i (h_{i0} + h_s \lambda_i / \lambda_s)} - \frac{\sum (\Psi^* + \Psi'_s)}{L_p \rho_i} \tag{96}$$

式中　h_i——冰盖厚度,cm;

h_{i0}——初始冰厚,cm,当 $v < 0.2$ m/s 时,为 3 ~ 5 cm,当 $v < 0.4$ m/s 时,为 8 ~ 10 cm;

λ_i——冰的热传导率,W/(m · K);

T_i——水温,℃;

L_p——位相转换比热,J/kg;

ρ_i——冰的密度,kg/m^3;

h_s——雪厚,m;

λ_s——雪的热传导率,W/(m · K),$\lambda_s = 0.29 \times 10^{-5} \rho_i^2 + 0.036$;

Ψ^*——来自水的热量,W/m^2;

Ψ'_s——太阳辐射热量,W/m^2。

当有冰花及雪时,应考虑冰花冻结、冰花冰、结晶冰和雪的热当量,即

$$h_i = h_{i0} + \sum - \frac{\lambda_m T_m}{L_p (\rho_i - \rho_m) h_m \cdot \lambda_{mi} / \lambda_m} - \sum \left\{ \frac{\lambda_i T_i}{L_p \rho (h_1 + h_m) \lambda_i / [(\lambda_m + h_s \lambda_i) / \lambda_s]} \right\} - \frac{\sum (\Psi^* - \Psi'_s)}{L_p \rho_i} \tag{97}$$

式中　h_i——冰盖厚度,cm;

λ_m——冰花的热传导率,W/(m · K);

T_m——冰花温度,℃;

ρ_m——冰花密度,kg/m^3;

h_m——冰花厚度,m;

λ_s——雪的热传导率,W/(m · K);

其余符号含义同前。

2.10　冰盖最大厚度计算

当冰盖厚度不再增加时的冰厚为最大冰盖厚度,即 $dh_i = 0$ 时,对于结晶冰

$$h_{imax} = \frac{\lambda_i T_i}{\Psi^*} - \frac{h_s \lambda_i}{\lambda_s} \tag{98}$$

对于冰花冰

$$h_{imax}=\lambda_m T_i/[(\rho_i-\rho_m)\Psi^*]-h_m\lambda_i/\lambda_m-h_s\lambda_i/\lambda_s$$

式中 h_{imax}——最大冰厚，cm；

λ_i——冰的热传导率，W/(m·K)；

T_i——水温，℃；

Ψ^*——来自水的热量，W/m²；

h_s——雪厚，cm；

ρ_m——冰花密度，kg/m³；

h_m——冰花厚度，cm；

λ_m——冰花热传导率，W/(m·K)；

λ_s——雪的热传导率，W/(m·K)。

雪冰盖表面温度由下式计算

$$T_{s,i}=\frac{(C_1+1.86v_{a2})T_2-\Psi_{з\Phi}-(5.96+3.26v_{a2})(C_2-T_2)}{C_3+v_a+2.20h_i/\lambda_s+2.20h_s} \tag{99}$$

式中 $T_{s,i}$——雪冰盖表面温度，℃；

v_{a2}——雪冰盖以上 2 m 高处的风速，m/s；

T_2——水面以上 2 m 高处的气温，℃；

$\Psi_{з\Phi}$——有效辐射热量，W/m²；

v_a——风速，m/s；

C_1、C_2、C_3——参数，其值由表 9 查出；

其余符号含义同前。

表 9 C_1、C_2、C_3 值

冰(雪)表面温度测定范围(℃)	C_1	C_2	C_3
0 ~ -4.5	7.7	6.1	$9.7+3.4v_a$
-4.6 ~ -10.6	7.0	5.5	$8.4+3.2v_a$
-10.7 ~ -17.0	6.8	4.4	$7.7+2.7v_a$
-17.1 ~ -29.0	6.5	2.7	$6.9+2.4v_a$
-29.1 ~ -40.0	6.0	1.3	$6.1+2.2v_a$

2.11 冰盖下浮冰输移

A. M. 菲利波夫和 G. D. 艾什顿根据试验得到浮冰在冰盖下移动距离的经验关系

$$\frac{L}{l_i}=f\left[\frac{v}{\left(g\cdot\frac{\Delta\rho}{\rho}\cdot l_i\right)^{1/2}},n_i,\frac{h_i}{l_i}\right] \tag{100}$$

式中 L——浮冰在冰盖下移动的距离，m；

l_i——冰块的长度，cm；

v——冰盖上游的平均流速，m/s；

g——重力加速度，m/s^2；

$\Delta\rho=\rho-\rho_i$；

ρ、ρ_i——水和冰的密度，kg/m^3；

n_i——冰盖底面的曼宁（Manning）糙率；

h_i——浮冰厚度，cm。

据试验，$\frac{h_i}{l_i}$减小或 n_i 增大，则$\frac{L}{l_i}$减小。

据 T. C. 泰廷克劳克斯和 M. 高古斯研究浮冰在高度 δ 等于或小于 h_i 的人工障碍物后面的冰盖下重新移动标准为

$$Fr_c=\frac{v}{\sqrt{g\frac{\Delta\rho}{\rho}h_i}}=\left[C_1\left(\frac{h_i}{l_i}\right)^2+C_2\left(\frac{L}{l_i}\right)+C_3\right]^{-1/2} \tag{101}$$

式中 Fr_c——弗劳德数。

当 $\delta=0$ 时，建议 C_1、C_2、C_3分别取 -2.26、2.14、0.015。

2.12 冰盖强度计算

冰盖强度可按下式计算

$$\Psi=\left(1-\sqrt{\frac{S}{S_\theta}}\right)^2 \tag{102}$$

当温度为 0 ℃时 $\Psi=\sigma/\sigma_0$

式中 Ψ——融冰的相对破坏应力，kg/cm^2；

S——由于太阳辐射热量，形成的冰内液相单位含量，J/cm^3；

S_θ——冰内液相极限含量，在此条件下冰的强度完全丧失，J/cm^3；

σ——由于太阳辐射热量形成的融冰破坏应力，kg/cm^2；

σ_0——初始应力，kg/cm^2。

2.13 融冰期间冰内液相含量计算

冰内液相平均单位含量按下列公式计算

$$\Psi=\frac{\sum(\pm\Psi_e\pm\Psi_T+\Psi_2'+\Psi_w^*)-300\sum(\Delta h_B+\Delta h_H)}{h_{i0}-\sum(\Delta H_B+\Delta H_H)} \tag{103}$$

式中 Δh_B——冰盖上融解层厚度，cm；

Δh_H——冰盖下融解层厚度，cm；

$\Delta H_B=\{\Psi_T+\Psi_2'+\Psi_{er}-q\Psi_e[1-\exp(-C_p h_i^{0.6})]\}L'$；

$\Delta H_H=K^*\{q\Psi_w^*[1-\exp(-C_p h_i^{0.6})]+\Psi^*\}/L''$；

Ψ_e——水面蒸发失热量，W/m^2；

Ψ_T——冰面紊流交换热量，W/m^2；

Ψ_2'——太阳辐射热量，W/m^2；

Ψ_w^*——来自水的热量，W/m^2；

h_{i0}——冰盖起始厚度，cm；

Ψ_{er}——有效辐射热量,W/m²;

h_i——冰盖厚度,m;

C_p——水的比热,取4.2 J/g;

L'——冰盖下熔解层单位熔解热量指标,W/m²;

L''——冰盖上熔解层单位熔解热量指标,W/m²;

K^*——水文条件系数(见表10)。

表10 系数 K^* 值

流速 v(m/s)	水深 h(m)			
	3	5	5~10	11~15
0.1	0.85	0.76	0.71	0.64
0.2	0.90	0.85	0.80	0.73
0.3	0.94	0.90	0.86	0.79
0.4	0.96	0.93	0.90	0.92
0.5	0.97	0.96	0.92	0.85
0.6	0.99	0.97	0.94	0.87
0.7	0.99	0.98	0.96	0.89
0.8	0.99	0.99	0.97	0.91
0.9	0.99	0.99	0.98	0.93
1.0	0.99	0.99	0.98	0.95

Ψ_e、Ψ_T、Ψ_{er}可由Π.Π.库兹明公式计算,即

$$\Psi_{er} = (\Psi_1 + \Psi_2)(1-\gamma)(1-0.1 + N_0 - 0.53N_H) - \sigma_\sigma \varepsilon_i T'^4_i + \sigma_\sigma T'^4_2 (0.62 + 0.05\sqrt{P_{a2}}) \times (1 + 0.12N_H + 0.12N_0) \tag{104}$$

$$\Psi_e = (5.96 + 3.26v_{a10})(P_{a2} - P_{a2i}) \tag{105}$$

$$\Psi_T = (3.40 + 1.86v_{a10})(T_w - T_2) \tag{106}$$

式中 Ψ_1——太阳辐射,W/m²;

Ψ_2——太阳散射辐射,W/m²;

γ——水的反射率;

N_0——总云量;

N_H——低云云量;

σ_σ——斯蒂芬-波尔兹曼常数(Stefan-Boltzmann Constant),为5.67×10^{-8} W/(m²·K⁴);

ε_i——长波辐射的相对吸收能力(水约为0.92);

T'_i——冰的绝对温度,K;

T'_2——水面以上2 m处的绝对温度,K;

P_{a2}——水面以上2 m处的水汽压,Pa;

v_{a10}——水面以上 10 m 处的风速，m/s；

T_w——水温，℃；

P_a——水面水汽压，Pa；

T_2——水面以上 2 m 处的气温，℃。

2.14 冰盖融化计算

有雪的冰盖开始解冻日期，应从积雪消退时开始，一般把雪覆盖面积小于一半的日期作为雪从冰面消退的日期。

雪消日期可用下式计算

$$L_p h_s \rho_s = \Psi_e + \Psi_T + \Psi_{er} \tag{107}$$

式中 L_p——位相转换比热，一般取 336 J/g；

h_s——积雪深，m；

ρ_s——雪的密度，kg/m³。

Ψ_{er}、Ψ_e、Ψ_T 可由式(104)～式(106)计算。

冰盖熔解可从积雪消退日期算起按下式计算

$$\Delta h = (\Psi_e + \Psi_T + \Psi_{er} - \Psi^*)/(\rho_i L_p - \Psi^{**}) \tag{108}$$

式中 Δh——冰盖熔解厚度，cm；

Ψ^*——来自水的热量，W/m²；

ρ_i——冰的密度，kg/m³；

L_p——位相转换比热，一般取 336 J/g；

Ψ^{**}——融冰中的单位含水量。其值取决于冰盖吸收的太阳辐射，可按下式计算

$$\Psi^{**} = \Psi'^{*} \Psi''[1 - \exp(-C_i h_i^{0.6})] \tag{109}$$

式中 Ψ'^{*}——冰盖吸收的太阳辐射热量，W/m²；

Ψ''——从水面进入大气的热量，W/m²；

h_i——冰厚，cm；

C_i——系数，结晶冰为 0.165，雪冰为 0.85。

传至冰盖下表面的热量为

$$q_i = \alpha_{Bi} T_B \tag{110}$$

式中 q_i——传至冰盖下表面的热量，W/m²；

T_B——水表面温度，℃；

α_{Bi}——水与冰之间的热交换量，W/(m²·℃)。

沈洪道《河冰水力学》中的冰盖熔解计算公式为

$$\rho_i L_i \frac{dh_i}{d\tau} = -K_{ia}(T_a - T_f) - K_{wi}(T_w - T_f) \tag{111}$$

$$K_{wi} = C_{wi} \frac{v^{0.8}}{h^{0.2}}$$

$$C_{wi} = 1\,622 v_a t^{0.8} m^{-2.6} C_p^{-1}$$

式中 ρ_i——冰密度，kg/m³；

L_i——冰融化的潜热，一般取 336 J/g；

h_i——冰盖厚度,cm;

K_{ia}——冰与空气接触面上的热交换系数;

T_a——气温,℃;

T_f——冰点,℃;

T_w——水温,℃;

v——冰下流速,m/s;

v_a——风速,m/s;

h——水深,m;

t——时间,s;

m——转换系数;

C_p——水的比热容。

2.15 解冻日期计算

春季气温回升,冰盖逐渐融化,流量增加,水位上升,冰盖受拉弯剪力的作用,超过冰盖的抗阻力便开始解冻开河,可用下列不等式表示

$$\sigma h_i < f(Q, \Delta h, h) \tag{112}$$

$$\sigma = \alpha\left(1 - \sqrt{\frac{\Psi_{wi}}{\Psi_{min}}}\right)$$

式中 σ——冰盖的抗弯应力,kg/m^2;

h_i——冰盖厚度,cm;

Q——流量,m^3/s;

Δh——水位涨差,m;

h——水位,m;

α——经验系数,一般用5.5;

Ψ_{wi}——使冰盖降低强度的热量,$J/(cm^3 \cdot d)$;

Ψ_{min}——使冰盖完全丧失强度的热量,$J/(cm^3 \cdot d)$。

春季水位变化不大的河流,可用下式判断

$$\sigma h_i \leqslant \text{const} \tag{113}$$

根据实测资料分析河流解冻时 σh_i 为一常数。

黄河上游开河不等式为

$$Q_u \geqslant \frac{10\alpha h_i^r}{\sum T_a + 1}$$

式中 Q_u——流量,m^3/s;

h_i——气温转正时的冰盖厚度,cm;

$\sum T_a$——自气温稳定转正后的累积正气温,℃;

r——指数,为0.95;

α——经验系数,据黄河内蒙古河段实测资料分析如表11所示。

表 11　黄河内蒙古河段 α 分析

站名	α 值	保证率(%)
三湖河口	1.4～1.5	93
昭君坟	1.4～1.5	100
巴彦高勒	1.4～2.0	86
石嘴山	0.7～1.0	62
头道拐	1.7～1.8	38
	2.0～2.2(1983 年前)	86
	0.4～0.5(1984～1985 年)	100
	1.1～1.2(1986 年)	100

3　水库下游零温断面及封冻边缘位置计算

冰期,水库下游常常有一定长度的河段不封冻,其主要原因是水库调蓄了水量和热量,使水库下游的冰情发生了变化。我国北方一些大型河流修建水库运用后的资料表明,水库下游出口的水温一般都高于 0 ℃,多数保持在 4 ℃以上。

温暖的水体不具备立即成冰的条件,只有当水体接触低于 0 ℃的大气并流经相当长距离充分失热后才能降到 0 ℃。水温降到 0 ℃的位置称为零温断面。零温断面以下,水体继续失热达到过冷却,于是开始产冰,随着流程增长,冰量增多,到一定距离就会封冻,这个封冻位置即称封冻边缘位置。

零温断面(L_0)和封冻边缘位置(L_f)见图 4。

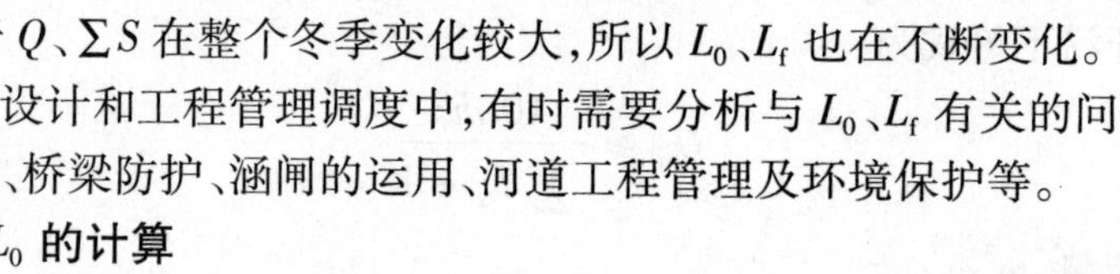

图 4　水库下游 L_0、L_f 示意图

影响 L_0、L_f 的因素主要是出库流量 Q、出库水温 T_s、单位水面热损失 $\sum S$、流速 v 及水面宽 B 等。由于 Q、$\sum S$ 在整个冬季变化较大,所以 L_0、L_f 也在不断变化。

在工程规划设计和工程管理调度中,有时需要分析与 L_0、L_f 有关的问题。例如,水库下游的冰上运输、桥梁防护、涵闸的运用、河道工程管理及环境保护等。

3.1　零温断面 L_0 的计算

根据热量平衡原理,进入 L_0 河段的热量应等于该河段的水面失热量,其热量平衡方程为

$$86\,400\overline{Q}C_p\gamma T_s = L_0\overline{B}\sum S$$

又

$$L_0 = 86\,400 \frac{\overline{Q} C_p \gamma T_w}{\overline{B} \sum S} \tag{114}$$

式中 $\overline{Q}$——水库下泄日平均流量，m^3/s；

C_p——水的比热容，J/K；

γ——水的容重，kg/m^3；

T_w——出库水温，℃；

$\overline{B}$——河段平均水面宽度，m；

$\sum S$——单位水面失热量，W/m^2。

零温断面计算可参见式(62)和式(63)。

计算 L_0 多采用试算法，即先假定一个 L'_0，求得相应 $\overline{B}$，再计算出 L_0，直至 $L_0 \approx L'_0$ 时为止。

大中型水库下游 L_0 往往长达十几千米乃至上百千米。在这样长的河段内，流速和水面宽是不均匀的，且如果有支流加入或废水注入，就可能改变河段内热平衡状况。在此情况下，L_0 应考虑用分段计算的方法。划分河段的原则是：尽量使同一河段的水面宽和流速比较一致；水流在每一河段内的传播时间尽量相等或接近 1 天，以便于用日平均热损失资料计算，图 5 是河道分段示意图。

由图中分析，第一个河段的热平衡方程为

$$86\,400 \overline{Q} C_p \gamma (T_{S_1} - T_{S_2}) = b_1 L_1 \sum S_1$$

式中符号含义同前。其中 b_1、L_1、$\sum S_1$ 注脚表示为第一河段；T_{S_1}、T_{S_2} 表示河段入、出口水温。

同理可得

$$T_{S_2} = T_{S_1} - \frac{L_1 b_1 \sum S_1}{86\,400 \overline{Q}_1}$$

$$T_{S_3} = T_{S_2} - \frac{L_2 b_2 \sum S_2}{86\,400 \overline{Q}_2}$$

$$\vdots$$

$$T_{S_n} = T_{S_{n-1}} - \frac{L_{n-1} b_{n-1} \sum S_{n-1}}{86\,400 \overline{Q}_{n-1}} \tag{115}$$

对于支流汇入河段，见图 5。

若对热平衡项 $\sum S_4$ 不考虑支流汇入的热交换 S_7，则

$$T''_{S_4} = \frac{T_{S_4} \overline{Q}_3 + T'_{S_4} \overline{Q}'}{\overline{Q}_4} \tag{116}$$

$$\overline{Q}_4 = \overline{Q}_3 + \overline{Q}' \tag{117}$$

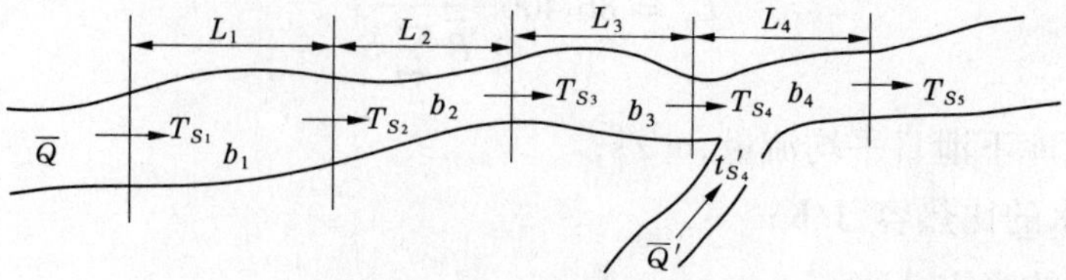

图5　河流分段示意图

$$T_{S_5} = T''_{S_4} - \frac{L_4 b_4 \sum S_4}{86\,400 \overline{Q}_4} \tag{118}$$

若对热平衡项考虑 S_7，则

$$T_{S_5} = T'_{S_4} - \frac{L_4 b_4 \sum S_4}{86\,400 \overline{Q}_4} \tag{119}$$

如此计算到 $T_{S_{n+1}} = 0$ 时

$$L_0 = L_1 + L_2 + \cdots + L_n \tag{120}$$

但 $T_{S_{n+1}} = 0$ 不一定位于第 L_n 河段的末端，而可能是第 L_n 河段内的某一位置，其长度为 L'_n，L'_n 计算仍用式(114)，表达式为

$$L'_n = 86\,400 \frac{Q_n T_{S_n}}{b_n \sum S_n}$$

$$L_0 = L_1 + L_2 + \cdots + L'_n$$

3.2　封冻边缘位置 L_f 的计算

水库下游封冻边缘位置 L_f 由 L_0 和 L_g 两部分组成，见图4。

$$L_f = L_0 + L_g$$

L_g 变化较为复杂，它主要与单位水面的热损失 $\sum S$、水库下泄流量 Q 及河段水面宽度 B 有关

$$L_f = f(\sum S, Q, B)$$

通过实测资料可建立其相应的经验关系，可写成

$$L_f = f(T_q, T_s, Q, B)$$

根据我国东北地区丰满、云峰、桓仁、回龙山、镜泊湖等水库电站观测和调查资料，L_f 与各影响因素1月份旬均值有较密切关系，其相关分析结果见表12。

表12　L_f 与主要影响因素相关分析表

因子	相关系数
单宽流量 q(m³/(s·m))	0.887
出库水温 T_w(℃)	0.802
单宽热流量 q_r(m³·K/(s·m))	0.982
气温(℃)	-0.172

鉴于单宽流量 q、单宽热流量 q_r 及水温 T_s 与 L_f 关系密切，故选用这 3 个因素建立如下两种形式的经验公式

$$L_f = 12.4q^{0.608}T_w^{1.435} \tag{121}$$

$$L_f = 14.5q_r^{1.228} + 8.5 \tag{122}$$

式中 L_f——封冻边缘位置，即最小不封冻距离，km；

q——水库 1 月份最小旬平均单宽流量，m^2/s；

q_r——水库 1 月份最小旬平均单宽热流量，$m^3 \cdot K/(s \cdot m)$；

T_w——出库水温，℃。

其相关关系见图 6、图 7。

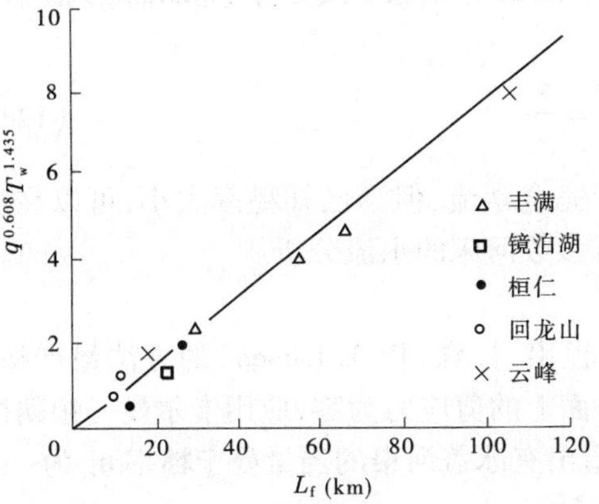

图 6 $L_f \sim q^{0.608}T_w^{1.435}$ 关系

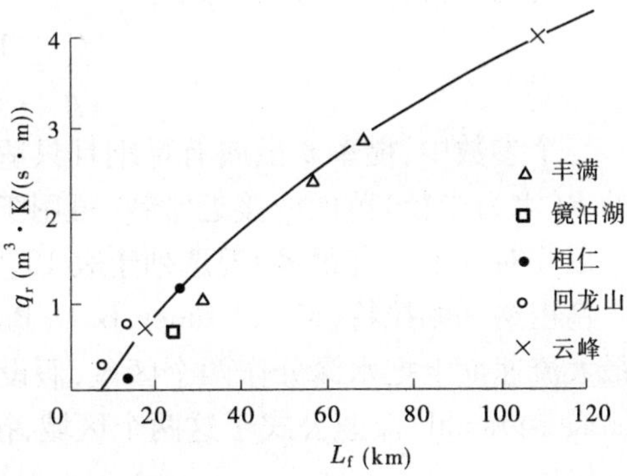

图 7 $L_f \sim q_r$ 关系

由图 6、图 7 可见，3 个因素与封冻边缘位置关系良好，但所用资料仅局限于东北地区几个大型水库和水电站，在使用时需结合本地区的特性加以修正。

4 封冻河流水力计算

4.1 基本方程

在有冰盖的河流渐变流的水力计算，可用圣·维南方程式，即

连续方程式

$$\frac{\partial Q}{\partial x} + \frac{\partial A}{\partial t} = 0$$

动力方程式

$$\frac{\partial Q}{\partial t} + \rho\left(\frac{2Q}{A}\frac{\partial Q}{\partial x} - \frac{Q^2}{A^2}\frac{\partial A}{\partial x}\right) + \rho_i g A\frac{\partial h}{\partial x} + (\chi_i\tau_i + \chi_b\tau_b) = 0 \tag{123}$$

式中 Q——流量，m^3/s；

A——水流断面面积，m^2；

h——水位，m，$h = z_b + h_w + \bar{h}_i$；

z_b——河床高程，m；

h_w——水深，m；

$\bar{h}_i$——冰盖的当量厚度，即 $\rho_i h_i/\rho$；

h_i——冰厚，cm；

ρ、ρ_i——水和冰的密度，kg/m^3；

χ_b、χ_i——河床和冰盖的湿周，m；

τ_b、τ_i——河床与冰及冰与水接触面上的剪应力；

g——重力加速度，m/s^2。

4.2 糙率

计算流量和水位时应知道冰盖的几何形状与冰盖的阻力。几何形状可用实测资料求出，冰盖的阻力可用冰盖底面和河床的阻力系数表示。在水力学中，河流边界阻力通常以谢才系数(Chesy) C、达西—魏斯贝克(Darcy - Weisback)系数 f 或曼宁(Manning)糙率 n 表示。对均匀流，这三者的关系为

$$\frac{C}{\sqrt{g}}=\frac{1}{\sqrt{g}}\frac{R^{1/6}}{n}=\frac{8}{f} \tag{124}$$

三个参数中，糙率 n 虽属有量纲且只适用于完全紊流，但当已知糙率大小，可以在很大的 R(水力半径)范围内接近常数，可用于进行多数河床的水流分析。

以往对 n 的研究很多，现选列于表 13。

乌祖纳和帕拉特(M. s. Uzuner，B. D. Pratte)提出，拉森(P. A. Larsen)的方法最严格，在最大流速面上把水深分作两个区域，假设该平面上的剪应力为零，应用卡尔曼—帕朗德(Karman-prandtl)流速公式于这两个区域，拉森指出有冰盖河渠的当量曼宁糙率 n_c 为

$$\frac{1}{n_c}=\frac{\dfrac{1}{n_i}d_i^{5/3}+\dfrac{1}{n_b}d_b^{5/3}}{\left(\dfrac{1}{2}\right)^{2/3}h_w^{5/3}} \tag{125}$$

式中 n_c——当量曼宁糙率系数；

n_i、n_b——冰盖和河床曼宁糙率系数；

h_w——总水深；

d_i、d_b——最大流速线上、下水深。

水深比为

$$\frac{d_i}{d_b}=\left[\frac{a(b-1)n_i}{b(a-1)n_b}\right]^{3/2}$$

$$a=\ln\left(\frac{30d_n}{k_b}\right)$$

$$b=\ln(30d_i/h_i)$$

$$h_i=30d\exp\left[\frac{-1}{\left(1-\dfrac{\bar{v}}{v}\right)}\right]$$

$$n_i=0.032h_i^{1/6}$$

表 13　糙率 n 研究成果

作者	公式	说明
拉夫劳夫斯基 (Lavlovsky)(1931)	$\frac{n}{n_b}=\left[\frac{1+\alpha\left(\frac{n_i}{n_b}\right)^2}{1+\alpha}\right]^{1/2}$	n——综合糙率 $\alpha=\chi_i/\chi_b$ χ_i——冰盖湿周 χ_b——河床湿周 n_i——冰盖糙率 n_b——河床糙率
劳特尔(Lotter) (1933)	$\frac{n}{n_b}=\frac{\alpha+1}{1+\alpha\left(\frac{n_b}{n_i}\right)}$	符号意义同上
别劳康 (Belokon) (1938)	$\frac{n}{n_b}=\left[1+\left(\frac{n_i}{n_b}\right)^{3/2}\right]^{2/3}$	符号意义同上
萨巴尼夫 (Sabaneev) (1948)	$\frac{n}{n_b}=\left[\frac{1+\alpha\left(\frac{n_i}{n_b}\right)^{\frac{2}{2r+1}}}{1+\alpha}\right]^{2/3}$	$r=\frac{1}{6}$ 其余符号意义同上
周文德 (1959)	$\frac{n}{n_b}=\frac{1}{\sqrt{1+\alpha}}\left(\frac{n_i}{n_b}\right)\left[\alpha^2+\left(\frac{n_b}{n_i}\right)^{3/2}\right]^{2/3}$	符号意义同上
尤-格拉夫-莱文 (Yu-Graf-Levine) (1968)	$\frac{n}{n_b}=\left[\frac{1+\alpha^2\left(\frac{n_i}{n_b}\right)^{3/2}}{(1+\alpha)^2}\right]^{2/3}$	符号意义同上
拉森 (Larsen) (1969)	$\frac{n}{n_b}=\frac{0.63\left(\frac{d_i}{d_b}+1\right)^{5/3}}{\frac{n_b}{n_i}\left(\frac{d_i}{d_b}\right)^{5/3}+1}=0.63\left[\left(\frac{n_i}{n_b}\right)^{3/2}+1\right]^{2/3}$	d_i、d_b——冰盖下最大流速线上下水深；其余符号意义同上
孙肇初,隋觉义 (1988)	$\frac{n}{n_b}=\left[\frac{\left(\frac{n_i}{n_b}\right)^{3/2}+1}{2}\right]^{2/3}$	符号意义同上
魏良琰 (2001)	$n=\left[\left(n_b^{3/2}+\frac{2hn_w^{3/2}}{B}+fn_i^{3/2}\right)/\left(1+f+\frac{2h_w}{B}\right)\right]^{2/3}$	水槽试验 n_w——水的糙率 B——宽度 h_w——水深 f——冰盖阻力系数,(完全封冻 $f=1$,敞流 $f=0$,封冻 $0\leqslant f\leqslant 1$)

其中　h_i——冰盖厚度,cm;

v——冰—水接触面以下深度 h 处的流速,m/s;

$\bar{v}$——冰—水接触面和深度 h 之间的平均流速,m/s。

当糙率较小时，可采用别劳康—萨巴尼夫(Belokon - Sabaneev)公式

$$n_c = \left[\frac{1}{2} (n_i^{3/2} + n_b^{3/2}) \right]^{2/3} \tag{126}$$

为了比较拉森公式计算结果，现利用黄河河曲河段资料将几家公式计算结果列于表 14。

表 14　各家 n_c 公式计算结果

黄河河曲河段资料			按各家公式计算的无量纲的综合糙率($\frac{n_i}{n_b}$)值					
n	$v/\sqrt{gh}$ (n_i 相应值)	n_i/n_b	孙肇初，隋觉义	拉夫劳夫斯基	萨巴尼夫	周文德	尤 - 格拉夫 - 莱文	拉森
0.015	0.280	1.085 5	1.043 2	1.043 6	1.043 2	1.171 1	1.033 7	1.043 2
0.020	0.215	1.462 5	1.236 6	1.246 9	1.236 6	1.388 3	1.200 5	1.236 6
0.030	0.155	2.083 7	1.589 3	1.634 2	1.589 3	1.784 3	1.496 6	1.589 3
0.050	0.105	3.213 5	2.252 1	2.394 0	2.252 1	2.528 2	2.049 0	2.252 1
0.070	0.085	4.041 5	2.750 5	3.943 9	2.750 5	3.088 0	2.437 0	2.750 5
0.100	0.062	5.723 3	3.778 4	4.108 2	3.778 4	4.242 3	3.232 9	3.778 4

4.3　冰盖阻力

冰盖阻力可用冰盖糙率表示，限于观测困难，资料不多，研究不够，沈洪道提出，可通过水流方程进行研究。

对于稳定流为

$$\frac{\partial h}{\partial x} = \frac{1}{gA}\left[\frac{Q^2}{A^2}\frac{\partial A}{\partial x} - \frac{1}{\rho}(\chi_i \tau_i + \chi_b \tau_b) \right] \tag{127}$$

式中　χ_i——冰盖湿周，m；

χ_b——河床湿周，m；

其余符号含义同前。

对部分有冰盖的河道，其阻力项为

$$P_i \tau_i + P_b \tau_b = r n_b^2 \left[\left(\frac{Cl^2 P^{4/3}}{A^{7/3}} \right)_\alpha (1 + F')^{4/3} \left(\frac{Q^2 P_b^{4/3}}{A^{7/3}} \right)_\beta \right]$$

式中　$F' = (n_i/n_b)^{3/2}(P_i/P_b)\beta$；

α、β——自由水面和冰盖下水浸面积的部分。

当全部有冰盖时，$\alpha = 0$；当无冰盖时，$\beta = 0$。部分流量 Q_α 和 Q_β 可用式(128)和式(129)求得

$$\frac{Q_\alpha}{Q} = \frac{1}{2}\left[\frac{A_\alpha R_\alpha^{3/2}}{AR^{2/3}} + \left(1 - \frac{A_\beta R_\beta}{AR^{2/3}} \right)^{2/3} \right] \tag{128}$$

$$\frac{Q_\beta}{Q}=1-\frac{Q_\alpha}{Q} \tag{129}$$

P. A. 纳齐科夫斯基提出冰盖糙率随时间呈指数衰减，其计算公式为

$$n_i = n_{ie} + (n_{ii} - n_{ie})e^{kt} \tag{130}$$

式中 n_i——糙率；

k——衰减指数，见表 15；

n_{ie}——封冻末期糙率；

n_{ii}——初始冰盖糙率，（最大糙率）见表 16；

t——时间，s。

表 15　衰减指数 k 值

冬季气象条件	冰盖特征		
	清沟多	清沟少	无清沟
严冬	0.005	0.010	0.020
平冬	0.023	0.024	0.025
暖冬	0.050	0.040	0.030

表 16　初始冰盖糙率 n_{ii}

冰花冰盖初始厚度（m）	冰盖特征		
	松散冰花	紧密（冻结）冰花	固结冰
0.1			0.015
0.3	0.01	0.013	0.04
0.5	0.01	0.02	0.05
0.7	0.02	0.03	0.06
1.0	0.03	0.04	0.07
1.5	0.04	0.06	0.08
2.0	0.04	0.07	0.09
3.0	0.05	0.08	0.10
5.0	0.06	0.09	

P. A. 纳齐科夫斯基提出初始冰盖的糙率与冰情特征和冰厚有关。

沈洪道、亚帕（1986）认为糙率 n_i 由 3 部分组成，即

$$n_i = n_d + n_t + \tilde{n} \tag{131}$$

式中 n_d——时间的函数，在封冻期间增加，在稳定冰盖期减小；

n_t——解冻期冰盖糙率；

$\tilde{n}$——反映冰盖下堆积冰花对阻力的影响。

$$n_d = \Delta n\left(\frac{t_d}{\lambda t_F}\right)^{\gamma} + n_{ed}$$

$$n_d = \Delta n\left(e^{\Psi t_d} - e^{\Psi t_L}\right) + n_{ed}$$

式中 $\Psi = [1/(\delta t_L)]\ln(\Delta n)$；

t_d——从封冻开始的时间，d；

t_F——封冻期的历时，d；

t_L——封冻开始至解冻开始的时间，d；

Δn——封冻期末的糙率 n_{in} 与解冻期开始冰的糙率 n_{ed} 之间的差值；

λ、γ、δ——经验常数，估计值为：$\lambda = 2$，$\gamma = 0.5$，$\delta = 2$。

$$n_{in} = f(T_{a0}, T_{w0}, A_s, A_{z0}, Q_0, h_i) \tag{132}$$

$$n_{ed} = an_{in} + b \tag{133}$$

式中 T_{a0}——封冻期的气温，以度－日计；

T_{w0}——封冻期间在上游端的水温，℃；

A_s——河段的总表面积，m^2；

A_{z0}——封冻期末冰盖的面积，m^2；

Q_0——封冻期的流量，m^3/s；

h_i——浮冰的尺寸，m；

a、b——经验系数。

在冰盖衰减期浮冰厚度以 h_i 表示，设第一天出现 n_t 的影响是上一年冬天的第一天出现日平均气温超过 －3 ℃的一天，以这一天为 h_b，则

当 $h_i \leqslant h_b$ 时　　　　$n_t = 0$

当 $h_i > h_b$ 时　　　　$n_t = s_n(t - t_n)$

式中 s_n——常数，随地点、年份而变。

关于 $\tilde{n}$ 的计算

当 $h_i < h_F$ 时　　　　$\tilde{n} = KA_0 T_\alpha v^{-\tau}$

当 $h_F \leqslant h_i$ 时　　　　$\tilde{n} = KA_0(T_\alpha + T_r)v^{-\tau}$

式中 T_α——封冻前三天的日平均气温的均值，以冻结的度－日即 F°－日表示；

T_r——参考温度，℃；

v——计算的当天和前一天的平均流速，m/s；

A_0——计算河段或紧邻河段上游的无冰面积，m^2；

K、τ——经验系数和指数，当 $v < 0.58$ m/s 时，$\tau = 11$，当 $v \geqslant 0.58$ m/s 时，$\tau = 9$，$K = 0.0$。

4.4 冰期水位流量关系演算

冰期的水位流量关系可定量地表征河道的过流能力。河流中冰的生成改变了水流水力学参数间的关系，从而也改变了无冰条件下确定的流量与水位的函数关系。河流冰封下水流处于不均匀的不稳定状态，其水位可表达为

$$H = f(Q, h_i, J, n_i, \varepsilon, m, \Delta v) \tag{134}$$

式中　Q——流量，m^3/s；

h_i——冰厚，m；

J——水面比降；

ε——冰孔隙率；

n_i——冰底糙率；

m——封冻面积占总面积的比重；

Δv——冰和水的流速差，m/s。

式(134)中因子组成和量值在冰期内会有很大的变化，因而水位流量关系也随之发生较大的变化：

流冰条件下

$$H = f(Q, h_i, J, m, \Delta v) \tag{135}$$

封冻条件下

$$H = f(Q, h_i, n_i) \tag{136}$$

冻堵条件下

$$H = f(Q, J, h_i, n_i) \tag{137}$$

冰期的水位流量关系计算主要是依畅流期水位流量关系演算为基本依据，加入冰情影响的因素，计算方法主要有：水力学法、水文学法和经验相关法。

4.4.1　水力学法

多选用隐式差分格式，此种格式可根据实际情况随意选取断面和相应选取较大时间步长，较易控制收敛性，计算时间差分算式代替圣·维南方程组中的微分和变量，得到加权四点隐式格式，在计算时应适当选取时间 Δt 步长和距离 Δx 步长。

4.4.1.1　距离步长选择

(1)按照沙姆莱斯(Samules)研究要求满足下式

$$0.635 < (A_{i+1}/A_i) < 1.576$$

式中　A_i——第 i 个断面面积，m^2；

A_{i+1}——第 $i+1$ 个断面面积，m^2。

按照巴斯考(Basco)的研究

$$0.70 < (A_{i+1}/A_i) < 2.0$$

(2)距离步长与洪水波速及洪水上涨历时有关

$$\Delta x \leqslant C t_\tau / 2M \tag{138}$$

式中　C——波速，m/s；

t_τ——洪水上涨历时，h；

M——原相邻断面内插后的河段数。

(3)距离步长与河道底坡的变化程度有关，当河道底坡变化较大时，Δx 应减小，当流态发生变化时，Δx 也应减小。

4.4.1.2　选取时间步长的原则

(1)为涨洪历时的约数；

(2)该约数为$5 \leqslant \Delta t_1 \leqslant 20$。

4.4.1.3　权重的确定

通常取权重为0.6,过大时精度降低,过小时(≤0.5)稳定性不足。

4.4.1.4　过界条件的确定

求解时可将上下边界处的缓流条件作为两个方程,应用牛顿-辛卜森迭代求解。

4.4.2　水文学法

应用马斯京根法求得流量演算公式

$$Q_2 = C_0 I_2 + C_1 I_1 + C_2 Q_1 \tag{139}$$

式中　I_1、I_2——演算河段时段1和时段2的入流量,m^3/s;

Q_1、Q_2——演算河段时段1和时段2的出流量,m^3/s。

上述两类方法都是畅流期的洪水演算方法,在冰期,流量过程受冰情的影响十分复杂,故在水力学方法中应考虑冰盖几何形状的变化和冰盖阻力的计算,在水文学方法中需增加封、开河期流量演算过程受冰情影响的经验修正系数。

4.4.3　经验相关法

根据R.E.库克,E.E.琴尼,H.B.鲁森格和R.L.潘特兰的研究,冬季水位与夏季水位的关系为

$$A_i R_i^{2/3} = K A_0 R_0^{2/3} \tag{140}$$

$$K = \frac{n_c}{n_b}\left(\frac{J_0}{J_i}\right)^{1/2}$$

式中　A_i——河道断面面积,m^2;

R——水力半径,m;

n_c——综合糙率;

n_b——河床糙率;

J——河床比降,i、0分别为有冰、无冰脚标。

K值随冬季环境、气温、河床边界条件而变,可建立$K=f(d)$曲线(d为日期)。由已知的夏季$H \sim A_0 R_0^{2/3}$关系,利用其相关系数和$K=f(d)$曲线可求得冰期逐时段的$H \sim Q$关系。

参考文献

[1] Bolsenga. S. T. Total albedo of great lakes ice[J]. Water Resources Resarch, 1969, 5(5): 1132-1133.

[2] Brown, Marco. Introduetion of heat transfed[G]. Newyork: McGraw-Hill, 1958.

[3] 水利电力部. 水利电力工程水文计算规范[S]. 北京:水利电力出版社,1985.

[4] коесников. А. г. пивоварова. А. А расует скорости оха мдениа[G]. воды по дλине рек - вкитрудol 111 всесогоз гидро. сьеза. л, 1959. 7. 6с. 270-278.

[5] 水利电力部. SDJ 214—1983 水利水电工程水文计算规范(试行)[S]. 北京:水利电力出版社,1983.

(本文摘自《中国江河冰凌》,黄河水利出版社,2008年)

冰凌形成变化过程模拟

我国的河流冰情模型研究工作，在黄河上曾建立过 4 种冰凌数学模型。

第一种是黄河水利委员会与芬兰 Atri－ReiTer 工程有限公司协作建立的黄河下游冰凌数学模型。

第二种是黄河水利委员会水文局建立的黄河下游实用冰情预报模型。

第三种是黄河水利委员会水文局建立的黄河上游实用冰情预报模型。

第四种是黄河水利委员会与美国克拉克森（Clarkson）大学协作建立的黄河下游冰情数学模拟。现将这 4 种模型（前 3 种模型已经过专家鉴定）分述如下。

1　中国－芬兰科技合作黄河下游冰凌数学模型

1991～1993 年，中国－芬兰科技合作黄河下游冰凌数学模型基本上是应用芬兰开发的冰凌数学模型。

1.1　基本原理和方法

该模型采用一维水流模型，它是水温，冰盖形成、增长和衰减模型的组合模型。模型中不稳定流方程的解是基于四点加权隐式（差分）格式，其解析方程是用牛顿－辛普森迭代算法进行解算的。热力模型部分主要是沈和亚（1984）或沈和拉尔（1986）的方法，这个方法用于计算岸冰和薄冰的形成。模型（见图 1）可分为下列各部分：

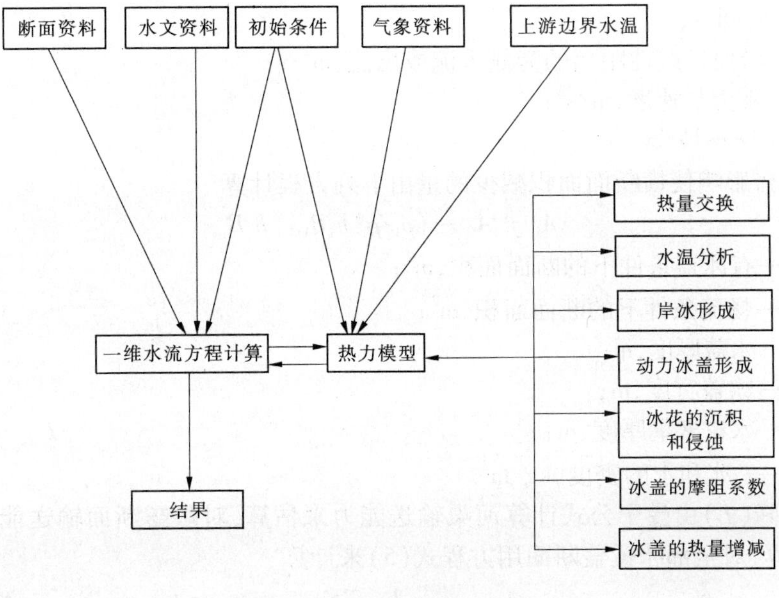

图 1　河流冰情模型组成

(1)一维水动力方程的解算;
(2)环绕河心岛水流模型;
(3)热量交换计算;
(4)纵向水温分布计算;
(5)冰花和薄冰的形成(流动的水面冰);
(6)岸冰的形成;
(7)动力冰盖的形成;
(8)冰盖下冰花的沉积和侵蚀;
(9)冰盖的增减;
(10)冰盖糙率系数的模拟。

1.2 不稳定流模拟

本模型中一维不稳定流模拟,即如前所述是基于一维质量守恒和动量守恒原理。

质量守恒

$$\frac{\partial Q}{\partial x} + \frac{\partial (A + A_s)}{\partial t} - q = 0 \tag{1}$$

动量守恒

$$\frac{\partial Q}{\partial t} + \frac{\partial \left(\frac{Q^2}{A^2}\right)}{\partial x} + gA\left[\left(\frac{\partial h}{\partial x}\right) - J_f\right] = 0 \tag{2}$$

式中 Q——河道流量,m^3/s;
A——水流横断面面积,m^2;
A_s——死水横断面面积(仅用于蓄水的面积),m^2;
x——沿河纵向距离,km;
t——时间,s;
q——沿河每线性距离的旁侧入流或出流,m^3/s;
g——重力加速度,m/s^2;
J_f——摩擦坡降。

由于冰盖影响使横断面面积减少的量由下列方程计算

$$A_i = A_0 - (\rho_i/\rho) h_i B_i - h_f B_i \tag{3}$$

式中 A_i——有冰盖条件下的断面面积,m^2;
A_0——畅流条件下的断面面积,m^2;
h_i——冰盖厚度,m;
B_i——冰盖宽度,m;
h_f——冰花聚集厚度,m;
ρ_i、ρ——冰和水的密度,kg/m^3。

摩擦坡降(J_f)由曼宁公式计算河渠输送能力来估算,对敞露断面输送能力(K)用方程式(4)计算,对全部冰覆盖断面用方程式(5)来计算

$$K = \frac{1}{n_b} A_0 R_0^{2/3} \tag{4}$$

$$K = \frac{1}{n_c} A_i R_i^{2/3} \tag{5}$$

其中
$$R_i(R_0) = \frac{A}{\chi}$$

式中 R_0——开敞断面的水力半径,m;

R_i——有冰盖断面的水力半径,m;

n_b——河床摩阻力曼宁系数,对于有冰盖的河流,可由多种方法确定;

A——断面面积,m^2;

χ——湿周,m,见图2。

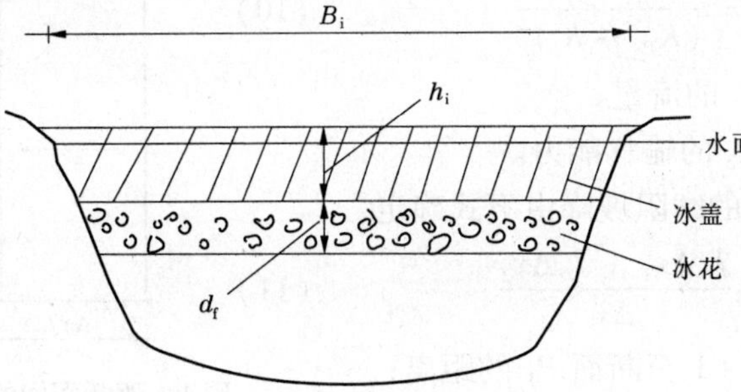

图2 冰盖和冰花的影响使湿周增大

组合糙率 n_c,在本模型中用别劳康-萨巴尼夫(Belodon-sabaneev)公式

$$n_c = [(n_i^{3/2} + n_b^{3/2})/2]^{2/3} \tag{6}$$

式中 n_i、n_b——冰盖和河床的摩阻系数。

如果断面部分有冰盖(见图3),则要对不同的部分断面确定输移能力

$$K = \frac{1}{n_L} A_L R_L^{2/3} + \frac{1}{n_b} A_{cn} R_{cn}^{2/3} + \frac{1}{n_c} A_R R_R^{2/3} \tag{7}$$

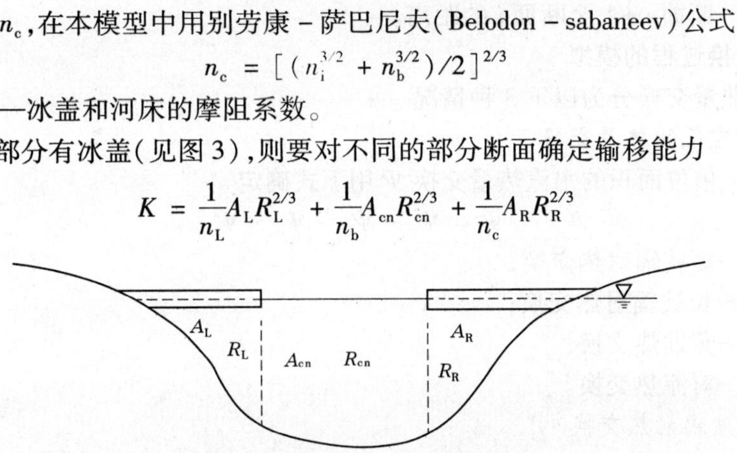

图3 断面部分冰盖的输移能力

式中 A_L、R_L——断面的左部水流面积和水力半径;

A_{cn}、R_{cn}——中河槽的水流面积和水力半径;

A_R、R_R——断面右部的水流面积和水力半径。

如果在断面 i 和断面 $i+1$ 间是敞露或全封,则摩擦坡降由式(8)计算

$$J_f = \frac{(Q_i + Q_{i+1})^2}{(K_i + K_{i+1})^2} \tag{8}$$

式中 Q_i、Q_{i+1}——断面 i 和断面 $i+1$ 的流量;

K_i、K_{i+1}——断面 i 和断面 $i+1$ 的输移能力。

如果在两个断面间的河道大部分有冰盖(见图4),摩阻坡降首先在 $i+1$ 和 P_1 点之间计算

$$J_{f1} = \frac{(Q_{i+1} + Q_{P_1})^2}{(K_{i+1} + K_{P_1})^2} \tag{9}$$

式中 Q_{i+1}、Q_{P_1}——断面 $i+1$ 和断面 P_1 流量;

K_{i+1}、K_{P_1}——断面 $i+1$ 和断面 P_1 的输移能力。

对于 P_2 点和 i 间的河段,两断面间的河道部分封河,其摩阻坡降由下式确定

$$J_{f2} = \frac{(Q_{P_2} + Q_i)^2}{(K_{P_2} + K_i)^2} \tag{10}$$

式中 J_{P_2}——断面 P_2 的流量;

K_{P_2}——断面 P_2 的输移能力。

断面 i 和 $i+1$ 间的摩阻坡降由下式确定

$$J_f = \frac{J_{f1}\Delta x_1 + J_{f2}\Delta x_2}{\Delta x} \tag{11}$$

式中 Δx_1——断面 $i+1$ 至断面 P_1 的距离;

Δx_2——断面 i 至断面 P_1 的距离;

Δx——断面 $i+1$ 至断面 i 的距离。

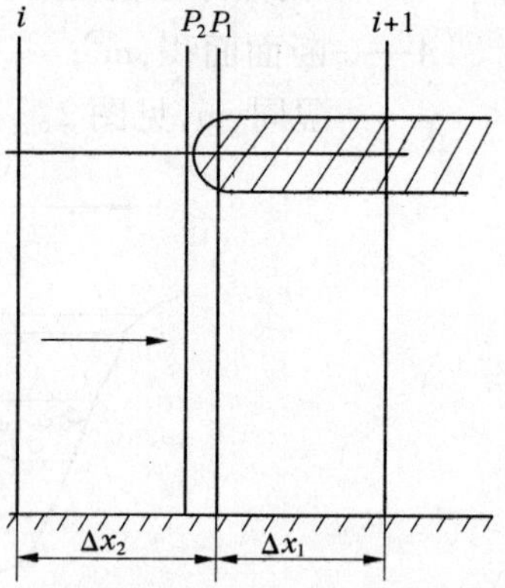

图4 两断面间的河道大部分有冰盖情况

1.3 热量交换过程的模拟

河流的热量交换分为以下3种情况。

1.3.1 水和空气的热量交换

在河面上单位面积的水汽热量交换 Ψ 用下式确定

$$\Psi = \Psi_s - \Psi_L - \Psi_e - \Psi_c \tag{12}$$

式中 Ψ_s——短波辐射热交换;

Ψ_L——长波辐射热交换;

Ψ_e——蒸发热交换;

Ψ_c——对流热交换。

1.3.1.1 短波辐射热交换

短波(太阳)辐射热交换由马陶赛克(Matousek. V,1984)公式确定,直接太阳辐射计算公式为

$$\Psi_{sd} = \sin H[1\,123y - 7(1.14 + 0.2m)(7.5 \times 10^{-3}e^{-6})] \tag{13}$$

式中 $y = 10^{-0.056\,8m} + 0.000\,38m^2$;

m——依靠太阳高度的空气质量相对厚度,由 $m = [\sin H + 0.15(H + 3.885)^{-1.253}]^{-1}$ 计算;

H——给定时间水平垂直式上的太阳高度(角度);

e——蒸发涨力,Pa。

在无云天空,太阳直接辐射和散射辐射总值由马陶赛克(Matousek. V,1984)公式计算

$$\Psi_{ssd} = \Psi_{sd}(1 + 0.066/\sin H) \tag{14}$$

在有云天空，用下列公式计算

$$\Psi_{ssd} = \Psi_{sd}(1 - 0.65C_e^2) \tag{15}$$

式中 C_e——云量(0～1，晴天为0，完全被云覆盖为1)。

考虑了太阳辐射的反射部分得到净短波辐射(α为水的反射率)

$$\Psi_s = (1 - \alpha)\Psi_{sc} \tag{16}$$

1.3.1.2 长波辐射热交换

长波辐射是由水面上发射的长波辐射和由水吸收的净大气热辐射的组合，由水面发射的长波辐射(Ψ_{L1})可由施蒂芬－波尔兹曼(Stefan－Bollzman)公式计算

$$\Psi_{L1} = \varepsilon\sigma T_w^{\ 4} \tag{17}$$

式中 ε——水面上的相对辐射能力(设$\varepsilon = 0.96$)；

σ——施蒂芬－波尔兹曼常数，5.67×10^{-8} W/(m^2·K^4)；

T_w——绝对水温，K。

水面上吸收的净大气热辐射可用下列公式计算

$$\Psi_{1.2} = (0.65 + 0.0036\sqrt{e})\sigma T_a^{\ 4}(1 + 0.17C_e^{\ 2}) \tag{18}$$

式中 T_a——绝对气温，℃；

e——蒸发涨力，Pa。

长波辐射的总热交换为

$$\Psi_L = \Psi_{L1} - \Psi_{1.2} \tag{19}$$

1.3.1.3 对流和蒸发热交换

蒸发热交换 Ψ_e 由 B. A. 雷姆沙－P. B. 多钦科公式(1974)计算

$$\Psi_e = 1.94\{1.56[8.0 + 0.35(T_s - T_a)]\} + 6.08v_2(e_0 - e) \tag{20}$$

式中 T_s——水面温度，℃；

T_a——气温，℃；

v_2——高度2 m处的风速，m/s；

e_0——在温度 T_s 时的饱和气压，Pa。

对流热交换由下式计算

$$\Psi_c = \{0.485[8.0 + 0.35(T_s - T_a)] + 3.9v\}(T_s - T_a) \tag{21}$$

上述热交换单位均为W/m^2。

1.3.2 水和河床的热交换

本模型设河床对水流的热交换为2 W/m^2，这个热交换分量与敞露水面的整个热交换相比不那么重要，但在有冰盖的河流中，则是十分重要的。

1.3.3 水和冰盖的热交换

水和冰盖的热交换 Ψ_{wi} 有赖于紊流和水温，按艾什顿(Ashton)(1982)提出的公式计算

$$\Psi_{wi} = K_{wi}(T_w - T_m) \tag{22}$$

式中 K_{wi}——热量传导系数，一般由式 $K_{wi} = 1\,662v^{0.8}h^{-0.2}$ 计算；

v——流速，m/s；

h——水深，m；

T_w——水温，℃；

T_m——冰的熔解温度，℃。

1.4 水温、薄冰和冰花的形成计算

河流中水温的纵向分布可以由一维对流扩散方程来计算

$$\frac{\partial}{\partial T}(\rho C_p A T_w) + \frac{\partial}{\partial x}(Q\rho C_p T_w) = \frac{\partial}{\partial x}(AE_x C_p)\frac{\partial T_w}{\partial x} + B\Psi \tag{23}$$

式中 ρ——水的密度，kg/m³；

C_p——水的比热容，J/(kg·K)；

T_w——水温，℃；

E_x——纵向扩散系数。

若纵向扩散系数可忽略不计，则纵向水温分布可按下式计算

$$\frac{\partial}{\partial t}(AT_w) + \frac{\partial}{\partial t}(QT_m) = [a_1(1-b)B_0]\Psi/(\rho C_p) \tag{24}$$

对于开敞河段热交换 Ψ 由式(12)计算，对于有冰盖的河段可用式(22)计算，河床的热交换可以加入 Ψ 中，薄冰的形成和平流（移动的表面冰）由式(25)计算，冰晶的形成由式(26)计算

$$\left(\frac{\partial}{\partial x}\right)(AC_s) + \frac{\partial}{\partial x}(QC_s) = (a_2 bB_0)\Psi/(-\rho_i l_i) + c\left(1-\frac{v_2}{v_1}\right)e_c \tag{25}$$

$$\left(\frac{\partial}{\partial x}\right)(AC_c) + \left(\frac{\partial}{\partial x}\right)(QC_c) = [a_3(1-b)B_0]\Psi/(\rho_i l_i) - c\left(1-\frac{v_2}{v_1}\right)C_c \tag{26}$$

式中 C_s——薄冰的浓度；

C_c——冰花的浓度；

e_c——聚冰总孔隙度；

a_1、a_2、a_3——系数，用来限定所用方程；

b、c——本模型的输入值。

b 表示水面冰在温水（$T_w > 0$ ℃）中形成的因子，b 值常取 0～1，如果 $b=0$ 则没有水面冰形成，如果 $b=1$ 并且流速足够低则用全部热交换形成表面冰。

系数 c 是由冰晶发展形成表面冰的因素，如果 $c=0$ 则不发展，如果 $c=1$ 并且流速足够低（在断面内）所有的冰晶都要变为水面冰。b 和 c 的标准值分别为 0.6 和 0.5。v_1 和 v_2 由式(28)和式(29)确定。

薄冰的形成用马陶赛克（Matousek. V，1984）提出的理论进行计算，表面水温 T_n 由式(27)（忽略风的作用）计算

$$T_n = T_w + \Psi/(1\,130v) \tag{27}$$

颗粒上浮速度为

$$v_1 = -0.025T_n + 0.005 \tag{28}$$

紊流垂直流速分力为

$$v_2 = \frac{1}{5}[gC/(0.7C+6.0)]^{1/2}v \tag{29}$$

式中　C——谢才摩阻系数；

v——流速，m/s。

$$C = \frac{1}{n}R^{y}$$

$$y = 1.3n^{1/2}$$

式中　R——水力半径，m。

在本模型中，T_n、v_1 和 v_2 对每个断面进行计算，如果水面冰温度在 0 ℃以下，并且颗粒上升速度大于垂直分量，则形成流动的水面薄冰。

下面是规定系数 a_1、a_2、a_3、b 和 c 的组合。

如果 $T_n < 0$ ℃，且 $v_2 = v_1$，则

a，$T_w > 0$ ℃

$a_1 = 1$　$a_2 = 1$　$a_3 = 0$　b—输入　c—输入（不用时 $c = 0$）

b，$T_w < 0$ ℃

$a_1 = 0$　$a_2 = 1$　$a_3 = 1$　b—输入　c—输入

如果 $T_n < 0$ ℃，且 $v_2 > v_1$，则

a，$T_w > 0$ ℃

$a_1 = 1$　$a_2 = 0$　$a_3 = 0$　$b = 0$　$c = 0$

d，$T_w < 0$ ℃

$a_1 = 0$　$a_2 = 0$　$a_3 = 1$　$b = 0$　$c = 0$

$T_n > 0$ ℃

$a_1 = 1$　$a_2 = 0$　$a_3 = 0$　$b = 0$　$c = 0$

当式(24)～式(26)这个时间水流条件假设为常数时，这些方程的计算是应用特性线法和线性插值法。

1.5　冰盖的形成

1.5.1　岸冰形成

河流中岸边流速足够小，能够形成部分静止冰盖。按照马陶赛克(Metousek. V,1984)提出的，岸冰事实上在断面的一部分形成，这部分在垂直方向的平均流速满足下列条件

$$\bar{v} < \frac{\Psi}{1\,130(-1.1 - T_v)} - \frac{15v_a}{1\,130} \tag{30}$$

式中　$\bar{v}$——平均流速，m/s；

Ψ——净热量交换，如式(12)所示；

T_v——垂向平均水温，℃

v_a——风速，m/s。

应用本模型中式(22)，断面面积（流水部分面积）分成部分面积，见图 5，其中垂直计算在整个断面中移动来完成。

$$\frac{Q_v}{Q} = \frac{\frac{1}{n}A_v R_v^{2/3}}{\frac{1}{n}AR^{2/3}} \tag{31}$$

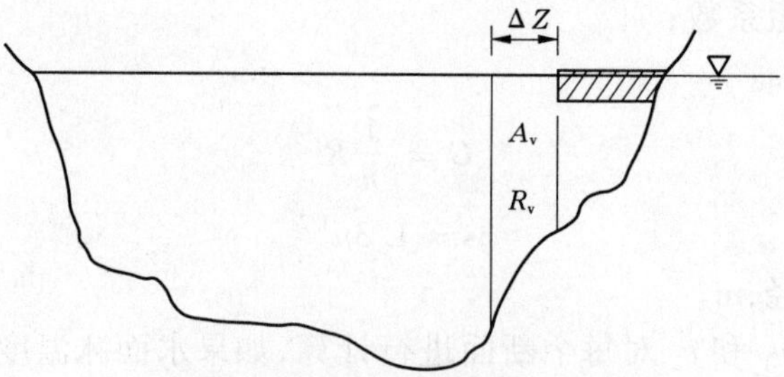

图5　分成垂直断面确定流速分析

式中　Q_v、A_v、R_v——垂直部分面积的流量、流水的部分面积和水力半径，由此计算垂向流速为

$$v_v = \left[\frac{1}{n}R_v^{2/3}\Big/\left(\frac{1}{n}AR^{2/3}\right)\right]Q \tag{32}$$

在方程式(25)中，应用断面平均水温可算出形成岸冰的临界流速，则应用式(26)可以求得垂向上小于临界流速的平均流速，并设在此垂面上冰盖开始形成垂面的宽度(图5中的ΔZ)是给定的。

1.5.2　动力冰盖的形成

当有一个拦冰栅或由岸冰形成一个跨河的冰桥时，如果水流速度小于式(33)计算的流速，水面冰就停止向下游传输，冰盖的厚度假设等于来冰的厚度，即

$$\frac{v_c}{\left[gt_i(1-\rho/\rho_i)\right]^{1/2}} = \frac{2(1-H_i/h)}{\left[5-3(1-H_i/h)^2\right]^{1/2}} \tag{33}$$

流冰的厚度H_i是一个输入值，如果水流速度大于v_c，则流冰(或冰花)的初始冰盖厚度由式(34)(Michel,1971)计算

$$v_c/(gh)^{1/2} = (1-h_i/h)\left[2(1-e_c)(1-\rho_i/\rho)(h_i/h)\right]^{1/2} \tag{34}$$

式中　v_c——冰盖上游前缘流速，m/s；

h——水深，m；

h_i——冰盖厚度，m；

ρ_i、ρ——冰和水的密度，kg/m^3；

e_c——聚集冰的总孔隙度，$e_c = e_p + (1-e_p)e$；

e——流冰自身的空隙度；

e_p——流冰聚集之间的空隙度。

在本模型中e和e_p是给出的。

如果上游冰盖边缘的弗劳德数超过临界弗劳德数，则冰盖停止发展，来冰花和流冰下潜并在冰盖下输移，下潜的临界弗劳德数由下列方程确定

$$Fr_c = 0.157\,8(1-e_c)^{1/2} \tag{35}$$

本模型中临界弗劳德数由式(35)确定或作为输入值。

1.6　冰盖下冰花的沉积和冲刷

如果断面流速低于冰花沉积的临界流速，在冰盖下传输的冰花就要沉积，并且形成冰花聚集，像悬冰坝一样，如果流速增加，聚集的冰花就要冲刷。在本模型中，冰花沿沉积冲

刷的临界流速是赋予的。

1.7 由流动的水面冰形成冰桥

在本模型中,冰桥或由岸冰形成,或由流动的面冰堆积而成。

本模型中流动的面冰(薄冰)的厚度是给出的,当表面冰的浓度为已知,被冰覆盖的总表面积由下式确定

$$\frac{B_i}{B}=\frac{[B_{bl}+B_{br}+(C_sQ/v)/H_i]}{B} \tag{36}$$

式中 B_i——在断面中面冰覆盖的宽度,m;

B——断面宽度,m;

B_{bl}——左岸岸冰宽度,m;

B_{br}——右岸岸冰宽度,m;

C_s——面冰宽度,m;

v——流速,m/s;

H_i——薄冰厚度,m。

$\frac{B_i}{B}=1$ 整个断面被冰覆盖,当形成冰桥时水流对冰盖的推力的比值大于1,在本模型中$\frac{B_i}{B}\geqslant B_{er}$则可形成冰桥,$B_{er}$为形成冰桥的临界值,在本模型中是给定的,奥鲁交基(Oulujoki)所用的值为1.45,肯提奈(Kitinen)为1.65,如果需要对每一个断面也可分别给出B_{er}值。

1.8 冰盖的摩阻系数

当冰盖形成时,有关冰盖粗糙度的文献资料是很少的,R. A. 纳齐科夫斯基(Nezhikhovskiy. R. A,1964)绘出了一个不同类型冰盖的值,在本模型中的初始糙率系数 n_{ii} 按照图6中的曲线给出,这个曲线是根据纳齐科夫斯基给出的数值绘制的。

在冰盖初始形成后假定冰盖曼宁糙率的线性递减到 n_{ic} 值,在时间 t_n 天内 n_i 从 n_{ii} 减少到 n_{ic},在本模型中为输入值。

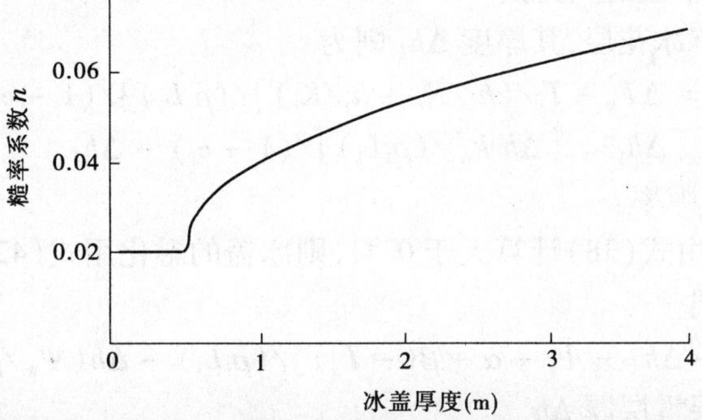

图6 用于本模型的初始冰盖糙率

1.9 冰盖的增长和衰减

冰盖的增长和衰减的计算主要根据沈和拉尔(Shen and Lal,1986)的方法,冰盖的增

长和衰减有 5 层计算，即雪层、雪泥、雪冰层、黑冰层和冰花层。

冰盖和空气间的热交换 Ψ 是按线性形式进行的，即

$$\Psi = -\Psi_s + \alpha + \beta(T_s - T_a) \tag{37}$$

式中 Ψ_s——短波辐射热交换；

T_s——水面温度，℃；

T_a——气温，℃；

α、β——冰盖的系数。

无雪覆盖时

$$\alpha = 54.90 + 2.88v_a - 1.11T_H - 0.32C_e^2$$
$$\beta = 0.098T_a + 2.47v_a + 0.08T_H$$

有雪覆盖时

$$\alpha = 196.77 + 6.62v_a - 1.172T_H - 0.28C_e^2$$
$$\beta = 0.185T_a + 4.61v_a + 0.11T_H$$

式中 v_a——风速，m/s；

T_H——相对温度，℃；

C_e——云量，以十分率计。

当没有雪泥层时，其表面温度（雪或冰）由下式确定

$$T_s = \frac{(h'_i/K_i + h_s/K_s)[T_s + (Q_s - \alpha)/\beta]}{1/\beta + h_i/K_i + h'_s/K_s} \tag{38}$$

式中 h'_i——黑冰层厚度，m；

h_s——雪层厚度，m；

K_i、K_s——冰和雪的热传导率。

如果 $T_s \leqslant 0$ ℃并且在这黑冰层下没有冰花层，则冰的增厚或融化可用下式计算：

$$\Delta T_i = \Delta h[-h_s/(h_s/K_s + h_i/K_i)]/(\rho_i L_i) - \Delta T(\Psi_{wi}/\rho_i L_i) \tag{39}$$

式中 h_i——冰的厚度，m；

L_i——冰的融化潜热；

Ψ_{wi}——流水和冰盖的热交换。

如果在黑冰层下有冰花层，其厚度 Δh_i 则为

$$\Delta h_i = \Delta T[-T_s/(h_s/K_s + h_i/K_i)]/(\rho_i L_i)]/(1 - e_f) \tag{40}$$
$$\Delta h_f = [\Delta h \Psi_{wi}/(\rho_i L_i)]/(1 - e_f) - \Delta h_i \tag{41}$$

式中 e_f——黑冰层孔隙率。

如果冰面温度 T_s 由式(38)计算大于 0 ℃，则冰盖的融化用式(42)～式(46)计算。

若有雪层和冰花层

$$\Delta h_i = -\Delta h[-\Psi_s + \alpha + \beta(-T_a)]/(\rho_i L_i) - \Delta h(\Psi_{wi}/\rho_i L_i) \tag{42}$$

有雪层没有冰花层雪层厚 Δh_s

$$\Delta h_s = -\Delta h[-\Psi_s + \alpha + \beta(-T_a)]/(\rho_i L_i)(1 - e_s) \tag{43}$$
$$\Delta h_i = \pm \Delta h[\Psi_{wi}/(\rho_i L_i)] \tag{44}$$

式中 e_s——雪层孔隙率。

没有雪层但有冰花层

$$\Delta h_{\mathrm{i}} = -\Delta h[-\Psi_{\mathrm{s}} + \alpha + \beta(-T_{\mathrm{s}})]/(\rho_{\mathrm{i}} L_{\mathrm{i}}) \tag{45}$$

有雪和冰花层雪盖融化由式(46)计算

$$\Delta h_{\mathrm{i}} = -\Delta h[-\Psi_{\mathrm{s}} + \alpha + \beta(-T_{\mathrm{s}})]/(\rho_{\mathrm{i}} L_{\mathrm{i}})$$

$$\Delta h_{\mathrm{f}} = \pm T[\Psi_{\mathrm{wi}}/(\rho_{\mathrm{i}} L_{\mathrm{i}})]/(1 - e_{\mathrm{f}}) \tag{46}$$

有雪泥层冰盖的增减时，当雪泥形成雪层的重量大于雪冰、黑冰和冰花的承载能力，雪泥层厚度(h_{sw})为

$$h_{\mathrm{sw}} = p_{\mathrm{s}} T_{\mathrm{s}} - 0.08(i - 0.015 h_{\mathrm{sw}})/(0.09 + \rho_{\mathrm{s}}) \tag{47}$$

表面温度 T_{s} 由下式计算

$$T_{\mathrm{s}} = (\Psi_{\mathrm{s}} - \alpha + \beta h_{\mathrm{s}})/(\beta + K_{\mathrm{s}}/h_{\mathrm{s}}) \tag{48}$$

如果 $T_{\mathrm{s}} \leqslant 0$ ℃，则雪冰层的增长率 Δh_{si} 由下式计算

$$\Delta h_{\mathrm{si}} = \Delta T[-T_{\mathrm{s}}/(h_{\mathrm{s}}/K_{\mathrm{s}})]/(\rho_{\mathrm{i}} L_{\mathrm{i}} \rho_{\mathrm{s}} S) \tag{49}$$

如果 $T_{\mathrm{s}} > 0$ ℃，雪盖融化由式(46)计算，如果有雪泥层或有无冰花层冰盖用式(43)或式(46)计算。

2 黄河下游实用冰情预报模型

根据目前冰期测验水平，建立了结合实际、计算方便、具有一定精度的实用冰情数学模型。模型的结构如图 7 所示。

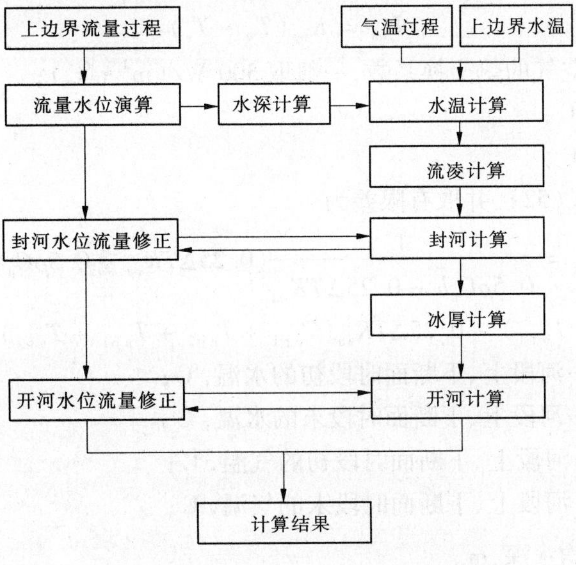

图 7 黄河下游实用冰情预报模型结构图

2.1 冰凌模型

包括水温、流凌、封河、冰盖厚度、开河 5 个部分。

2.1.1 水温计算

应用下列一维对流扩散方程进行河段热量平衡计算

$$\frac{\partial}{\partial t}(\rho C_p A T_w) + \frac{\partial}{\partial x}(vQ\rho C_p T_w) = \frac{\partial}{\partial x}(AE_x C_p)\left(\frac{\partial T_w}{\partial x}\right) + B\Psi \tag{50}$$

式中 ρ——水的密度,kg/m^3;

C_p——水的比热容,kJ/(kg·℃);

A——断面面积,m^2;

T_w——水温,℃;

Q——流量,m^3/s;

E_x——扩散系数;

B——河宽,m;

x——距离,m;

Ψ——单位面积热量交换率,W/(m^2·℃)。

若水温随距离变化不大可以忽略,即

$$\frac{\partial T_w}{\partial x} = 0$$

则式(50)简化为

$$\frac{d}{dx}(\rho C_p A T_w) = B\Psi \tag{51}$$

水与空气的热交换率 Ψ_{wa} 为

$$\Psi_{wa} = K_{wa}(T_w - T_a) \tag{52}$$

式中 K_{wa}——水和空气的热交换系数,一般取 300 W/(m^2·℃);

T_w——水温,℃;

T_a——气温,℃。

将式(51)代入式(52),并取有限差为

$$T_{w下2} = \frac{1}{0.5\rho C_p\bar{h} - 0.25\Delta T K_{wa}}(0.25\Delta T K_{wa} + 0.5\rho C_p\bar{h}) \cdot (T_{w上1} + T_{w下1}) - 0.25\Delta T K_{wa}(T_{a上1} + T_{a上2} + T_{a下1} + T_{a下2}) - T_{w上2} \tag{53}$$

式中 $T_{w上1}$、$T_{w下1}$——河段上、下断面时段初的水温,℃;

$T_{w上2}$、$T_{w下2}$——河段上、下断面时段末的水温,℃;

$T_{a上1}$、$T_{a下1}$——河段上、下断面时段初的气温,℃;

$T_{a上2}$、$T_{a下2}$——河段上、下断面时段末的气温,℃;

$\bar{h}$——河段平均水深,m。

应用上式计算各站水温、气温(日平均)值。

2.1.2 流凌计算

当水温降到0 ℃时开始产生岸冰,略低于0 ℃便有水内冰生成,岸冰脱落,水内冰上浮便开始流凌,本模型没有计算岸冰,只计算了流凌。

在流凌河道的水中,每单位体积以 $\rho_i L_i C_i$ 代替式(51)中的 $\rho C_p T_w$,则计算流凌疏密度的公式为

$$\frac{\partial}{\partial t}(\rho_i L_i C_p A) + \frac{\partial}{\partial x}(Q\rho_i L_i C_i) = \frac{\partial}{\partial x}\left(AE_x\rho_i L_i \frac{\partial C_i}{\partial x}\right) + B\Psi \tag{54}$$

式中 ρ_i——冰的密度，一般取 917 kg/m^3；

L_i——结冰潜热，一般取 334 J/g；

C_i——流凌疏密度。

$$C_i = \frac{\rho C_p T_w}{\rho_i L_i} \tag{55}$$

设$\frac{\partial C_i}{\partial x}\approx 0$，则式(54)可写成

$$\frac{d}{dt}(\rho_i L_i C_p A) = B\Psi \tag{56}$$

$$\frac{d}{dt}(\rho_i L_i e_i A) = K_{wa}(T_w - T_a)B \tag{57}$$

设 $B_{上1} = B_{上2}$、$B_{下1} = B_{下2}$、$B_{下} = rB_{上}$，则

$$\overline{B} = B_{上1}\left(\frac{1+r}{2}\right) \qquad \overline{B} = \alpha B_{上} \tag{58}$$

式中 $B_{上1}$、$B_{下1}$、$B_{上2}$、$B_{下2}$——时段始末上、下断面水面宽；

B——河段平均水面宽。

将式(58)代入式(56)和式(57)得

$$C_{i下2} = [(T_{w上1} + T_{w下1} + T_{w上2} + T_{w下2} - T_{a上1} - T_{a下1} - T_{a上2} - T_{a下2}) \cdot (\Psi - C_{i上1} - C_{i下1} - C_{i上2}) - \frac{8\rho_i L_i A}{\Delta T r B_{上1} K_{wa}}(\rho_{i上2} - C_{i上1} - C_{i下1})] \frac{8\rho_i L_i A}{\Delta T r B_{上1} K_{wa}} + (T_{w上1} + T_{w下1} + T_{w上2} + T_{w下2} - T_{a上1} - T_{a下1} - T_{a上2} - T_{a下2}) \tag{59}$$

式中 $C_{i上1}$、$C_{i下1}$、$C_{i上2}$、$C_{i下2}$——时段始末上、下断面流凌疏密度；

其余符号含义同前。

式(59)中计算的 C_i 为全断面流凌疏密度，实际多集中在水面以下，根据实测资料求得为水面的流凌疏密度 $C_{is} = 1.5C_i$。

如不考虑流凌疏密度对密度增量的影响，则式(59)简化为

$$\frac{d}{dt}(\rho_i L_i A C_i) = K_{wa}B(T_w - T_a) \tag{60}$$

并求得

$$C_{i下2} = \frac{\Delta T K_{wa} r B_{上1}}{2\rho_i L_i A}(T_{w上1} + T_{w下1} + T_{w上2} + T_{w下2} - T_{a上1} - T_{a下1} - T_{a上2} - T_{a下2}) - (e_{i上2} + e_{i上1} + C_{i下1}) \tag{61}$$

产冰率的计算公式

$$\frac{d}{dt}(\rho_i L_i Q_i) = A_s\Psi \tag{62}$$

式中 Q_i——产冰率，以体积计，m^3；

A_s——水面面积，m^2。

流凌后则为

$$\frac{\mathrm{d}}{\mathrm{d}t}(\rho_i L_i Q_i) = A_s \Psi(1 - C_i) \tag{63}$$

$$\frac{\mathrm{d}Q_i}{\mathrm{d}t} = \frac{A_s \Psi(1 - C_i)}{\rho_i L_i} \tag{64}$$

将式(59)代入式(64),取单位长为

$$\frac{\mathrm{d}Q_i}{\mathrm{d}t} = \frac{K_{wa} B(T_w - T_a)(1 - C_i)}{\rho_i L_i} \tag{65}$$

计算 $Q_{i下2}$ 的公式与式(60)和式(61)相似

$$v_i = \frac{Q_i}{A} \quad C_{is} = 1.5C_i$$

对已产冰的冰厚增量按下式计算

$$\frac{\mathrm{d}h_i}{\mathrm{d}T} = \frac{\alpha \Psi}{\rho_i L_i} \tag{66}$$

$$\Psi = K_{ia}(T_s - T_a) - K_{wi}(T_w - T_m) \tag{67}$$

式中 T_s——冰面温度,℃;

T_m——冰的熔解温度,℃;

α——系数,考虑层冰产生时间不同、厚度不同等,改正系数根据资料分析取为 0.82。

将式(67)代入式(66),取有限差

$$\frac{\Delta h_i}{\Delta T} = \frac{0.82}{\rho_i L_i}[K_{ia}(T_s - T_a) - K_{wi}(T_w - T_m)] \tag{68}$$

$$K_{wi} = 16.22 v^{0.8} h^{-0.2}$$

式中 Δh_i——河段平均冰厚增量,m;

ΔT——时段,d;

T_s、T_a、T_m——时段内河段平均冰面温度、气温、水温,℃;

K_{ia}——冰和空气热交换系数;

v——流速,m/s;

h——水深,m。

冰凌厚度按式(69)求得

$$\begin{aligned} h_{i下2} &= \frac{1}{2}\frac{0.82\Delta T}{\rho_i L_i}[K_{ia}(T_{s上1} + T_{s下1} + T_{s上2} + T_{s下2} - T_{a上1} - T_{a下1} - T_{a上2} - T_{a下2}) - \\ &\quad K_{wi}(T_{w上1} + T_{w下1} + T_{w上2} + T_{w下2})] - (h_{i上2} - h_{i上1} - h_{i下1}) \\ &= \frac{0.41\Delta T}{\rho_i L_i}[K_{ia}(T_{s上1} + T_{s下1} + T_{s上2} + T_{s下2} - T_{a上1} - T_{a下1} - T_{a上2} - T_{a下2}) - \\ &\quad K_{wi}(T_{w上1} + T_{w下1} + T_{w上2} + T_{w下2})] - (h_{i上2} - h_{i上1} - h_{i下1}) \end{aligned} \tag{69}$$

2.1.3 封河计算

当流凌密度达到一定程度,气温继续下降,在窄口、浅滩或弯道处开始卡冰、封河,即

$$F_s \geqslant F_t\text{（封河）}$$

$$F_s = F_r + U_a f + u_i f \tag{70}$$

$$F_r = F_Q \pm F_w$$

式中 F_s——流冰阻力；

F_Q——流量的曳引力；

F_t——流冰推动力；

F_w——风的推动力；

F_r——摩擦阻力，顺风为正，逆风为负；

$U_a f$——黏附力；

$u_i f$——冻结力。

$$F_s = f(C_i, T_{a-}) \tag{71}$$

忽略风的作用

$$F_t = f(Q) \tag{72}$$

式中 C_i——流凌疏密度；

T_{a-}——负气温，℃；

Q——流量，m^3/s。

根据实测资料分析，建立了下列封河不等式

$$C_i T_{a-} \geqslant \alpha Q \tag{73}$$

其中，$\alpha = 0.008$。

2.1.4 冰盖厚度计算

初封时平封冰盖厚度即为流凌厚度，按式(67)～式(69)计算。

当 $T_s \approx 0$ ℃，则式(69)简化为

$$h_{i下2} = \frac{0.41\Delta T}{\rho_i L_i}[-K_{ia}(T_{a上1} + T_{a下1} + T_{a上2} + T_{a下2}) - K_{wi}(T_{w上1} + T_{w下1} + T_{w上2} + T_{w下2}) - (h_{上2} - h_{上1} - h_{下1})] \tag{74}$$

亦可用下式计算

$$h_i = \alpha(\sum T_-)^{\beta} \tag{75}$$

式中 $\sum T_-$ —— 累积负气温，℃；

α、β——经验系数，黄河下游 $\alpha = 1.36$、$\beta = 0.53$。

封冻后 $Fr > 0.09$ 时，可能形成冰塞，其厚度用下式进行计算

$$\frac{h - h_i}{h} = 0.1534\left(\frac{v}{\sqrt{g(h - h_i/2)}}\right)^{-0.5969} \tag{76}$$

式中 h——水深，m；

h_i——冰盖和冰塞厚度，m；

v——流速，m/s；

g——重力加速度，m/s^2。

式(76)为河曲冰塞分析中建立的关系式。

2.1.5　开河计算

当气温回升到0 ℃以上后，冰盖逐渐融化，厚度减小，强度减弱，当水流的曳引力、抬升力及风对冰盖产生的拉力、剪力等破坏应力大于冰盖的阻抗强度时，则产生冰盖破裂而开河。

冰盖的破坏可用Г. 舒里亚科夫斯基不等式表示，即

$$\sigma h_i \leqslant f(h, \Delta h) \tag{77}$$

$$\sigma = \alpha\left(1 - \frac{\Psi_i}{\Psi_m}\right)^2 \tag{78}$$

式中　σ——冰盖强度，Pa；

h_i——冰盖厚度，cm；

Ψ_i——冰盖吸热量，W/(m² · ℃)；

Ψ_m——使冰盖强度完全熔解的失热量，W/(m² · ℃)；

α——经验系数；

h——水位，m；

Δh——水位增值，m。

因 $h = f(Q)$，式(77)可写成

$$\sigma h_i \leqslant f(Q, \Delta h)$$

$$\frac{\Psi_i}{\Psi_m} = f(\sigma, T_{a+}) \tag{79}$$

式中　T_{a+}——正气温，℃。

由上述可建立下列开河不等式

$$Q_u \geqslant \frac{10\alpha h_i^r}{\overline{\sum} T_{a+} + 1} \tag{80}$$

式中　Q_u——流量，m³/s；

h_i——气温转正时的冰厚，cm；

$\overline{\sum} T_{a+}$——自气温稳定转正的累积日均正气温，℃；

α——开河系数，文开河系数为22，武开河系数为4；

r——指数，一般取0.95。

开河形势与来流量和冰盖下过流能力有关，根据资料分析

$$Q_n \geqslant 1.2Q_m \quad (\text{武开河}) \tag{81}$$

$$Q_n < 1.2Q_m \quad (\text{文开河}) \tag{82}$$

式中　Q_n——上游来水流量，m³/s；

Q_m——冰盖下的最大过流量，m³/s。

封河期冰盖下通过的最大流量 Q_m 按下列公式计算

$$Q_m = A\frac{1}{n_c}R^{2/3}J^{1/2} \tag{83}$$

2.1.6 冰坝计算

冰坝的形成和演变尚无成熟的计算方法，根据黄河下游多年的观测资料分析，当同时达到以下条件时即可能产生冰坝：

(1)封河流量 $Q_f < 400\ m^3/s$；

(2)河道内最大冰量 $W_{im} > 5\ 000$ 万 m^3，一般封河上首超过夹河滩；

(3)冰坝断面以上的开河最大流量与封河流量之比，即$\frac{Q_m}{Q_f} > 3.0$；

(4)封河段冰厚 $h_i > 0.2$ m。

形成冰坝的关系式如下

$$F_s = f\left(w_i, h_i, \frac{Q_m}{Q_f}\right) \tag{84}$$

$$F_f = f(Q_f, F_w) \tag{85}$$

$$F_f \leqslant F_s \quad \text{形成冰坝}$$

式中 F_s——流冰阻力；

F_f——流冰的推动力；

w_i——冰量，m^3；

h_i——河段冰厚，m；

Q_m——上游开河时的最大流量，m^3/s；

Q_f——封河时的流量，m^3/s；

F_w——风的推动力，顺风为正，逆风为负。

冰坝形成的不等式如下

$$\beta Q^2 \leqslant \Psi w_i h_i Q_m \tag{86}$$

根据黄河下游利津附近河段及以上河段冰坝资料分析，系数 $\Psi = 1$，$\beta = 33$，即

$$33Q^2 \leqslant w_i h_i Q_m \quad w_i > 5\ 000 \text{ 万 } m^3 \tag{87}$$

2.2 水力模型

2.2.1 流量演算

河道流量演算有水力学法和水文学法，水力学法概念明确，计算严谨，但由于一般观测资料不足，在冰凌计算中很少应用，尤其是冰期受冰凌影响，天然河流中的流量过程演变运行更为复杂，很难进行准确的计算，所以本模型中采用水文学法，即应用马斯京根法加随冰凌变化修正系数的方法。马斯京根法是联解水量平衡方程和马斯京根槽蓄方程，即

$$\frac{I_1 + I_2}{2}\Delta t - \frac{Q_1 + Q_2}{2}\Delta t = S_2 - S_1 \tag{88}$$

$$S = k[xI + (1 - x)Q] \tag{89}$$

由此方程组解得流量演算方程

$$Q_2 = C_0 I_2 + C_1 I_1 + C_2 Q_1 \tag{90}$$

式中 I_1、I_2——时段始、末的河段入流量，m^3/s；

Q_1、Q_2——时段始、末的河段出流量，m^3/s；

S_1、S_2——时段始、末的槽蓄量,亿 m^3;

Δt——时段,h;

S——槽蓄量,亿 m^3;

I、Q——河段进、出流量,m^3/s;

k——槽蓄流量关系曲线的坡度;

x——流量比重因素;

C_0、C_1、C_2——流量演算系数。

流量演算系数在畅流期比较稳定,在冰期尤其封开河时则变化十分复杂,本模型采用了修正系数和平均系数的方法。

2.2.2 系数修正

应用计算时段前的流量过程,进行实时修正,修正公式为

$$C_0 = \frac{Q_2 - C_1 I_1 - C_2 Q_2}{Q_2} \tag{91}$$

$$C_1 = \frac{Q_3 Q_2 - Q_2 I_3 + (Q_1 I_3 - Q_3 Q_2) C_2}{I_2 Q_2 - I_1 I_3} \tag{92}$$

$$C_2 = \frac{(Q_3 - I_3)(Q_2 I_3 - Q_2^2)}{(I_2 Q_2 - I_1 I_3)(Q_2 - Q_1) + (Q_1 I_3 - Q_1 Q_3 - Q_1 Q_2)(Q_2 - I_1)} \tag{93}$$

修正 k、x 参数法

$$k = \frac{\Delta t(Q_2 I_2 - I_1 + Q_1)}{2[(Q_1 + Q_2) + x(Q_2 - I_2 + I_1 - Q_1)]} \tag{94}$$

$$x = \frac{(Q_2 - I_2 - I_1 + Q_1) - (Q_3 - I_3 - I_2 + Q_2)(Q_1 - Q_2)}{(Q_3 - I_3 - I_2 + Q_2)(Q_2 - I_3 + I_1 - Q_1)} \tag{95}$$

$$C_0 = \frac{\frac{1}{2}\Delta t - kx}{\frac{1}{2}\Delta t + k - kx} \tag{96}$$

$$C_1 = \frac{\frac{1}{2}\Delta t + kx}{\frac{1}{2}\Delta t + k - kx} \tag{97}$$

$$C_2 = \frac{-\frac{1}{2}\Delta t + k - kx}{\frac{1}{2}\Delta t + k - kx} \tag{98}$$

$$C_0 + C_1 + C_2 = 1.0 \tag{99}$$

式中 I、Q——河段入流量、出流量,其下标为时间序号;

Δt——时段。

2.2.3 平均系数

根据黄河下游各河段冰期实测流量资料求得平均流量演算系数,并按下列公式求出汇流系数

$$C_0 = C_2 = 0.1 \qquad C_1 = 0.8 \tag{100}$$

$$P_{on} = C_0^n \qquad (m = 0) \tag{101}$$

$$P_{mn} = \sum_{i=1}^{n} B_i C_0^{n-1} C_2^{m-1} A_i \qquad (m > 0, m - 1 \geqslant 0) \tag{102}$$

$$A = C_1 + C_0 C_2 \tag{103}$$

$$i = \frac{n!(m-1)!}{i!(i-1)!(n-i)!(m-i)!} \tag{104}$$

以花园口为下游入流断面

高村 $n=2$　孙口 $n=4$　艾山 $n=5$　泺口 $n=7$　利津 $n=10$

2.2.4　封开河流量过程修正

根据多年观测资料分析，黄河下游在封河时有程度不同的壅水，削减了下泄流量。开河时槽蓄水量下泄增大了出流过程，这种流量过程变化采用了修正系数法和槽蓄水退水计算法。

2.2.4.1　封河修正

根据利津资料分析，封河时壅高水位 Δh 的关系式为

$$\Delta h = 1.35(Q_f - Q_0)^{0.80} \tag{105}$$

式中　Q_f——封河流量，m^3/s；

　　Q_0——壅高水位的临界流量，一般取 150 m^3/s。

由此可知，造成流量减小的程度与封河流量大小有关，根据各站实测资料分析，各站修正系数如表 1 所示。

表 1　各站修正系数

站名	α_i-2	α_i-1	α_i	α_i+1	α_i+2	α_i+3
孙口	0.95	0.83	0.64	0.65	0.76	0.85
艾山	0.97	0.91	0.84	0.88	0.96	1.00
泺口	0.76	0.74	0.69	0.79	0.80	0.85
利津	0.96	0.95	0.86	0.87	0.88	0.90

注：表中，α_i 为封日修正系数，α_i-1、α_i-2 为封河前 1 天和前 2 天的修正系数，α_i+1、α_i+2、α_i+3 为封河后 1 天、2 天、3 天的修正系数。

2.2.4.2　开河修正

即自上站流量过程推演至下站流量过程乘以相应平均修正系数。

平均修正系数如表 2 所示。

表 2　根据实测资料分析的各站平均修正系数

站名	β_i-2	β_i-1	β_i	β_i+1	β_i+2	β_i+3	β_i+4
孙口	1.07	1.15	1.42	1.12	1.03	1.00	1.00
艾山	1.07	1.14	1.26	1.00	0.90	0.89	0.84
泺口	1.04	1.19	1.51	1.09	0.94	0.87	0.84
利津	1.04	1.12	1.35	1.25	1.07	0.98	0.99

注：表中，β_i 为开河日的修正系数，β_i-1 为开河前 1 天的修正系数，β_i-2 为开河前 2 天的修正系数，β_i+1 为开河后 1 天的修正系数，β_i+2 为开河后 2 天的修正系数，β_i+3、β_i+4 为开河后 3 天、4 天的修正系数。

如果上站凌峰到达下站前下站已开河，河槽蓄水则随上站凌峰下泄，应对下站凌峰进行修正，开河时流量可不做修正。

2.2.5　槽蓄量出流计算

为了提高计算精度，对泺口、利津两个重要站又采用了以下计算方法。

首先根据河槽蓄水增量和封开河水位差等因素求出开河最大流量，减去基流，然后根据此净峰流量和槽蓄增量，以河槽出流综合过程线，求得出流过程线加在上站来水过程上，即为开河出流过程线。

开河最大流量按下式推求：

泺口水文站

$$Q_{泺m} = (3.680\Delta W_1^{1.16} + 500)\Delta h + 5.52\Delta W_1^{1.16} + 300 \tag{106}$$

$$Q_{泺m} = 300\Delta W_1^{0.15} Q_月^{\alpha} + 1.1Q_月 - 143$$

$$\alpha = \frac{1 + \Delta W_1 Q_月}{10^7} \tag{107}$$

式中　$Q_{泺m}$——泺口站开河最大流量，m^3/s；

ΔW_1——花园口至泺口间河槽蓄水增量，$10^6\ m^3$；

Δh——封开河水位差，m；

$Q_月$——开河月平均流量，如3月初开河用2月平均流量。

利津水文站

$$Q_{利m} = kQ_{泺m}^{n}\Delta W_2^{\alpha} + Q_0 \tag{108}$$

$$n = 1.5 - 0.0035\Delta W_2$$

当 $\Delta W_2 \geqslant 70 \times 10^6\ m^3$ 时

$$k = 0.0089(\Delta W_2 - 60)$$

$$\alpha = 0.0029(\Delta W_2 - 70)$$

当 $\Delta W_2 < 70 \times 10^6\ m^3$ 时

$$k = 0.0011\Delta W_2 + 0.02$$

$$\alpha = 0.004(70 - \Delta W_2)$$

$$Q_0 = 4.28(\Delta W_2 - 30)$$

式中　$Q_{利m}$——利津开河最大流量，m^3/s；

ΔW_2——泺口—利津河槽蓄水增量，$10^6\ m^3$；

Q_0——基流，m^3/s；

k、n、α——经验参数。

综合过程线

泺口 $n = 4\ 200$

$y_i(\%)$	0	20	40	50	60	80	100	80	60	50	40	20	0
$x_i(\%)$	0	10	18	20	23	28	40	49	55	59	63	76	100

利津 $n=4\ 000$

$y_i(\%)$	0	20	40	50	60	80	100	86	60	50	40	20	0
$x_i(\%)$	0	10	21	24	27	31	40	49	55	59	64	78	100

$$Q_i = \frac{Q_m}{y_i} \tag{109}$$

$$t_i = \frac{0.001\ 16\sum Q_i}{nQ_m}x_i \tag{110}$$

式中 n——综合过程线包围的面积数；

y_i、x_i——综合过程线的纵、横坐标，%；

Q_i、t_i——由槽蓄增量形成的流量过程线在时间 t_i 时的流量 Q_i；

Q_m——最大流量，m^3/s。

2.2.6 水位计算

利用实时修正的水位—流量关系式推求

$$Q = k(h - Z)^n \tag{111}$$

或

$$Q = k\bar{h}^n \tag{112}$$

式中 Q——流量，m^3/s；

h——水位，m；

Z——断面高程，m；

$\bar{h}$——断面平均水深，m；

k、n——参数。

k、n、Z 的实时修正公式如下

$$n = \frac{\lg Q_1 - \lg k}{\lg(h_1 - Z)} \tag{113}$$

$$\lg k = \frac{\lg(h_1 - Z)\lg Q_2 - \lg(h_2 - Z)\lg Q_1}{\lg(h_1 - Z) - \lg(h_2 - Z)} \tag{114}$$

$$\lg(h - Z) = \left[\lg(h_1 - Z)\frac{\lg Q_2}{\lg Q_3} - \lg(h_2 - Z)\frac{\lg Q_1}{\lg Q_3}\right]\lg(h_1 - Z) + \left\{\left[\lg(h_1 - Z) - \lg(h_2 - Z)\right]\frac{\lg Q_1}{\lg Q_3} - \lg(h_1 - Z)\frac{\lg Q_2}{\lg Q_3} - \lg(h_2 - Z)\frac{\lg Q_1}{\lg Q_3}\right\}\cdot \lg(h_3 - Z)/\lg(h_1 - Z) - \lg(h_2 - Z) \tag{115}$$

Z 的确定亦可按几何级数选 Q_1、Q_2、Q_3 三个流量值,即

$$Q_2^2 = Q_1 Q_3 \tag{116}$$

其相应水位为 h_1、h_2、h_3,可用实测水位—流量关系曲线外延求得。

$$Z = \frac{h_2^2 - h_1 h_3}{h_1 + h_3 - 2h_2} \tag{117}$$

对于式(113)和式(114),则有

$$n = \frac{\lg Q_1 - \lg k}{\lg \bar{h}_1} \tag{118}$$

$$\lg k = \frac{\lg Q_2 \lg \bar{h}_1 - \lg Q_1 \lg \bar{h}_2}{\lg \bar{h}_1 - \lg \bar{h}_2} \tag{119}$$

3 黄河上游实用冰情预报数学模型

3.1 冰凌模型

黄河上游实用冰情预报数学模型比黄河下游实用冰情预报数学模型(简称黄河下游模型)增加了冰塞和冰坝数量的预报数学模型。水温、流凌、封河、冰盖厚度和开河等与黄河下游模型中的有关部分基本相同,只是各项参数与黄河下游模型不同。

流凌开始日期、封河开始日期和冰盖厚度等预报的计算方法与黄河下游模型中有关内容基本相同,只是在流凌开始日期预报中计算水温时所用气温为各站观测值或预报值。

以封河开始日期中由多年实测资料建立的封河不等式中 α 为系数,其值取 0.017。

在冰厚计算中的冰面与水体热交换系数公式中的流速 v 由下列公式计算

$$v = kQ^n + b \tag{120}$$

$$b = ah + c \tag{121}$$

式中 Q——流量,m^3/s;

h——水位,m;

k、n、a、b、c——系数和指数,需实时修正。

3.2 冰塞计算

3.2.1 巴彦高勒河段冰塞分析计算

黄河上游内蒙古巴彦高勒河段近年来严重冰塞增多,其形成严重冰塞的原因如下:

第一,冰盖前缘弗劳德数增大,冰凌下潜能力增强,在其上游龙羊峡水库运用以前封河时的弗劳德数大于 0.06 的年份占 46%,大于均值 0.09 的年份占 23%,大于 0.12 的年份占 15.4%,平均 0.08。1986 年后,即龙羊峡水库开始运用后,大于 0.06 的年份占 100%,大于 0.09 的年份占 80%,大于 0.12 的年份占 30%,平均为 0.113,比 1986 年以前大 41%。

第二,自从龙羊峡、刘家峡水库联合调度以来,汛期洪峰减小,河槽淤积加重,河槽输冰能力减弱,易使冰花堆积,形成严重冰塞。

第三,20 世纪 70 年代三盛公闸下主流岸边修建了 10 座丁坝,特别是 3 号坝长 100 m,伸入主流成为壅冰、壅水的卡口。

由于上述原因容易造成严重冰塞,甚至发生大堤决口。

在封河期流量过小,冰盖下输冰断面面积减小,流量过大时容易形成严重冰塞,所以应适当控制其流量大小。

1993 年后,两岸堤防加高,汛期保证水位提高到 1 054. 54 m,按此水位推求保证流量如下

取壅水系数 $$r = Q_{塞}/Q_{前} \tag{122}$$

式中 $Q_{塞}$——形成冰塞时的流量,m^3/s;

$Q_{前}$——形成冰塞前 1 天的流量,m^3/s。

以壅水系数为参数,建立巴彦高勒站的平均水位流量关系,见图 8。

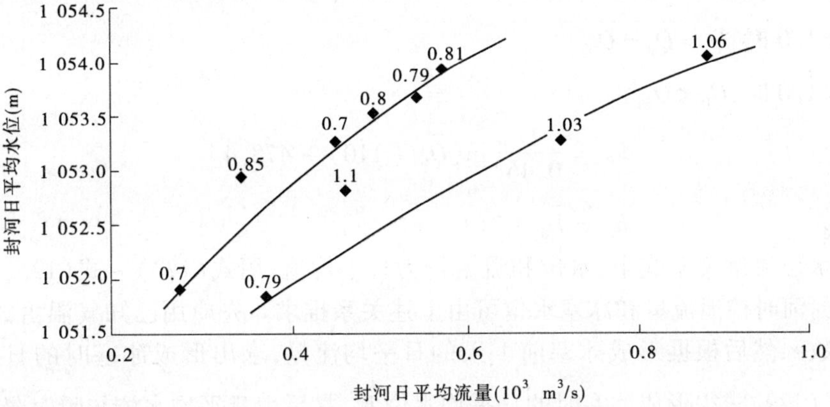

图 8 巴彦高勒封河时水位流量关系(参数为壅水系数)

根据保证水位,推求保证流量。由图 8 推求保证流量,首先需要求出 r 值,经分析,r 与气温成正比关系,即

$$r = 0.08(20 - T) \tag{123}$$

式中 T——封河时的气温,℃。

由式(123)计算出壅水系数 r,再由发生冰塞时的日平均最高水位与瞬时水位的关系求得日平均保证水位与瞬时最高水位 h_m 的关系式为

$$h_m = 1.321e^{0.3(\bar{h}_m - 1\,050)} + 1\,050 \tag{124}$$

日平均最高水位与瞬时最高水位 h_m 的关系式为

$$\bar{h}_m = \frac{1}{0.3}[\ln(h_m - 1\,050) - \ln 1.321 + 3.15]$$

$$= \frac{1}{0.3}[\ln(h_m - 1\,050) + 3.43] \tag{125}$$

日平均保证水位为 1 054. 00 m,根据壅水系数 r 和日平均保证水位即可求得日平均保证流量为 500 m^3/s,最高保证水位对应的保证流量为 700 m^3/s。

实时调度时应根据实时气温预报推求,应考虑 $r = f(T)$ 的变化范围,以求得最安全的水库下泄流量。

3.2.2 巴彦高勒冰塞水位计算

根据巴彦高勒站有冰塞时的水位流量关系曲线,即

$$Q = f(\bar{h}, r) \tag{126}$$

当 $r=1.0$ 时,其关系式为

$$\overline{Q}_0 = 100e^{0.46(\bar{h}-1\,050)} + 110 \tag{127}$$

式中 $\overline{Q}_0$——形成冰塞时的日平均流量,m^3/s;

$\bar{h}$——当 $r=1.0$ 时,冰塞最高日平均水位,m。

$$r = \frac{\overline{Q}_0}{\overline{Q}_{前}} \tag{128}$$

式中 $\overline{Q}_{前}$——封前平均流量,m^3/s。

当 $r=1.0$ 时,$Q_r = \overline{Q}_0 = \overline{Q}_{前}$

当 $r<1.0$ 时,$Q_0 < \overline{Q}_{前}$

$$\bar{h}_0 = \frac{1}{0.46}[\ln(\overline{Q}_0 - 110) + 478.4] \tag{129}$$

$$h_r = \bar{h}_0 + 3(1-r) \tag{130}$$

上述水位流量关系式中,水位和流量均为日平均值,用式(123)~式(125)可算出瞬时水位。封河时控泄流量和冰塞水位可由上述关系推求。先应用已知气温由式(123)求得壅水系数 r,然后根据形成冰塞前1天的日平均流量,求出形成冰塞时的日平均流量 $\overline{Q}_0$,再由式(129)求得形成冰塞时的日平均水位 $\bar{h}_0$,最后由日平均水位与瞬时最高水位关系(即式(125))求出冰塞壅水最高水位 h_m。

关于冰塞厚度 h_i,可用式(74)和式(75)推求。

3.2.3 河曲冰塞计算

从初封冰塞到解冻开河,河曲的冰塞演变分为5个阶段。

(1)初封期的冰塞体是随冰盖的延伸由下游向上游发展的,沿河水位也是随冰塞的发展自下游向上游逐渐壅高的。

(2)在冰塞体向上游发展的过程中及全河段封冻的初期,由封冻前缘潜入的冰花几乎全部上浮并堆积在冰塞的上部河段,而冰塞的下部河段在得不到冰花补充的情况下原有的冰塞厚度和糙率反会有所减小,于是全冰塞河段的水位出现上涨下跌的现象。

(3)当封冻前缘冰盖下的冰花越聚越多时,过水断面便越来越小,水位越来越高,冰塞的流速随之增大,促使冰盖下的冰花向下游输移,于是冰塞体自上游向下游逐步增大,同样水位也自上游向下游逐级增高,这一过程远较初封冰塞体发展过程长,冰塞体的规模也远较初封大。

(4)在1月中旬前后,气温下降到年度的最低值,敞流段水内冰生长和冰流量也达到最大,于是封冻前缘附近的冰塞最厚,水位最高,输冰能力最大。此后,随着气温的回升,冰流量也相对减少,封冻前缘的冰塞厚度反而有所减小,由于冰花的向下输移,下游河段的冰塞厚度仍在增加,沿河水位出现上跌下涨现象。

(5)临近解冻开河前,全河段冰塞厚度明显减小,沿河水位呈下降趋势。

3.2.4 河曲冰塞的数学分析

删除形成冰塞的有关常数量，忽略一些非主要量，利用因次分析法可得到下列函数关系

$$\frac{h_e}{\bar{h}} = f\left(\frac{v}{\sqrt{g\frac{h_e}{2}}}, Q_0\right) \tag{131}$$

式中 $\bar{h}$、h_e——断面平均水深和有效水深，m；

v——冰塞体下面的平均流速，m/s；

Q_0——单位水体中含水内冰的体积。

利用实测资料点绘出$\frac{h_e}{\bar{h}} \sim \frac{v}{\sqrt{g\frac{h_e}{2}}}$的关系图，如图 9 所示。

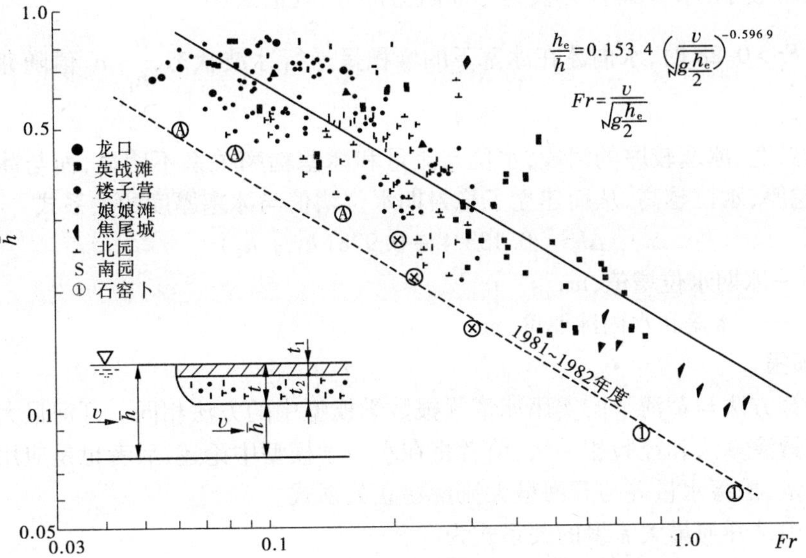

图 9 冰塞参数相关图

通过回归分析得到

$$\frac{h_e}{\bar{h}} = 0.153\ 4\left(\frac{v}{\sqrt{g\frac{h_e}{2}}}\right)^{-0.596\ 9} \tag{132}$$

$$\frac{h_e}{\bar{h}} = \frac{h_e - h_i}{\bar{h}} \tag{133}$$

式中 h_e——水深，$h_e = h - h_{底}$，m；

$h_{底}$——河底高程，m；

h_i——冰厚，m。

通过因次分析，根据 146 组实测资料建立了糙率与弗劳德数 Fr 的关系

$$\frac{n_i}{n_b} = 0.2677\left(\frac{\bar{v}}{\sqrt{g\bar{h}_e}}\right)^{-1.1027} \tag{134}$$

式中　n_i、n_b——冰塞和河床糙率；

$\bar{v}$、$\bar{h}_e$——过水断面的平均流速和平均有效水深。

由上式可得到如下初步结论。

(1)当 $Fr = \frac{\bar{v}}{\sqrt{g\ \bar{h}_e}} < 0.28$ 时，水内冰在冰塞下的堆积状态是由冰垄至动平衡的过渡状态，此流速越大，水力半径越小，$\frac{n_i}{n_b}$越小，也就是 n_i 变小（n_b 变化不大）。

(2)当 $Fr = 0.28$ 时，水内冰在冰塞下的堆积呈动平衡状态，$\frac{n_i}{n_b}$最小，亦即由于冰波引起的形状阻力最小，冰塞糙率 n_i 仅为冰面阻力部分，其值最小。

(3)当 $Fr > 0.28$ 时，水内冰在冰塞下的堆积呈逆行冰波状态，$\frac{n_i}{n_b}$、n_i 值随弗劳德数的增大而增大。

对于河较宽、冰塞较厚的河段，水位与流量和冰塞糙率关系不明显，而与冰厚有密切关系，冰塞越厚，水位越高，从而建立了稳封期水位增值与冰塞厚度的关系式

$$\Delta h = 0.1334 + 0.928(h_1 + h_2) \tag{135}$$

式中　Δh——冰期水位增值，m；

h_1、h_2——冰盖和水内冰厚度，m。

3.3　开河预报

开河计算方法与黄河下游实用冰情预报数学模型中的方法相同。开河最大流量计算也是应用流量演算法和经验相关法，前者将在水力学模型中论述，后者也是应用有关因素如上游站流量、槽蓄水量等与开河最大流量建立关系式。

如石嘴山站开河最大流量的关系式为

$$Q_m = kq + \bar{Q}^r_{兰2下} \tag{136}$$

式中　Q_m——开河最大流量，m^3/s；

q——断面以上河段槽蓄量可能释放的最大流量，按槽蓄增量释放历时为 11 天的三角形过程线求得的最大释放流量，m^3/s；

$\bar{Q}_{兰2下}$——兰州 2 月下旬平均流量，m^3/s；

k——系数，$k = 2$；

r——指数，$r = 0.109$。

又如三湖河口站开河最大流量关系式为

$$Q_m = 2000 - 664e^{0.0016}(\bar{Q}_{3上} - 300) + n(\bar{Q}_{3中} - 600) \tag{137}$$

式中　Q_m——开河最大流量，m^3/s；

$\bar{Q}_{3上}$——本站 3 月上旬平均流量，m^3/s；

$\overline{Q}_{3中}$——本站 3 月中旬平均流量，m^3/s。

根据资料统计，关系式中最后一项，1989 年前大于 100 时，$n=4$；小于 100 时，$n=2$。1989 年后大于 100 时，$n=2$；小于 100 时，$n=4$。

3.4 冰坝计算

宁夏、内蒙古黄河河段，以往产生冰坝甚多，1950～1967 年刘家峡水库蓄水运用前的 18 年间共产生冰坝 251 个，平均每年 14 个。其中宁夏共产生冰坝 29 个，平均每年 1.6 个；内蒙古 222 个，平均每年 12.4 个。建库后至 1990 年，宁夏、内蒙古河段共产生冰坝 95 个，平均每年 4.3 个。其中宁夏 4 个，平均每年 0.2 个；内蒙古 91 个，平均每年 4.1 个。有的年份仍然有冰坝灾害，因此每年都要采取防御冰坝的措施，为了做好宁夏、内蒙古河段的防凌工作，需要作出可能产生冰坝的个数的预报。

宁夏、内蒙古河段的冰坝主要是由气温低、河道形态弯曲造成的。经分析，冰坝数量与封河期的流量、开河期的流量、开河凌峰大小、封冻期的冰厚等因素有关。

当冰坝形成时

$$F_t \leqslant F_s \tag{138}$$

式中　F_t——水流的曳引力；

F_s——水流的阻力。

$$F_s = f\left(\frac{Q_m}{\overline{Q}_5}, F_w\right) \tag{139}$$

令

$$\frac{Q_m}{\overline{Q}_5} = r'$$

式中　Q_m——开河凌峰流量，m^3/s；

$\overline{Q}_5$——开河前 5 天的平均流量，m^3/s；

F_w——风力，开河时如风力不大可忽略不计。

$$F_t = f(r') \tag{140}$$

$$F_s = f(w_i, h_i) \tag{141}$$

式中　w_i——冰量，m^3；

h_i——冰盖厚度，m。

以往缺乏河段冰量的观测资料，但知冰量、冰厚与气温有关。因此

$$w_i = f(h_i) \tag{142}$$

$$F_s = f(h_i) \tag{143}$$

$$N' = f(r'h_i) \tag{144}$$

式中　N'——冰坝数量。

$$r' = 2.08Q^{0.28/\overline{n}} - 7.8(h_i - 0.525) \tag{145}$$

$$N' = \frac{1}{0.0784}\{v[r' + 7.8(h_i - 0.525)] - 0.73\}^2 \tag{146}$$

由上式可以确定上游水库的安全控泄流量，即由预报凌峰流量和已知河道冰厚，按控制冰坝数量，求得凌峰前平均流量，由此求得其上游兰州站的控泄流量；反之，若已知上游

来流量、凌峰流量和冰厚,可预报可能产生的冰坝数量。

根据资料统计,宁夏、内蒙古河段冰坝数量的多少与封河流量有一定的关系,按封河较早的三湖河口和昭君坟两站封河前5日平均流量大于650 m^3/s 时,则产生3个以下的冰坝,小于650 m^3/s 时则产生3个以上的冰坝,分析保证率超过70%。

当开河前壅水系数较大时,易产生冰坝,开河前的流量过大也易形成水鼓冰开,产生冰坝。据资料统计,开河前的流量在500~600 m^3/s 时产生冰坝不超过3个,保证率达68%,考虑区内加水110 m^3/s,开河期的上游兰州站控泄流量应不大于500 m^3/s。

3.5 水力计算模型

黄河上游水力计算模型与黄河下游一样,采用水文学流量演算法,对封、开河时的流量过程均根据实测资料分析进行修正。

在封河时,由于受冰盖、冰凌阻水影响,形成一个小流量过程,同水位下河道过流能力小于畅流期。

$$Q_f = \beta_f Q_0 \quad (\beta_f \leqslant 1.0) \tag{147}$$

式中 Q_0——演算流量(即不受冰凌影响的流量),m^3/s;

Q_f——初始封河期流量,m^3/s;

β_f——封河时的修正系数。

经分析,一般修正时间为封河前3天、封河后7天,共10天,修正系数β_f与气温成正比,由于每个站的情况不同,修正系数也不相同,各站封河修正系数如下

石嘴山站　　$\beta_f = 0.043\,6(27.27 + \overline{T})$

巴彦高勒站　　$\beta_f = 0.068\,8(20.0 + \overline{T})$

三湖河口站　　$\beta_f = 0.054(20.0 + \overline{T}) + 0.2$

昭君坟站　　$\beta_f = 0.064\,4(14.50 + \overline{T}) + 0.2$

头道拐站　　β_f 与 T 的关系不好,采用多年均值

开河期修正系数

$$Q_k = \beta_k Q_0 \quad (\beta_k \geqslant 1.0) \tag{148}$$

式中 Q_k——开河时流量,m^3/s;

Q_0——演算流量,m^3/s;

β_k——开河修正系数。

各站开河修正系数β_k 计算式如下:

石嘴山站　　$\beta_k = e^{0.042(\overline{T}+6)}$

巴彦高勒站　　$\beta_k = 0.98e^{0.35(\overline{T}+3)}$

三湖河口站　　$\beta_k = 0.54e^{0.22(\overline{T}+2)}$

昭君坟站　　$\beta_k = 0.61e^{0.11(\overline{T}+4)}$

头道拐站　　$\beta_k = 0.604e^{0.045(\overline{T}+10)}$

式中符号含义同前。

由于在封、开河时水位流量关系曲线变化十分复杂,水位计算均采用实时修正的办法

尚可求得较好的成果。

4 黄河下游凌情数学模拟

1993～1994年,在联合国开发计划署(UNDP)资助下,黄河水利委员会与美国克拉克森大学(Clarkson University)沈洪道教授带领的研究小组联合开发了黄河下游一维冰凌模拟数学模型,用于模拟小浪底水库运用后对下游凌情的影响。

黄河下游一维冰凌模拟数学模型,针对黄河下游河道水流宽浅、断面形态沿程变化较大的特点,对原有模型进行了改进。

4.1 数学模型的水流连续方程

河道水流的一维水力学方程为圣·维南方程组。大多数一维水力学模型是针对明渠水流问题设计和开发的,对有冰盖水流的水力学模型最早由Potok和Quinn(1979)提出。沈洪道和Yapa(1984),Lal和沈洪道(1989、1990)对此模型进行了改进,并加入了冰情模拟过程。

圣·维南方程组目前流行的解法为四点隐式有限差分法,此法先从圣·维南方程组导出非线性算术方程组,再应用迭代技术求解非线性系统(Amein和Fang,1970;Fread,1974、1976)。这种解法稳定且速度快,尤其适合水深较大、河道规则的河流。但对宽浅水流和断面形态沿程变化的河段,有时不能获得稳定解(Barkan,1991)。黄河下游水流宽浅,某些断面冬季水深甚至不足0.4 m,且断面形态沿程有较大变化。原有的非恒定流模型(Lal和沈洪道,1990)虽然在其他大型河流使用很好,但必须加以修改才能适用于黄河下游。黄河下游一维模型对牛顿－辛普森方法进行了改进。

对有流动冰盖的河道水流,一维连续方程为

$$\frac{\partial Q}{\partial x} + \frac{\partial A}{\partial t} = 0 \tag{149}$$

式中 Q——流量,m^3/s;

A——过水面积,m^2;

x——距离,m;

t——时间,s。

一维运动方程为

$$\rho \frac{\partial Q}{\partial t} + \rho\left(\frac{2Q}{A}\frac{\partial Q}{\partial x} - \frac{Q^2}{A^2}\frac{\partial A}{\partial x}\right) + \rho g A\left(\frac{\partial h}{\partial x} + S_e\right) + \chi_b \tau_b + \lambda_c \chi_i \tau_i + (1 - \lambda_c) B \tau_a = 0 \tag{150}$$

$$S_e = \frac{K_e \partial (Q/A)^2}{2g \partial x} \tag{151}$$

式中 ρ——水的密度,kg/m^3;

h——水位,m;

S_e——局部能坡损失;

K_e——膨胀(负)或收缩(正)系数;

χ_b、τ_b——河床湿周及切应力;

χ_i、τ_i——冰盖湿周及剪切力；

B——水面宽，m；

τ_a——风对水的曳力；

λ_c——封冻河段长与全河段长之比。

风对水的曳力可用下式计算

$$\tau_a = \tau_{ai} C_a + \tau_{aw}(1 - C_a) \tag{152}$$

式中 C_a——表面流冰密度；

τ_{ai}——大气与冰块界面的切应力；

τ_{aw}——大气与水界面的切应力。

计算中，式(152)假定冰块处于一种平衡状态中，即流冰与水的切应力等于风对冰面的曳力。风对水的曳力可以用下式计算

$$\tau_a = C_w \rho \left| (\overrightarrow{v_s} - \overrightarrow{v_w}) \right| (\overrightarrow{v_s} - \overrightarrow{v_w}) \tag{153}$$

式中 C_w——风曳力系数；

v_s——水面流速，考虑表面冰粒内部摩擦力，与平均流速近似，m/s；

v_w——水面上 10 m 处的风速，m/s；

ρ——大气密度，取 1.29 kg/m^3。

Hicks(1972)发现风速为 5 m/s 时，$C_w = 1.0 \times 10^{-3}$，并呈线性上升；当风速为 15 m/s 时，$C_w = 1.5 \times 10^{-3}$。风对表面冰的曳力可用同一公式求得，曳力系数约为 1.55×10^{-3} (Rumer 等，1974)。

4.2 水温和流冰密度模拟

4.2.1 水温模拟

因水内冰的产生和锚冰的生成及增长都是在过冷却状态进行的，水温模拟包括过冷却过程。考虑水流运动的连续性，假设沿纵向的混合可以忽略，悬浮层内的水冰混合的能量守恒方程可以写成 Lagrangian 形式

$$\frac{\mathrm{d}er}{\mathrm{d}t} = \frac{1}{A}(\Phi_{ss} - \Phi_{sk}) + \rho_i L_i E \tag{154}$$

$$er = C_p \rho (1 - C_v) T_w - \rho_i C_v L_i$$

式中 T_w——断面平均水温，℃；

ρ、ρ_i——水和冰的密度，kg/m^3；

C_p——水的比热容，J/(kg·K)；

L_i——消融潜热，J/g；

C_v——悬冰密度，kg/m^3；

Φ_{ss}——河面及河底边界吸热速率；

Φ_{sk}——河面及河底边界失热速率；

E——水内冰与表层冰、锚冰质量交换体积速率。

水内冰与表面冰层和锚冰层的质量交换或表面冰和锚冰的热力生长，都可引起悬冰密度的变化，即

$$\frac{dC_v}{dt} = \frac{dC_v^g}{dt} - E \tag{155}$$

式中 $\frac{dC_v^g}{dt}$——热力因素引起的悬冰密度增长速率。

式(154)的右端项可描述为

$$\frac{dC_v^g}{dt} = \frac{1}{\rho_i L_i} q A_0 N_f = -\frac{1}{\rho_i L_i}\frac{Nu^f K_w}{d_e} A_0 T_w N_f \tag{156}$$

和

$$E = \frac{1}{d_w}(\alpha v_b C_v - \beta h_q C_a + \gamma C_v) \tag{157}$$

$$v_b = (rC_v - \varepsilon_y \frac{\partial C_v}{\partial y})/C_v$$

式中 α——水内冰吸附到表面层的概率；

β——单元面积上表面冰积冰速率的系数；

γ——单元面积河底积冰速率的系数；

v_b——湍流状态水内冰的上升速率，m/s；

ε_y——垂直混合系数，m^2/s；

q——水和水内冰之间的热量传输，W/m^2；

C_a——表面冰含冰量(面积比)；

A_0——沿河流向的平均晶体面积，m^2；

d_e——水内冰晶体厚度，m；

N_f——单位体积上的晶体数量，即 C_v/v_0；

d_w——水内冰晶体的平均体积，mm^3；

Nu^f——Nusselt 数，定义为$\frac{h_q d_e}{K_w}$；

h_q——水内冰与水平均热传输，$h_q = q/(T_i - T_w)$，$W/(m^2 \cdot ℃)$；

K_w——水的热传导系数，W/(m · ℃)；

T_i——水内冰的表层温度，假设为 0 ℃。

式(154)和式(155)给出

$$\frac{d[C_p\rho(1 - C_v)T_w]}{dt} = \frac{1}{A}(\Phi_{ss} - \Phi_{sk}) + \rho_i L_i \frac{dC_v^g}{dt} \tag{158}$$

其中

$$\Phi_{ss} - \Phi_{sk} = \chi_b\Phi_b - B(1 - f)(1 - C_a)\Phi_{wa} - [(1 - f)BC_a + C_b\chi_b + fB]h_{wi}(T_w - T_m) \tag{159}$$

式中 χ_b——湿周，$\chi_b \approx B$，m；

Φ_b——单位面积的热通量，W/m^2；

B——水面宽，m；

Φ_{wa}——水面净热损失速率；

f——岸冰与河宽之比；

C_b——锚冰占河底的面积比；

T_m——气温，其值取 0 ℃。

式(158)可重新写成

$$\frac{dT_w}{dt} = a_t T_w^2 - p_t T_w + q_t \tag{160}$$

其中

$$a_t = -\frac{A_0 N_f}{1 - C_v}\frac{Nu^f K_w}{d_e \rho_i L_i}$$

$$p_t = \frac{Nu^f K_w A_0 N_f}{(1 - C_v) d_e \rho C_p} + \frac{[(1 - f)C_a + C_b + f]h_{wi}}{d_w(1 - C_v)\rho C_p} + \frac{1}{1 - C_v}E$$

$$q_t = \frac{1}{(1 - C_v) d_w \rho C_p}[\Phi_b - (1 - f)(1 - C_a)\Phi_{wa}]$$

4.2.2 悬冰密度

根据式(155)，悬浮层的质量守恒方程可表达为

$$\frac{dC_v}{dt} = p_v C_v + q_v \tag{161}$$

其中

$$p_v = -\frac{\alpha v_b + \gamma}{d_w}$$

$$q_v = \frac{\beta h C_a}{d_w} + \frac{dC_v^g}{dt}$$

4.2.3 表面冰密度

表面冰的质量守恒方程可表达为

$$\frac{\partial}{\partial t}\{[h_i + (1 - e_c)h_f]C_a B_0\} + \frac{\partial}{\partial t}\{[h_i + (1 - e_c)]C_a B_0 v\} = S_a - M_a \tag{162}$$

其中

$$S_a - M_a = \frac{B_0 C_a \Phi_{si}}{\rho_i L_i} + \alpha v_b B_0 C_v - \beta h B_0 C_a + R_{an} \tag{163}$$

4.3 冰盖的形成

河流冰盖有两种形成方式，分别称为静态方式和热力方式(动力方式)。静态方式形成冰盖发生在流速小的河段，在这种情况下，冰晶在过冷却水层中形成并在水面变成静止或流动冰盖。动力方式形成冰盖是由于水面流冰堆积。

4.3.1 静态冰的形成

薄冰的形成可以用下列条件判定

(1)当 $T_w > 0$ ℃时，$T_{cr} < T_{ws} < 0$ ℃且 $v_b > v_z$，形成水面流冰；

(2)当 $T_w \leqslant 0$ ℃时，$T_{ws} \leqslant T_{cr}$，则形成静态冰盖。

其中：T_w 为(垂线)平均水温；T_{ws} 为水面温度；v_b 为冰淞上浮速度；v_z 为湍流垂直分量；T_{cr} 为静态冰膜生成的水面临界过冷温度。

计算水面温度的经验公式为

$$T_{ws} = T_w - \frac{\Phi_{wa}}{1\ 130\bar{v} + bv_a} \tag{164}$$

其中

$$b = 15.0B, \quad B \leqslant 15.0 \text{ m}$$
$$b = -0.9 + 5.87\ln B, \quad B \geqslant 15.0 \text{ m}$$

式中 Φ_{wa}——水面向大气的失热率，W/m²；

$\bar{v}$——该处整层平均流速，m/s；

v_a——水面上 2 m 高处的风速，m/s；

B——沿风向的水面宽，m；

b——冰面宽，m。

在一维模型中，用断面平均流速 $\bar{v}$ 代替 v。

4.3.2　*动力岸冰的形成*

岸冰是一种重要的冰凌过程，对水流、冰凇产生、冰输送和冰盖发展速度都有影响。岸冰侧向发展的无量纲关系式表示如下

$$\Delta W = \frac{14.1v_*^{-0.93}C_a^{1.08}\Delta\Phi^*}{\rho L_i h} \tag{165}$$

式中 ΔW——给定时间同步增加的岸冰宽度，m；

v_*——水面冰黏附于岸冰的最大流速，m/s；

ρ——水的密度，kg/m³；

L_i——冰的融化潜热，J/kg；

$\Delta\Phi^*$——在一时间步中表面热交换，J/m；

C_a——表面冰的面密度，$C_a = \dfrac{Q_i^s}{v_a h_i B}$；

Q_i^s——表面冰输送率；

v_a——冰上 2 m 处风速，m/s；

h_i——浮冰厚度，m；

B——河段宽度，m。

4.3.3　*动力冰盖的形成*

流冰出现后，由于流冰壅塞，或者人工或天然障碍如浮桥、拦冰栅等阻挡，而形成初生冰盖。只要水面冰流量不超过河道断面的输冰能力，就会有冰盖发生。河道断面的输冰能力取决于流速、两岸之间或岸冰之间水面宽、流冰块的大小和水面比降等。现在已经有了一些预测冰桥产生地点的经验关系，但目前这些经验关系尚不通用。在本模型中，冰桥初生地点和时间既可作为输入因子，也可以用简单的冰桥生成临界条件判断确定。这个临界条件以河道断面输冰能力$\left(\dfrac{Q_i}{Q_w}\right)_{max}$为基础，其中 Q_i 为冰流量，Q_w 为水流量。初生冰坝或冰桥形成时间假定为水面冰层厚度与冰下水深之比$\dfrac{h_i}{h_w}$超过某一临界值，h_w 为冰下平

均水深。

4.4 冰盖的发展

冰盖的发展速度可以由冰盖前缘表面的质量守恒得到

$$(Q_s^i - Q_u)\frac{v_s + v_{cp}}{v_s} = B_0 h_i (1 - e_j) v_{cp} \tag{166}$$

由上式给出冰盖前缘发展速度为

$$v_{cp} = \frac{(Q_s^i - Q_u)}{B_0 h_i (1 - e_j) - \dfrac{(Q_s^i - Q_u)}{v_s}} \tag{167}$$

式中 v_{cp}——冰盖前缘发展速度,km/d;
Q_u——冰盖前缘下潜冰的容积比;
B_0——岸冰之间明水面宽,m;
h_i——初生冰盖厚度,m;
v_s——来冰的平均速度,m/s;
e_j——冰的孔隙度;
其余符号含义同前。

4.5 冰盖下的冰输送和冰塞发展

冰塞是冰花在冰盖下大量聚集的结果。冰塞通常在位于流速较大的明水河段下游冰盖下形成。确定冰塞厚度的方法是使用临界流速或临界弗劳德数。

在最近的研究中,沈洪道和汪德胜根据在黄河河曲河段得到的现场观测资料和实验室研究,进行在明水表面和冰盖条件下冰粒形状对输送能力影响的调查,从而发展和修改了冰输送能力概念,提出了冰盖下冰输送能力的公式。

4.5.1 冰盖下冰输送和冰塞发展

冰输送能力定义为在给定水流条件下冰流量的平衡比。根据冰输送能力的概念,沉积或蚀消的发生取决于来冰量大于或小于冰输送能力。来冰流量等于冰输送能力,则冰输送处于动态平衡状态,冰的沉积和蚀消速度相等。水流强度大于临界值的起始值,则来冰沉积下来,此时冰输送能力为0。

按照沈洪道和汪德胜的研究,冰输送能力可以写成下面函数形成的公式,与河床推移质泥沙输送公式类似

$$\Phi = 5.487(\Theta - \Theta_c)^{1.5} \tag{168}$$

式中 Φ——无量纲冰输送能力;
Θ——无量纲水流强度;
Θ_c——0.004 1,临界剪切应力。

4.5.2 冰盖下的输送和聚积

表面冰在封冻河段冰盖前缘下潜后,将作为冰盖载冰沿冰盖下输送。悬冰层的冰要继续与水体交换热量,与冰盖载冰和锚冰交换质量。宽浅河道中,沿冰盖下冰(花)流量的连续方程为

$$(1 - e_u)\frac{\partial A_f}{\partial t} + \frac{\partial q_i}{\partial x} - q_f^i = 0 \tag{169}$$

式中　e_u——冰塞孔隙度；

A_f——冰塞所占断面面积，m^2；

q_i——冰盖载冰单位宽度的冰流量，m^3/s；

$q_f^i = \alpha v_b C_v - \beta hC_a$。

进入封冻河段单位宽度表面冰流量

$$q_{i,o} = C_a[h_i + (1 - e_f)h_f]u \tag{170}$$

当河水挟带的冰花超过其输冰能力时，流冰则沉积在冰盖之下。消融情况下，沉积的冰又重新汇入表面流冰，冰的沉积和消融都受冰量制约。

4.6　冰盖的热力生消

冰盖上下表面的热量交换和冰盖内的热传导支配着冰盖厚度的生消速度。在上表面热量交换受气温、风速、湿度、云量和太阳短波辐射吸收支配；下表面的热量交换受水温、流速和水深制约。通过冰盖的热传导依赖于热传导率和雪层厚度。

冰盖可以由多层不同物理特性的冰层组成，包括黑冰、白冰、雪盖和冰凇聚积层。黑冰是河流中原有冰盖向下冻结而成的透明冰，其孔隙率为零。白冰或雪冰是冰盖上的雪泥因浸渍和失热而成的。雪冰呈现白色是因为其中夹杂的气泡。当有多次大雪并结冰后，在白冰层之间出现夹层。

Shen 和 Lal(1986)开发了模拟河流冰盖生消的综合有限差分模型，模型仍考虑了雪层的绝热影响和冰凇的存在。冰盖上下表面的热交换分别用线性模型和湍流热交换模拟。只要给出天气条件、降雪、冰凇厚度和孔隙率，模型就能模拟黑冰、白冰、雪和雪泥的厚度。

4.6.1　表面热交换

冰盖表面热量交换可用详细热量收支方法计算

$$\Phi^* = -\Phi_R + \Phi_n \tag{171}$$

也可用线性公式计算

$$\Phi_n = \alpha + \beta(T_s - T_\alpha) \tag{172}$$

式中　Φ^*——冰或雪表面向大气的净热通量，W/m^2；

Φ_n——包括短波辐射的向大气的净热通量，W/m^2；

Φ_R——净的短波辐射；

T_s——表面温度，℃；

T_α——空气温度，℃；

α、β——可从包括长波辐射、蒸发、感热传输和降雨失热等所有热交换过程导出的系数。

4.6.2　冰厚生消

冰盖内的一维温度分布方程为

$$\rho_i C_i \frac{\partial T}{\partial t} = -\frac{\partial}{\partial z}\left(k_i \frac{\partial T}{\partial z}\right) + \Phi_v(z,t) \tag{173}$$

式中　t——时间，d；

z——表面到测点的深度，m；

T——冰盖温度，℃；

k_i——冰热传导率,W/(m·K);

ρ_i——冰的密度,kg/m^3;

C_i——冰的比热容,J/(kg·K);

$\Phi_v(z,t)$——冰盖吸收透射入的太阳短波辐射的加热率。

上表面边界条件为

$$\rho_i L_i \frac{dh_i}{dt} = \Phi^* - k_i \frac{\partial T}{\partial z}, at, z = 0 \tag{174}$$

式中 L_i——融冰潜热,J/g;

h_i——冰盖厚度,m;

Φ^*——冰表面的净失热。

冰盖底部的边界条件为

$$\rho_i L_i \frac{dh_i}{dt} = -\Phi_{wi} + k_i \frac{\partial T}{\partial z}, at, z = h_i \tag{175}$$

式中 Φ_{wi}——水向冰的净热通量。

当冰盖上没有雪时,冰盖的消融速度为

$$\rho_i L_i \frac{dh_i}{dt} = \Phi^* \tag{176}$$

式中 h_i——坚实冰盖的厚度;

L_i——冰的融化潜热。

当 $T_w > T_m$ 时,冰盖底部也会出现热力消融。坚实冰盖的消融速度如下

$$\rho_i L_i \frac{dh_i}{dt} = -K_{wi}(T_w - T_m) \tag{177}$$

如果有冰花,冰花与水界面的消融速度为

$$\rho_i L_i (1 - e_f) \frac{dh_f}{dt} = -K_{wi}(T_w - T_m) \tag{178}$$

冰盖底部的冰花层可以加快冰盖厚度的增长,因为:①冰花层把冰盖与其下暖水隔离;②冰盖向下发展只需把冰花层中少量的水固化。如果冰盖下的冰花层中有水,当 $T_s > T_m$ 时,冰盖就会发展到冰花层中,则

$$e_f \frac{dh_i}{dt} = \frac{\Phi^* - \Phi_{wi}}{L_i \rho_i} \tag{179}$$

式(179)只用于冰盖没有发展到冰层以下的情况。

4.7 模型参数率定资料的选取

选取三门峡水库运用以后凌情严重的 1968~1969 年、1969~1970 年和 1978~1979 年,凌情较重的 1973~1974 年和 1976~1977 年,凌情较轻的 1979~1980 年和 1984~1985 年以及凌情轻的 1975~1976 年等 8 个典型年度的凌汛期资料来率定黄河下游一维冰凌数学模型参数,各年度凌情特征见表 3。

表 3　黄河下游典型年凌情特征统计

年度	首封日期（月-日）	开通日期（月-日）	封冻长度（km）	封冻上首	总冰量（万 m^3）	凌情
1968～1969	01-02	03-18	703	花园口	10 327	李隤、方家冰坝，凌情严重
1969～1970	12-16	02-18	436	黑岗口	9 000	王窑冰坝，凌情严重
1978～1979	01-15	02-19	490	原阳大张庄	4 000	麻湾冰坝，凌情严重
1975～1976	01-29	02-12	40	垦利十八户		凌情轻
1973～1974	12-25	03-02	462	原阳马庄	5 044	凌情较重
1976～1977	12-27	03-08	404	黑岗口	7 104	凌情较重
1979～1980	01-30	02-26	304	梁山十里堡	2 710	凌情较轻
1984～1985	12-25	03-11	260	齐河枯河险工	2 600	凌情较轻

选取上述 8 个典型年凌汛期气温、水温、流量、水位、凌情等资料率定模型参数，并对这些年份的凌情进行了模拟分析。模拟结果显示，模型能够较好地模拟流量较大情况下水温的沿程变化和主要站封、开河时的水位、流量过程。对于小流量情况下的水温模拟也比较好，但流量和水位过程模拟效果不太理想，这主要是由于模型没有考虑河道边界条件的变化，而小流量情况下河道边界条件的变化对水流的影响相对更大。

图 10～图 12 是 1979～1980 年冬季下游主要站水温、流量、水位模拟值与实况值比较。由图可以看出，各站水温模拟值与实况值基本吻合。流量、水位模拟也与实况值基本一致。

4.8　小浪底水库运用对黄河下游冰凌影响模拟分析

4.8.1　不同流量、气温条件下，小浪底水库运用对下游凌情影响模拟分析

黄河下游冰凌模拟数学模型仅考虑了水库下泄流量和水温对凌情的影响，没有考虑水库运用引起河道断面变化对凌情的影响。表 4 给出了小浪底水库运用后（出库水温取 4 ℃），不同流量和气温条件下黄河下游凌情模拟分析结果。由表 4 可以看出：

（1）当小浪底出库流量为 800～1 000 m^3/s 时，遇特冷年份（1954～1955 年、1956～1957 年、1968～1969 年冬季型，下同），艾山以下封冻，但开河时流量大、水位高；遇冷冬年份，泺口以下封冻，开河时流量较大、水位较高；在正常年份，下游不封冻或利津以下河段封冻，凌情较轻；在暖冬年份，下游不封冻。

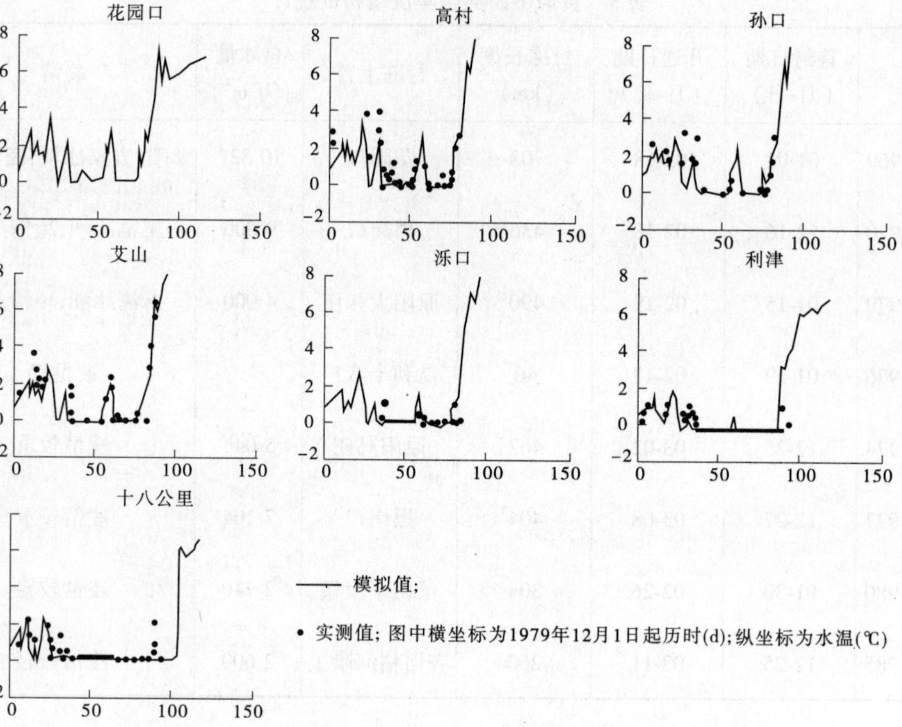

图10　1979～1980年冬季黄河下游主要站水温模拟与实况值对比

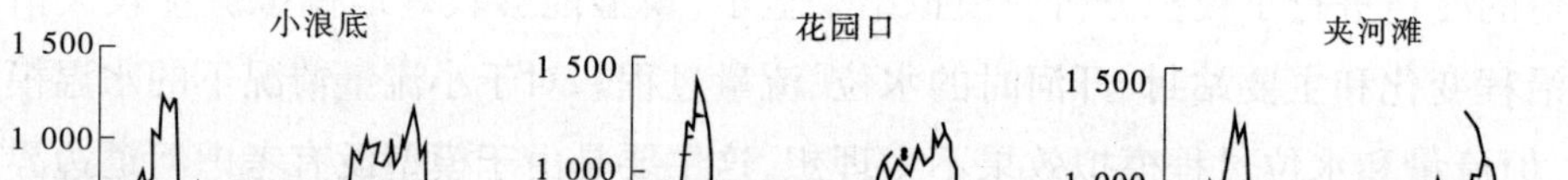

图11　1979～1980年冬季黄河下游主要站流量模拟(点线)与实况(实线)对比

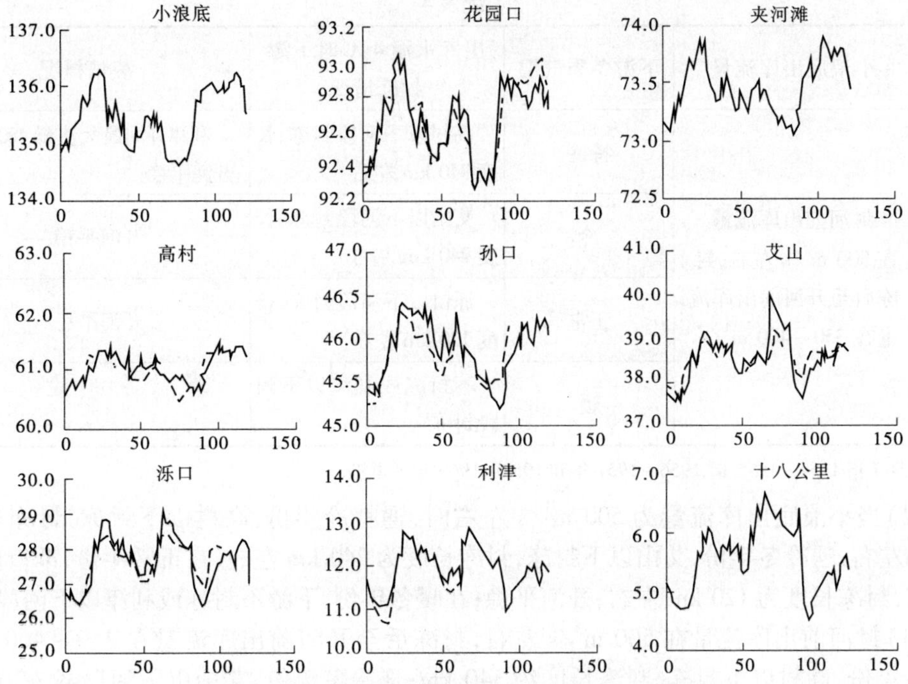

图中横坐标为1979年12月1日起历时(d);纵坐标为水位(m)

图12　1979～1980年冬季黄河下游主要站水位模拟(点线)与实况(实线)对比

表4　小浪底水库运用后不同流量、气温情况下黄河下游凌情模拟分析

序号	小浪底出库流量	下游冬季气温	出库水温4 ℃时下游封冻情况	凌情概况
1	出库流量一直维持在800～1 000 m³/s	特冷	艾山以下封冻	利津开河最大流量1 550 m³/s
2		冷	泺口以下封冻	利津开河最大流量1 400 m³/s
3		正常	不封冻或利津以下河段封冻	轻
4		暖	不封冻	轻
5	出库流量一直维持在500 m³/s左右	特冷	高村以下河段封冻,长度340 km左右	利津开河最大流量720 m³/s
6		冷	艾山以下河段封冻,长度240 km左右	开河平稳
7		正常	泺口以下河段封冻,长度120 km左右	开河平稳
8		暖	不封冻或利津以下河段封冻	轻

续表 4

序号	小浪底出库流量	下游冬季气温	出库水温 4 ℃时下游封冻情况	凌情概况
9	封河前出库流量在 500 m^3/s 左右，封冻后至开河前出库流量在 350～400 m^3/s	特冷	高村以下河段封冻，长度 340 km 左右	利津开河最大流量 480 m^3/s，开河平稳
10		冷	艾山以下河段封冻，长度 240 km 左右	开河平稳
11		正常	泺口以下河段封冻，长度 120 km 左右	开河平稳
12		暖	不封冻或利津以下河段封冻	轻

注：特冷年指 1954～1955 年、1956～1957 年和 1968～1969 年冬季型。

（2）当小浪底出库流量为 500 m^3/s 左右时，遇特冷年份，高村以下封冻，封冻长度为 340 km左右；遇冷冬年份，艾山以下封冻，封冻长度为 240 km 左右；在正常年份，泺口以下河段封冻，封冻长度为 120 km 左右，开河平稳；在暖冬年份，下游不封冻或利津以下河段封冻。

（3）封河前出库流量在 500 m^3/s 左右，封冻后至开河前出库流量在 350～400 m^3/s，遇特冷年份，高村以下封冻，封冻长度约 340 km；遇冷冬年份，艾山以下河段封冻，封冻长度约 240 km，开河较为平稳；在正常年份，泺口以下河段封冻，封冻长度约 120 km，开河平稳；在暖冬年份，下游不封冻或利津以下河段封冻。

表 5 给出了小浪底水库运用后（出库水温为 4 ℃）特冷年份冰凌模拟与历史典型年冰凌特征值对比。从模拟结果来看，小浪底水库运用后不同流量情况下特冷年份的凌情均较历史典型年有不同程度的减轻。除出库流量较大（1 000 m^3/s）情况下利津开河流量达到 1 550 m^3/s 外，其余两种情况开河洪峰均比较小。

表 5　小浪底水库运用后特冷年份冰凌模拟与历史典型年冰凌特征值对比

年份	封冻上首	封冻长度（km）	冰量（万 m^3）	开河洪峰（m^3/s）			
				孙口	艾口	泺口	利津
1954～1955	荥阳	623	10 000	2 320	3 000	2 900	1 960
1956～1957	郑州	399	7 340	858	1 220	1 260	3 430
1967～1968	梁山	323	6 374	1 330	1 200	1 280	1 050
1968～1969	花园口	703	10 327	2 650	2 760	1 210	880
出库流量为 1 000 m^3/s（特冷年）模拟值	艾山	220		1 000	1 100	1 480	1 550
出库流量为 500 m^3/s（特冷年）模拟值	高村	340		510	530	700	720
出库流量为 500～350 m^3/s（特冷年）模拟值	高村	340		320	350	450	480

4.8.2 出库水温对下游凌情影响模拟分析

上述分析是基于小浪底水库出库水温取4 ℃时不同流量和气温条件下黄河下游凌情模拟分析结果。但在小浪底水库实际运用中,冬季水库一般是通过发电机组泄流,出库水温要高于4 ℃,为了分析出库水温增加对凌情的影响,我们对出库水温增加时不同流量和气温条件下黄河下游凌情进行了模拟分析。分析结果表明,当水库下泄流量在500 m^3/s左右时,出库水温每增加1 ℃,黄河下游河段封冻上首将下移50 km左右。

从小浪底水库运用近3年的情况来看,在12月中旬~次年2月上旬,2000~2001年出库水温为5~8 ℃,2001~2002年出库水温为6~9 ℃,2002~2003年出库水温为4~8 ℃,出库水温随水库蓄水量增加而升高(见表6)。

表6 近3年凌汛期小浪底水库蓄水和出库流量、水温统计

年份	库水位(m)	蓄水量(亿 m^3)	出库流量(m^3/s)	出库水温(℃)
2000~2001	231.0~234.5	43~47.5	250~650	5~8
2001~2002	235.4~239.2	45.3~50.8	150~550	6~9
2002~2003	216.9~224.8	19.2~27.0	120~180	4~8

通过以上模拟分析可以看出,小浪底水库运用对黄河下游凌情有明显的影响,水库运用将有效地缓解下游凌情,主要体现在以下几个方面。

(1)水库运用可以提高出库水温,使下游河段的零温断面下移,封冻长度缩短,冰量也相应减少。模拟结果显示,在出库水温为4 ℃时,将封河流量控制在500 m^3/s左右,即使遇到特冷年份,高村以上河段也不会出现封冻,封冻上首将较水库运用以前下移200多km,而且,出库水温每升高1 ℃,封冻上首将下移50 km左右。可以预计,随着小浪底水库蓄水量的增加,出库水温也将升高,黄河下游封冻上首位置还将进一步下移。

(2)水库运用可以有效地控制封、开河流量和封冻以后的河道流量。根据气温、凌情趋势预报,适时调节水库下泄流量,使黄河下游有一个较为合适的封河流量(如500 m^3/s左右),封冻以后再适时减小下泄流量,使封河期保持最大的冰下过流能力;开河期进一步减小下游河道流量(可以通过减少水库下泄和增加下游两岸引水来调节),使下游形成文开河的平稳开河形势。

(本文摘自《中国江河冰凌》,黄河水利出版社,2008年)

黄河下游冰期水位、流量演算的研究

1 黄河下游冰期水位、流量变化特征

黄河下游是一个西南—东北流向的不稳定封冻河段(见图1),1950~1995年45个冰情年度中有7年未封冻,占15.5%。在封冻的年度中,一般12月中旬开始流凌,最早为12月1日,最晚为1月22日。流凌5~20天,最长曾达47天,最短只有1天。封冻开始日期一般为12月中旬至1月下旬,最早为12月12日,最晚为2月16日。解冻开始日期一般在1月中旬至3月中旬,最早为1月19日,最晚为3月18日,多年平均封冻长度344 km,封冻最上首达到河南荥阳汜水河口,长703 km,最短只有40 km。

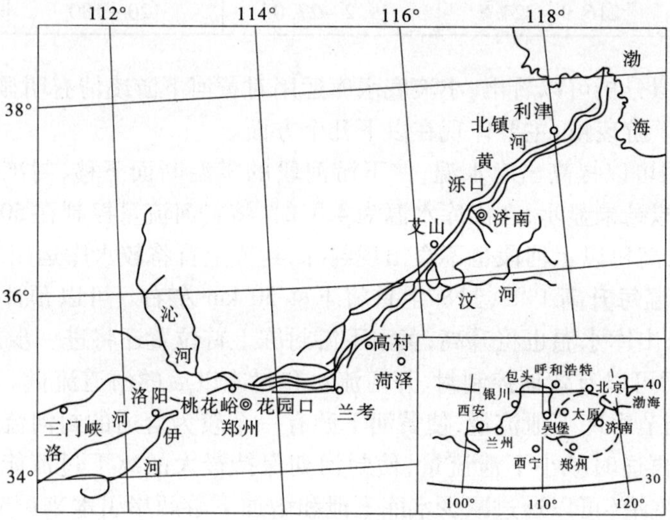

图1 黄河下游平面位置图

黄河下游冰期径流,来自三门峡以上约占90%,三门峡至花园口约占10%,花园口多年平均月平均流量,12月至翌年3月分别为759、554、529、1 000 m^3/s,花园口、孙口、泺口、利津历年冰期最大流量分别为3 270、2 650、3 190、3 430 m^3/s,最高水位分别为92.53、46.66、29.78、14.67 m,其中利津最高水位高于大汛期最高水位1.55 m。

黄河下游的水位流量过程大体有三个变化时段:第一,由于上游宁夏、内蒙古河段封河时河槽蓄水,每年都有一个小流量过程,一般10~15天,在1973年三门峡水库全面防凌调度前,这个小流量过程到达下游,往往与较强冷空气相遇,形成小流量封河的不利情况。1973年后,三门峡水库凌前预蓄水,调平小流量过程,在一定程度上改变了这种不利局面。第二,封河时段,尤其发生立封时,封冰阻水,水位上涨,槽蓄水量增多,下泄流量减小。第三,解冻时段,河槽蓄水下泄,流量增大,尤其武开河时,槽蓄水量急剧释放,形成凌

峰，在凌峰向下游演进时，沿河又有冰水加入，尤其因河流走向影响，下段气温低于上段，往往发生节节卡冰壅水，凌峰递增。1955 年的凌峰，由花园口 1 040 m^3/s 增加到泺口的 2 900 m^3/s，到达利津五庄，临黄大堤溃决。

黄河下游的河床，在冰期也有一定程度的冲淤变化，高村以上冲刷，高村至艾山多数年份淤积，少数年份冲刷，艾山至利津每年均为淤积，但在凌峰时段部分河段可能发生冲刷。

整个冰期，封冻河段的水位流量关系，有两个比较稳定的阶段和两个不稳定阶段。第一个稳定阶段是流凌期，同流量水位虽然有所上升，但总的趋势仍较稳定；第二个稳定阶段是稳定封冻期，水位流量关系曲线的坡度较陡，位于流凌期水位流量关系曲线的左方。第一个不稳定阶段为封冻期，冰凌阻水，水位猛升，流速减小，水位流量关系呈反曲形状；第二个不稳定阶段为解冻期，水位上升，流量增大，随着凌峰退落水位下降，流量减小，逐渐恢复到畅流期的状态。

2　流量演算

各种流量演算方法，多以圣维南数学方程组为依据，即连续方程和动力方程

$$\frac{\partial A}{\partial t} + \frac{\partial Q}{\partial L} = 0 \tag{1}$$

$$\frac{-\partial h}{\partial L} = \frac{Q^2}{K^2} + \frac{1}{g}\frac{\partial v}{\partial t} + \frac{v}{g}\frac{\partial v}{\partial t} \tag{2}$$

式中　A——过水断面面积，m^2；

Q——流量，m^3/s；

t——时间，s；

L——距离，m；

h——水位，m；

K——流量模数；

g——重力加速度，m/s^2；

v——断面平均流速，m/s。

目前，国内外的河流冰情模型研究均采用水力学法，直接求解圣维南方程组或其简化方程组。求解完全圣维南方程组的数值解法，如直接差分法，概念明确，计算严谨，但需要充足可靠的断面和糙率等资料，尤其在河床冲淤多变、冰情十分复杂的黄河下游，必须具有实时测验的大量断面等资料，难以用于实际冰情预报。为了便于实用，本书采用了水文预报中常用的水文学法，对各冰情发展演变阶段的影响，结合冰情计算建立了各种修正方法。众所周知，常用的水文学流量演算法，是将连续方程和动力方程分别简化为水量平衡方程和槽蓄方程，即

$$I - Q = \frac{\mathrm{d}s}{\mathrm{d}t} \tag{3}$$

$$s = f(Q, I) \tag{4}$$

联解此方程组，即可求得十分简单的流量演算方程式

$$Q_2 = a_0 I_2 + a_1 I_1 + a_2 Q_1$$
$$a = f(k, x) \tag{5}$$

式中 I、Q——河段入、出流量，m^3/s，下标为时段序号；

s——河段蓄水量，m^3；

a_0、a_1、a_2——系数；

k——槽蓄曲线坡度；

x——流量比重因素。

为了使计算结果符合实际，精度较高，关键在于使系数符合因冰情影响和河床冲淤形成不断变化的边界条件，因此需要进行实时修正，本书应用了直接修正法和 k、x 参数修正法。

2.1 直接修正法

应用计算时段前的流量过程，边修正边演算，最好应用前 2 个或 3 个时段的流量，推求平均修正系数，比较稳定。修正公式为

$$C_0 = \frac{Q_2 - a_1 I_1 - a_2 Q_1}{Q_2} \tag{6}$$

$$C_1 = \frac{Q_3 Q_2 - Q_2 I_3 + a_2 (Q_1 I_3 - Q_3 Q_2)}{I_2 Q_2 - I_1 I_3} \tag{7}$$

$$C_2 = \frac{(Q_3 - I_3)(Q_2 I_1 - Q_2^2)}{(I_2 Q_2 - I_1 I_3)(Q_2 - Q_1) + (Q_1 I_3 - Q_1 Q_2)(Q_2 - I_1)} \tag{8}$$

2.2 k、x 参数修正法

应用下列各式修正 k、x 参数后，再计算系数

$$k = \frac{\Delta t (Q_2 I_2 - I_1 + Q_1)}{2[(Q_1 + Q_2) + x(Q_2 - I_2 + I_1 - Q_1)]} \tag{9}$$

$$x = \frac{(Q_2 - I_2 - I_1 + Q_1) - (Q_3 - I_3 - I_2 + Q_3)(Q_1 - Q_2)}{(Q_3 - I_3 - I_2 + Q_2)(Q_2 - I_3 + I_1 - Q_1)} \tag{10}$$

为了计算简便，也对整个下游试用平均修正系数，即将各河段确定的修正系数进行平均，然后求出汇流系数，进行分段连续演算，当演算至封河或开河时，需进行修正后，再向下演算。汇流系数按下式计算

$$P_{0n} = a_0^n \quad (m = 0) \tag{11}$$

$$P_{mn} = \sum_{i=1}^{n} B_i a_0^{n-i} a_2^{m-i} A^i \quad (m > 0, m - i \geqslant 0) \tag{12}$$

$$A = a_1 + a_0 a_2 \quad B_i = \frac{n(m-1)!}{i!(i-1)!(n-i)!(m-i)!}$$

式中 P——汇流系数；

m——时段数；

n——河段数。

以花园口为下游入流断面，高村、孙口、艾山、泺口、利津的 n 值依次为 2、4、5、7、10。

2.3 封、开河流量过程修正

对流量过程向下游演进中，受封河影响发生的变化，采用修正系数法，受开河影响发

生的变化采用修正系数和槽蓄退水计算两种方法。

2.3.1 封河修正

根据资料分析，在封河时水位壅高 ΔH 与流量有如下的关系

$$\Delta H = \alpha(Q - Q_0)^{\beta} \tag{13}$$

式中 Q——封河时流量，m^3/s；

Q_0——壅高水位的临界流量，m^3/s；

α、β——系数、指数。

由式(13)可知，造成下泄流量减小的程度与流量大小有关，受影响的范围主要为封河前2个时段和封河后3个时段。每站建立一组修正系数，遇有冰塞时需根据分析计算进行调整。

2.3.2 开河修正

开河对流量过程的影响范围主要在开河前2个时段和开河后4个时段，每站建立一组修正系数，遇有冰坝时需根据资料分析，进行调整。对于泺口、利津两个重要凌汛站又采用了槽蓄退水法。首先根据河槽蓄水量和封开河水位差等因素，求出开河最大流量，减去基流，以此净峰流量和槽蓄增量推求出流过程。开河最大流量按下式推求

泺口水文站：

文开河

$$\begin{aligned} Q_{泺m} &= 30\Delta W_1^{0.15}\overline{Q}^{\alpha} + 1.1\overline{Q} - 143 \\ \alpha &= \frac{14\Delta W_1\overline{Q}}{10^7} \end{aligned} \tag{14}$$

武开河

$$Q_{泺m} = (3.68\Delta W_1^{1.16} + 500)\Delta h + 5.52\Delta W_1^{1.16} + 300 \tag{15}$$

式中 $Q_{泺m}$——泺口开河最大流量，m^3/s；

ΔW_1——花园口至泺口河槽蓄水增量，$10^6\ m^3$；

Δh——封、开河水位差，m；

$\overline{Q}$——开河时段平均流量，m^3/s。

利津水文站

$$\begin{aligned} Q_{利m} &= kQ_{泺m}^{n}\Delta W_2^{\alpha} + Q_0 \\ n &= 1.5 - 0.0035\Delta W_2 \end{aligned} \tag{16}$$

当 $\Delta W_2 \geq 70$

文开河

$$k = 0.0089(\Delta W_2 - 60),\quad \alpha = 0.0029(\Delta W_2 - 70)$$

武开河

$$k = 0.0134(\Delta W_2 - 60),\quad \alpha = 0.0029(\Delta W_2 - 70)$$

当 $\Delta W_2 < 70$

文开河

$$k = 0.0011\Delta W_2 + 0.02,\quad \alpha = 0.004(70 - \Delta W_2)$$

武开河

$$k = 0.0017\Delta W_2 + 0.02; \quad \alpha = 0.004(70 - \Delta W_2) \quad Q_0 = 4.28(\Delta W_2 - 30)$$

式中 $Q_{利m}$——利津开河最大流量，m^3/s；

ΔW_2——泺口至利津河槽蓄水增量，$10^6\ m^3$；

k、n、α——系数、指数。

应用 ΔW 和 $q_m = Q_m - Q_0$，以综合过程线求净峰过程

$$q_i = \frac{q_m}{100} y_i \tag{17}$$

$$t_i = \frac{\alpha \Delta W}{n q_m} x_i \tag{18}$$

式中 q_m——净峰流量，m^3/s；

Q_0——基流，m^3/s；

q_i——由槽蓄增量 ΔW 形成的流量过程在 t_i 时的流量；

y_i、x_i——综合过程线的纵横坐标（%）；

α——换算系数；

n——综合过程线包围的单元面积数，泺口为 4 200，利津为 4 000。

3 水位计算

应用水位流量关系式推求水位

$$Q = k(h - z)^n \tag{19}$$

式中 Q——流量，m^3/s；

h——水位，m；

z——断流水位，m；

k——系数；

n——指数。

z、k、n 均需实时修正，按下列方法求 z

按几何级数选出 Q_1、Q_2、Q_3

$$Q_2^2 = Q_1 Q_3 \tag{20}$$

其相应水位为 h_1、h_2、h_3

$$z = \frac{h_2^2 - h_1 h_3}{h_1 + h_3 - 2h_2} \tag{21}$$

$$\lg k = \frac{\lg(h_1 - z)\lg Q_2 - \lg(h_2 - z)\lg Q_1}{\lg(H_1 - z) - \lg(h_2 - z)} \tag{22}$$

$$n = \frac{\lg Q_1 - \lg k}{\lg(h_1 - z)} \tag{23}$$

4 冰情计算

在计算水位、流量过程中，需要确定流凌、封河和开河日期，主要计算方法是在参考有关文献的基础上，进行改进补充，现简述如下：各项冰情计算主要以下列热量平衡方程为

基础

$$\frac{\partial}{\partial t}(\rho C_{\mathrm{p}} A T_{\mathrm{w}}) + \frac{\partial}{\partial x}(\rho Q C_{\mathrm{p}} T_{\mathrm{w}}) = \frac{\partial}{\partial x}(A E_x \rho C_{\mathrm{p}} \frac{\partial T_{\mathrm{w}}}{\partial x}) + B\varphi_{\mathrm{T}} \tag{24}$$

式中 ρ——水的密度,$\mathrm{kg/m^3}$;

C_{p}——水的比热容,4.2 kJ/(kg·℃);

A——断面面积,$\mathrm{m^2}$;

Q——流量,$\mathrm{m^3/s}$;

B——河长,m;

x——距离,m;

T_{w}——水温,℃;

E_x——扩散系数;

t——时间,d;

φ_{T}——单位面积热量交换率,$\mathrm{W/(m^2 \cdot ℃)}$。

4.1 开始流凌日期

河水达到 0 ℃时作为流凌开始日期,推求水温的方程式为

$$\frac{\mathrm{d}}{\mathrm{d}t}(\rho C_{\mathrm{p}} A T_{\mathrm{w}}) = B K_{\mathrm{wa}} (T_{\mathrm{w}} - T_{\mathrm{a}}) \tag{25}$$

式中 K_{wa}——水与空气热量交换系数,取 30 $\mathrm{W/(m^2 \cdot ℃)}$;

T_{a}——气温,℃;

其余符号含义同前。

应用 32 站年的资料进行检验,没有误差的占 65%,误差 1 天的占 23%,误差 2 天的占 10%,误差 2 天以上的占 2%。

4.2 流凌密度

利用下式计算流凌密度

$$\frac{\mathrm{d}}{\mathrm{d}t}(\rho_{\mathrm{i}} L_{\mathrm{i}} A C_{\mathrm{i}}) = B K_{\mathrm{wa}} (T_{\mathrm{w}} - T_{\mathrm{a}})(1 - C_{\mathrm{i}}) \tag{26}$$

$$C_{\mathrm{is}} = 1.5 C_{\mathrm{i}} \tag{27}$$

式中 ρ_{i}——冰的密度,取 917 $\mathrm{kg/m^3}$;

L_{i}——结冰潜热,取 334 J/g;

C_{i}——流凌密度,$C_{\mathrm{i}} = \dfrac{\rho C_{\mathrm{p}} T_{\mathrm{w}}}{\rho_{\mathrm{i}} L_{\mathrm{i}}}$;

C_{is}——水面流凌密度。

4.3 开始封河日期

封河按下列关系式确定

$$C_{\mathrm{i}} T_{\mathrm{a-}} \geqslant 0.008 Q \tag{28}$$

式中 $T_{\mathrm{a-}}$——负气温,℃。

应用 19 站年的资料进行检验,没有误差的占 11%,误差 1~3 天的占 74%,误差超过 3 天的占 5%。

4.4 冰盖厚度

封冻冰盖厚度按下式计算

$$\frac{dh_i}{dt} = \frac{0.82}{\rho_i L_i}[K_{ia}(T_s - T_a) - K_{wi}(T_w - T_m)] \tag{29}$$

式中 h_i——河段平均冰厚，m；

T_s、T_a、T_w、T_m——河段平均冰面温度、气温、水温、冰熔解温度，℃；

K_{ia}——冰和空气的热量交换系数，$K_{ia} = 10$ W/(m² · ℃)；

K_{wi}——水和冰的热量交换系数，$K_{wi} = 16.22v^{0.8}h^{0.2}$；

v——流速；

h——水深。

v 按下式推求

$$v = KQ^n + b \tag{30}$$

式中 K、b——系数、常数，$K = 0.000\,5 \sim 0.001\,5$，$b = 0.33 \sim 0.72$，均需实时修正；

n——指数，冰期 $Q < 1\,500$ m³/s 时，$n = 1$；

其余符号含义同前。

h 按下式推求

$$h = aH - c \tag{31}$$

式中 a、c——系数、常数，$a = 0.19 \sim 1.31$，$c = 2.25 \sim 63.44$，均需实时修正。

4.5 冰塞厚度

当封冻边缘前流速较大，弗劳德数 $Fr > 0.09$ 时可能出现冰塞，冰塞厚度应用河曲段冰塞分析成果计算。

$$\frac{h - h_i'}{h} = 0.153\,4\left(\frac{v}{\sqrt{g(h - h_i')/2}}\right)^{-0.596\,9} \tag{32}$$

式中 h——水深，m；

h_i'——水浸冰厚，m；

v——流速，m/s。

$$h_i \approx \frac{\rho}{\rho_i}h_i' \tag{33}$$

式中 h_i——冰厚；

其余符号含义同前。

4.6 开河日期

开河按下式确定

$$Q_u \geqslant \frac{10\alpha h_{im}^r}{\sum T_{a+} + 1} \tag{34}$$

式中 Q_u——总来流量，m³/s；

h_{im}——气温转正时的冰厚，m；

$\sum T_{a+}$——气温转正后的累积正气温，℃；

α——系数，文开河为 22，武开河为 4；

r——指数，$r=0.95$。

应用22站年的资料进行检验，没有误差和误差1～3天的各占41%，误差大于3天的占18%。

开河形势，一般来流量大于冰盖下过流能力20%，即可造成武开河，冰盖下过流能力由冰期最大流量和应用水力学公式计算，两种方法分析确定，泺口上下多年来封河流量相差不太大，应用开河前的流量和气温建立了开河形势关系式。

泺口以上：

$$\left.\begin{array}{ll} \text{文开河} & \dfrac{0.023\,6\sum Q_{-6}-20.25}{\sum T_{-3}}\leqslant 1 \\[2ex] \text{武开河} & \dfrac{0.023\,6\sum Q_{-6}-20.25}{\sum T_{-3}}>1 \end{array}\right\} \tag{35}$$

泺口以下：

$$\left.\begin{array}{ll} \text{文开河} & \dfrac{0.062\sum Q_{-6}-88.9}{\sum T_{-3}}\leqslant 1 \\[2ex] \text{武开河} & \dfrac{0.062\sum Q_{-6}-88.9}{\sum T_{-3}}>1 \end{array}\right\} \tag{36}$$

式中 $\sum Q_{-6}$——开河前6天日平均流量累积值，m^3/s；

$\sum T_{-3}$——开河前3天日平均气温累积值，℃。

4.7 冰坝

冰坝的形成尚无可靠的计算方法，只根据严重冰坝的观测资料建立了下式

$$\begin{array}{l} 33Q_f^2 \leqslant W_i h_i Q_m \\ W_i \geqslant 5\,000 \end{array} \tag{37}$$

式中 Q_f——封河流量，m^3/s；

W_i——冰量，万 m^3；

h_i——河段平均冰厚，m；

Q_m——开河时最大流量，m^3/s。

5 计算成果

应用1970～1987年资料进行了孙口、艾山、泺口、利津4站的水位、流量演算，其结果均较符合实况，各站最高水位计算均方差为0.18～0.29 m，最大流量计算均方差为6.3%～13.7%。按水文预报规范评定，最高水位计算合格率为100%，最大流量计算合格率为91%。

6 小结

(1)本项研究对黄河下游冰期水位流量演算方法，采用了与一般冰凌模型所用的水力学法不同，首次应用水文学流量演算法，并得到成功，其优点在于应用资料少，实用性

强，并具有实时修正功能，适用于冰情十分复杂、河床冲淤多变的黄河下游，经多年实测资料检验，都有较高的精度，为冰情预报和冰情分析等提供了有效的方法。

(2)黄河下游自三门峡水库全面防凌调度运用以来，没有发生过严重冰情，将来小浪底水库建成运用后黄河下游冰情将更减缓，但还会封冻壅水，如防御不当仍可能产生冰灾，必须进一步采取有效的防凌措施，尤其要优化水库防凌调度，既做到防凌安全，又能尽量减少发电损失。为了适时地采取适当的防凌措施，必须有可靠的冰情和水位流量预报及分析，本项研究成果将会在黄河下游防凌中发挥重要作用。

(3)目前在黄河下游应用本方法时存在的主要问题是：沿河冰期引水尚缺乏可靠的观测资料，作业预报尚需依靠气温预报，而气温预报精度往往不能满足需要，这些都应努力解决，才能为黄河下游防凌提供更精确的冰情和冰期水位流量预报。

(本文摘自《1995 年全国水力学与水力学学术讨论会论文集》)

黄河下游冰情数学模型及三门峡水库防凌及调度的研究

1 黄河下游的冰情特征、凌汛灾害及防凌措施

黄河下游河道呈西南—东北走向,河南省兰考到河口纬度相差3°多(如图1所示)。冬季北镇的月平均气温比郑州低大约3 ℃。郑州日平均气温稳定转负日期一般在1月上旬,北镇则在12月中旬。郑州日平均气温稳定转正日期一般在2月上旬,北镇则在2月下旬。负气温持续时间郑州一般30天,而北镇达70天。因此,造成了上段封河晚、开河早、冰盖薄,下段则相反。冰期黄河下游的流量主要来自三门峡水库以上和伊洛、沁河。伊洛、沁河的流量比较小,一般只占下游流量的10%。所以,黄河下游的流量可以由三门峡水库控制。在12月初,由于内蒙古河段封河,三门峡水库来水每年都有一个小流量阶段,黄河下游封河常常发生在这个阶段。黄河下游的封冻河段最长为703 km,最短为40 km。封冻冰盖厚度河南段一般是10~30 cm,山东段一般是10~50 cm。冰量最多达1.42亿 m^2,最少仅0.015亿 m^2。凌灾往往在开河期间由武开河产生的冰坝造成。1883~1936年的54年中有21年大堤决口70次。新中国成立后,1951年、1955年以前也出现过两次决堤,1955年以后,虽然没有再发生过决口,但仍然受凌汛的严重威胁。

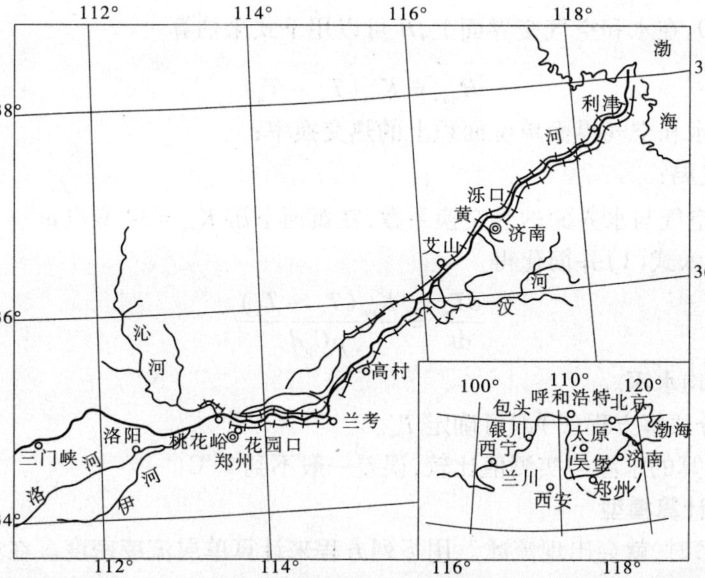

图1 黄河下游平面位置图

黄河下游的防凌措施可分为以下4种:三门峡水库防凌调度,堤防,爆炸排冰和闸门引水,减少河槽蓄量。其中,三门峡水库防凌调度是最有效的措施。

2 冰情模型

本模型主要是利用利津河段的资料建立的。在利津河段封冻早,开河晚,经常发生严重凌灾。模型包括下面5个方面:①水温;②流凌密度;③封河;④冰盖厚度;⑤开河。

应用本模型作封、开河预报,根据封、开河预报调度三门峡水库,使在封河时做到不封河或推迟封河,开河时控制来流量等于或小于冰盖下过流能力,以避免武开河。

2.1 水温计算模型

河段内的热量平衡可用下列一维对流、扩散方程来描述

$$\frac{\partial}{\partial t}(\rho C_p A T_w) + \frac{\partial}{\partial x}(\rho Q C_p T_w) = \frac{\partial}{\partial x}(A E_x \rho C_p \frac{\partial T_w}{\partial x}) + BH \tag{1}$$

式中 ρ——水的密度;

C_p——水的比热容;

A——断面面积;

T_w——水温;

Q——流量;

E_x——扩散系数;

B——河宽;

H——每单位面积热交换率;

t——时间;

x——距离。

假定$\frac{\partial T_w}{\partial x}=0$,在水和空气交界面上,$H$可以用下式来估算

$$H_{wa} = K_{wa}(T_w - T_a) \tag{2}$$

式中 H_{wa}——水和空气界面单位面积上的热交换率;

T_a——气温;

K_{wa}——空气与水界面的热交换系数,在黄河下游$K_{wa}=34\ \mathrm{W/(m^2 \cdot ℃)}$。

将式(2)代入式(1)并简化得

$$\frac{\mathrm{d}T_w}{\mathrm{d}t} = \frac{K_{wa}(T_w - T_a)}{\rho C_p d} \tag{3}$$

式中 d——平均水深。

用有限差分法解方程(3)即可确定T_w。

由式(3)计算的水温与实测值比较,误差一般不到1 ℃。

2.2 流凌密度计算模型

当$T_w \leqslant 0$ ℃时,就会出现流冰。用下列方程来计算单层流凌密度。在单位面积上

$$\frac{\mathrm{d}Q_i}{\mathrm{d}t} = \frac{H}{\rho_i L_i}(1 - C_i) \tag{4}$$

或

$$\frac{\mathrm{d}Q_i}{\mathrm{d}t} = \frac{K_{wa}(T_w - T_a)}{\rho_i L_i}(1 - C_i) \tag{5}$$

式中 Q_i——流冰量；

H——空气与水交界面的热交换率；

C_i——水面的流凌密度；

ρ_i——冰的密度；

L_i——结冰潜热。

当流冰形成后，冰厚可以用下列方程计算

$$\frac{\mathrm{d}h_i}{\mathrm{d}t} = \frac{eH_i}{\rho_i L_i} \tag{6}$$

$$H_i = K_{ia}(T_s - T_a) - K_{wi}(T_w - T_m) \tag{7}$$

式中 h_i——冰厚；

H_i——单位面积的热损失率；

e——与冰厚不同及冰形成时间不同有关的系数，本河段 $e = 0.82$；

T_s——冰表面温度；

T_m——冰的熔解温度；

K_{ia}——冰与空气交界面的热交换系数，其值为 10 W/(m^2 · ℃)；

K_{wi}——冰与水界面的交换系数，$K_{wi} = 16.22v^{0.8}h^{0.2}$；

v——平均流速。

h_i 可以由式(6)计算。假定流冰都集中在水面下 1 m 的范围内，单位面积的流凌密度由下式计算

$$C_i = \frac{Q_i}{1 + h_i} \tag{8}$$

2.3 封冻预报模型

一般情况，在宽浅河道内，冰盖是由于冰桥或冰聚集体的阻挡使表面冰聚集而形成的。在下列情况下，可能形成冰桥或冰聚集体

$$F_s \geqslant F_t \tag{9}$$

式中 F_s——流冰阻力；

F_t——流冰推动力。

F_s 的主要分量是摩擦阻力 F_r、黏附力 $U_a f$ 和冻结力 $U_i f$；F_t 的主要分量是水流的拉力及风力 F_w，F_w 可忽略不计。

$$F_r + U_a f + U_i f = f(C_i, T_{a-}) \tag{10}$$

$$F_t = f(Q) \tag{11}$$

式中 T_{a-}——负气温；

Q——流量。

根据利津河段的实测资料分析，得出下面的关系式

$$C_i T_{a-} > aQ \quad 封河 \tag{12}$$

其中，$a = 0.008$，利用实测资料检验上述关系，误差不超过 2 天。

2.4 冰盖厚度计算

应用下列方程计算冰盖厚度

$$\rho_i L_i \frac{dh_i}{dt} = K_{ia}(T_s - T_a) - K_{wi}(T_w - T_m) \tag{13}$$

或

$$h_i = a\sum T_-^{\beta} \tag{14}$$

式中 $\sum T_-$——累积日平均负气温；

α、β——经验常数，在黄河下游 $\alpha = 1.36$，$\beta = 0.53$。

2.5 开河预报模型

黄河下游开河一般有两种形势，一种是以热力因素为主的文开河，另一种是以水力因素为主的武开河。当来流量大于冰下过流能力，并大到一定程度时，就会形成武开河。当来流量特别大时，尽管气温仍然低于 0 ℃，也可能出现开河。

根据实测资料分析得出下列判别式，确定是否开河及开河形势

$$\sum Q_u > \frac{22.1 h_m^{1.9}}{\sum T_{a+}} \quad 开河 \tag{15}$$

$$\sum Q_u \geqslant 1.2Q_m \quad 武开河 \tag{16}$$

$$\sum Q_u < 1.2Q_m \quad 文开河 \tag{17}$$

式中 $\sum Q_u$——上游总来水量；

h_m——封冻期间最大冰厚；

$\sum T_{a+}$——气温稳定转正后累积正日平均气温；

Q_m——冰盖下过流能力。

Q_m 可以用下列两种方法确定：

（1）封冻期间冰盖下的最大流量作为冰下过流能力。

（2）用下面的公式计算

$$Q_m = A\frac{1}{n_c}R^{2/3}J^{1/2} \tag{18}$$

式中 A——冰盖下断面面积；

R——水力半径；

J——水力坡度；

n_c——综合糙率系数。

$$n_c = \left(\frac{n_i^{3/2} + n_b^{3/2}}{2}\right)^{2/3} \tag{19}$$

式中 n_b——河底糙率系数，可以在敞流期计算；

n_i——冰盖底部的糙率系数，$n_i = f(t)$。

应用实测资料分析得到 n_i 的变化曲线如图 2 所示。

当冰盖底部糙率达到最大后 n_i 可用下列方程表示

$$n_i = n_{ed} + (n_a - n_{ed})e^{-kt} \tag{20}$$

式中 n_{ed}——封冻期末冰盖底部的糙率系数；

n_a——冰盖底部的最大糙率系数；

t——时间。

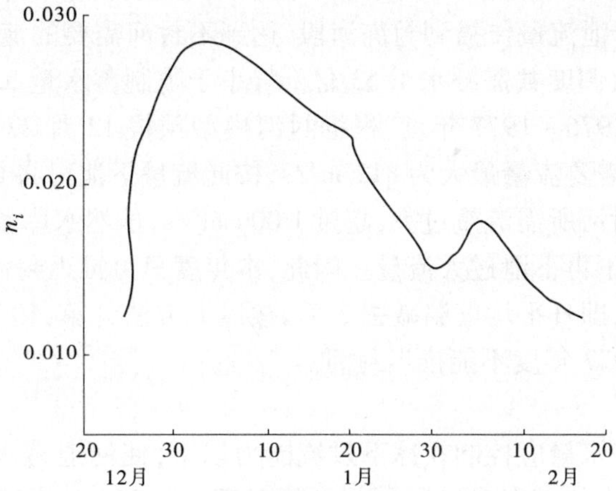

图2　1967～1968 年利津水文站 n_i 的变化趋势

在利津河段，n_a 的平均值是 0.041，n_{ed} 的平均值是 0.018。

3　三门峡水库防凌调度

1973 年以来，开展了凌汛期三门峡水库防凌调度。水库的限制水位为 326 m，相应库容为 18 亿 m^3。三门峡水库调度分为 4 个阶段，第一阶段是在凌汛前蓄水，用于小流量阶段补给流量形成平稳的流量过程线，其限制蓄水位为 315 m，相应库容约 3.5 亿 m^3。第二阶段是从补给流量末期至开始封河日期，出库流量仍保持平稳过程。第三阶段是在封冻期，根据封冻情况及冰盖下过流能力减小流量。第四阶段是在开河前 10 天开始，流量逐渐增加。过去，三门峡水库防凌调度没有紧密结合冰情预报，往往不能恰当地蓄泄水量，使防凌调度不能发挥最好的效果。笔者提出了一结合冰情预报的三门峡水库防凌调度方法，即运用上述模型作冰情预报，根据冰情预报作三门峡水库调度。在作冰情预报时需要利用气温预报。根据历年冰期气温预报统计，长期 10 天平均气温预报误差低于 2 ℃的保证率是 82%，中期日平均气温的预报误差低于 2.5 ℃的保证率是 88%，在冰情预报中考虑了气温预报误差的影响。

下面重点介绍三门峡水库防凌调度中的封、开河两个主要阶段。

3.1　封河调度

主要是凌前蓄水用于低流量期补充流量，以便调匀和加大黄河下游的流量过程，从而推迟封河甚至避免封河。具体操作是根据前面的封河预报模型报出封河日期，并且计算出不封河需要下泄的流量，由于黄河下游从三门峡到利津传播时间为 10 天，所以在预报封河日前 10 天开始按不封河流量下泄，又因凌前蓄水限制不超过 3.5 亿 m^3，这样就可以根据不封河所需流量、来水量预报及 3.5 亿 m^3 的蓄水计算出能推迟几天封河或是否能避免封河。

例如：①1973～1974 年度，根据封河预报模型计算达到封河条件的日期为 12 月 25～28 日、1 月 16 日、1 月 24 日和 2 月 5 日 4 次，如果能使这 4 次不封河，整个冬季就可以避免封河。首先根据式(12)计算出 12 月 25～28 日不封河需要的最大流量为 710 m^3/s，考虑到调度的方便，这一个过程都按 710 m^3/s 提前 10 天下泄，扣除天然来水量 497、500、

511、520 m^3/s 需要补水 0.72 亿 m^3，尚余 2.8 亿 m^3。按此方法分别对其后 3 次进行逐次调度，并且为了保证下泄流量传播到封冻河段，达到不封河需要的流量，均下泄 3 天，共需补水 0.83 亿 m^3。4 次调度共需补水 1.53 亿 m^3，小于限制蓄水量 3.5 亿 m^3，所以整个冰期即可避免封河。②1976～1977 年度，根据封河模型预报 12 月 27 日封河。从 12 月 27 日到 1 月 2 日不封河需要流量最大为 812 m^3/s，按此流量下泄可将封河日期推迟 7 天，此后气温继续下降，不封河所需流量过大，超过 1 000 m^3/s，虽然水库蓄水尚可满足再推迟 4 天的需要，为安全计，不再下泄过大流量。因此，本年度只可推迟封河 7 天。

若考虑气温误差，即日平均气温减去 2 ℃，按以上方法计算，1973～1974 年度可推迟封河 22 天。1976～1977 年度不能推迟封河。

3.2 开河调度

封河以后，上游来水量应控制在冰下过流能力以下，使河道蓄水量减小，并且三门峡水库蓄水不超过限制水位。由式(15)预报开河日期，式(16)～式(20)预报开河形势，若为武开河，求出转变为文开河所需流量。在预报开河日期前 10 天调节三门峡水库，按文开河所需流量下泄，即可避免武开河。

例如：①1973 年，根据式(15)～式(20)预报 1 月 19 日武开河，来流量为 653 m^3/s，大于冰下过流能力 328 m^3/s。文开河需要流量为 390 m^3/s，即按此流量控制三门峡水库泄量，并由式(15)算出开河日期为 23 日，推迟 5 天开河，水库蓄水 2.0 亿 m^3，不超过限制蓄量。②1985 年，根据开河模型预报 2 月 10 日武开河，来流量为 883 m^3/s，大于冰下过流能力 722 m^3/s，同样按上述方法计算，武开河也可以转变为文开河，只需要蓄水 1.69 亿 m^3。

根据 1960～1986 年 27 年的资料进行检验，27 年间共发生 11 次武开河，都可以转变为文开河。

4 小结

（1）三门峡水库防凌调度是一个有效的防凌措施，对黄河下游的凌灾防治起到非常重要的作用。

（2）尽管本文的冰情模型尚不够完善，但用来作三门峡水库防凌调度，已可以得到比较满意的结果。

（3）在三门峡水库防凌调度时，气温预报的精度是一个重要因素。目前，气温预报的精度还不能完全满足防凌的需要，必须加强气温预报工作，尤其中期（10 天）气温预报的研究，要努力提高精度。

（本文摘自《第一届全国水工程学术会议论文集》，1992 年）

黄河下游实用冰情预报模型及应用

1 基本情况与依据

1.1 基本情况

黄河下游凌汛灾害闻名于世,历史上黄河下游决溢改道频繁,凡是形成西南—东北流向的河道时就有严重凌汛。据文献记载,自汉代以后历代均有凌汛决堤的大量记述。清咸丰五年(1855 年)铜瓦厢决口改道,形成现行西南—东北向河道,凌汛加重。改道之初无堤防约束,清同治初(1862 年),部分河段开始修筑民埝。清光绪元年(1875 年)开始修筑堤防。到了光绪十年(1884 年)两岸堤防修筑完竣。1938 年国民政府为了阻止日本侵略军的进攻,扒开花园口大堤,改道东南流,这一时期无严重凌汛。至 1947 年,花园口扒口堵复,黄河回归现行河道,凌汛又复严重。自 1875 年至 1955 年除去花园口扒口改道的 10 年,共 71 年,凌汛决口 29 年,占 41%。1955 年后,运用防破分等防凌措施,起到一定作用。自 1960 年开始,运用三门峡水库进行防凌调度,在开河前控制水库泄流,减少河道水量,减轻凌汛威胁。1973 年后,三门峡水库全面防凌调度,凌前预蓄部分水量,封河前补水加大调平小流量,推迟封河日期,尽可能做到不封河。封河期间则采用由大到小逐级控制均匀下泄的调度方式。开河时则在全河开通前 10 天左右(三门峡至山东窄河段的流量传播时间)逐渐加大泄量。自三门峡水库防凌运用后黄河下游的凌汛威胁有所减缓。但是由于三门峡水库防凌运用时机不易恰当掌握,凌汛威胁仍没有完全解决。大部分封河年份都有程度不同的灾情损失,其中严重的年份如 1978 ~ 1979 年度,凌汛受灾村庄 56 个,受灾人口 23 927 人。1980 ~ 1981 年度,凌汛受灾人口 56 578 人。1984 ~ 1985 年度凌汛受灾村庄 25 个。同时,三门峡水库防凌调度影响了三门峡水电站发电水量的利用率,据 1977 ~ 1985 年资料统计,利用率一般不到 70%,最少的为 1978 ~ 1979 年度,只有 48.3%。为了进一步解决黄河下游凌汛威胁,除必须加强防凌的工程措施外,还要改进非工程措施。

1.2 凌汛特征和成因

1.2.1 特征

黄河下游是一个不稳定封河段,1950 ~ 1993 年 43 个冰情年度中,有 38 年封河,5 年不封河,不封河年度占 12%。黄河下游的凌汛一般 12 月中旬开始流凌,最早 12 月 1 日(1966 年),最晚 1 月 22 日(1954 年),流凌期 5 ~ 20 天,最长 47 天,最短只有 1 天。最大冰块面积 3 630 ~ 5 767 m^2。流冰速度 1.06 ~ 1.49 m/s。一般封河日期为 12 月中旬至 1 月下旬,最早 12 月 12 日(1972 年),最晚 2 月 16 日(1978 年)。黄河下游有两种不同的封河形式。一种是流速大或伴有逆流向的强风,在不利于输冰的弯道、凹岸等处,冰块倾斜不平地堆叠而冻结,称为立封。与此相反,当流速不太大,在不利流冰的断面处,冰块互相冻结,并顺序平铺上延,称为平封。在立封后封冻冰盖向上游发展,往往由于水位壅高,流速减小,也会平铺上延。封河的发展速度随负气温程度、流冰多少和流量大小而异,有时每天可达 100 km。封河往往自河口段开始,但其发展并非一直上延,不少年度为分段封河,称为梯级封河。多年平均封河长度 344 km,最长 703 km(1968 ~ 1969 年度),封河上首达到河南荥阳汜水河口。最短 40 km(1975 ~ 1976 年度),封河上首只达垦利十八公里。全下游的冰量,最多 1.42 亿 m^3(1966 ~ 1967 年度),最少 0.015 亿 m^3(1975 ~ 1976 年度)。封冻厚度,山东东阿位山以上为 10 ~ 20 cm,位山至济南为 15 ~ 25 cm,济南至河口为 20 ~ 40 cm,河口最大达 100 cm。河槽蓄水量一般为 2 亿 ~ 6 亿 m^3,最大 8.85 亿 m^3(1954 ~ 1955 年度),最少 0.86 亿 m^3(1982 ~ 1983 年度)。开河一般在 1 月中旬至 3 月中旬,最早为 1 月 19 日(1972 年),最晚为 3 月 18 日(1969 年)。开河也有两种形式。一种是当气温回升到 0 ℃以上时,冰盖逐渐融化解冻,称为文开河。这种形式的开河,一般没有明显的凌峰。另一种是在下游河段气温尚低、冰质尚硬,因上游河段开河,冰水齐下,造成下游河段水位猛升,上压力增大,冰盖破裂开河,称为武开河。这种形式的开河均有凌峰产生,利津凌峰流量为 690 ~ 3 430 m^3/s。凌峰一般自上而下逐渐增大。黄河下游在封河时有时也产生冰塞,严重者如 1971 ~ 1972 年度兰考河段的冰塞,造成滩区严重淹没损失。开河时则有时产生冰坝,自 1950 年以来已有 9 年在不同河段产生过冰坝,1951 年的王家庄和 1955 年的王庄两次决口都是冰坝造成的。自 1960 年三门峡水库防凌运用以来,很少发生冰坝。

1.2.2 成因

黄河下游的凌汛形成,总的来讲,具有一般和特殊两种原因,一般原因是受热力和动力因素的作用,特殊原因是地理位置和河道形态的影响。热力和动力因素在特有的地理位置,河道走向和河道形态下,起到特有的作用,从而形成严重凌汛。现分述于下。

1.2.2.1 地理位置和河道形态

黄河下游位于北纬 34°50′ ~ 38°,东经 113°30′ ~ 118°40′,河道走向由东西向至兰考转为西南—东北向,纬度相差 3°多。

河道的平面形态上宽下窄,比降由上而下逐渐减缓。高村以上为游荡形河道,堤距宽达 5 ~ 20 km,河槽宽 1.2 ~ 3.3 km,滩槽高差很小,有的河段槽高于滩,主流摆动频繁。高村至陶城铺为游荡性向弯曲性过渡河段,堤距一般 2 ~ 8 km,河槽宽 0.6 ~ 1.3 km,水流基本归于一槽,主槽仍有时摆动。陶城铺至利津为弯曲形河道,堤距 0.5 ~ 4 km,河槽宽 0.3 ~ 1.0 km,河槽比较稳定,滩槽高差较大,河道缩放,弯曲,极易卡冰。利津以下为河口段,河槽摆动不定,堤距由窄到宽,宽度 0.6 ~ 15 km,河槽宽 0.5 ~ 1.0 km,近海一段无堤防,水流散乱。根据历年冰情资料统计,垦利以上易于卡冰壅水的河段有 13 段,分列如表 1 所示。

黄河下游河道不断淤积抬高,1950 ~ 1989 年,除 1960 年 10 月至 1964 年 10 月三门峡水库蓄水拦沙,河口以上均发生冲刷外,其余 36 年都有不同程度的淤积,按 3 000 m^3/s 流量的相应水位比较,花园口断面升高 1.86 m,高村断面升高 2.64 m,泺口断面升高 2.55 m,利津断面升高 1.81 m,每年洪水时期变化大,枯季冰期变化比较小。

表1　黄河下游容易卡冰河段特征

河段名称	河段特征
兰考东坝头	黄河下游河道由东西向转东北向河槽有陡弯
高村,南小堤	河槽有鸡心滩,两岸有险工
艾山	河槽窄,中水位宽 320 ~ 350 m,左岸险工,右岸有山
官庄	河槽连弯,两岸险工
北店子—盖家沟	河槽为 S 形弯,两岸险工,河槽最窄处只 500 m
胡家岸,沟阳家	堤距窄,两岸险工
沟头	坐弯顶冲,长坝头
马札子	坐弯顶冲,长坝头
白龙湾	坐弯顶冲,长坝头
兰家,刘春家	堤距窄,两岸险工
宫家,麻湾	堤距骤缩,两岸险工
刘家夹河,王庄	坐弯顶冲,两岸险工,河槽窄
垦利一号坝	坐弯顶冲,长坝头

1.2.2.2　热力因素

热力因素有太阳辐射或短波辐射、长波辐射、对流热交换、蒸发或凝结潜热、降水和河床输热等。黄河下游的气温自兰考以下逐渐降低,多年平均冬季气温北镇比郑州低 3.1 ℃,月平均气温低 2.4 ~ 5.0 ℃,旬平均气温低 2.7 ~ 3.8 ℃,个别年份低 7.0 ℃以上。郑州、济南、北镇三站平均稳定转负日期为 12 月 25 日、12 月 24 日和 12 月 14 日。平均稳定转正日期为 1 月 24 日、2 月 8 日和 2 月 23 日。负气温平均持续天数为 30 天、46 天和 73 天。由于各河段气温的差异,冰情发生日期也相差较多。多年平均封河日期,花园口、孙口、利津三站为 1 月 23 日、1 月 18 日和 1 月 13 日,多年平均开河日期为 2 月 4 日、2 月 3 日和 2 月 15 日。

1.2.2.3　动力因素

作用于河冰的动力因素有水流的输移力、冰块的摩擦力、冰岸的剪切力、水位水涨压力等,这些因素都与流量流速有关。风向、风力对冰的输移有影响,但与流量相比,作用较小。

冰期黄河下游的流量主要来源于上中游,冰期降水较少,河道径流主要由河网退水和地下水补给。三门峡以上来水约占下游水量的 88%,三门峡到花园口间来水约占 12%。每年 11 月至翌年 2 月为退水,2 月下旬气温开始回升,干支流冰冻融化,3 月流量明显上升。花园口 12 月至翌年 3 月多年平均流量为 759、554、529、1 000 m^3/s。黄河下游开始封河时,每年都有一个下降的流量过程。这是由于宁夏、内蒙古河段封河后部分河水结冰和封河阻水,造成河槽蓄水。当封冻冰盖下水流通畅后,便恢复到河段进出流量平衡,这个过程一般 10 ~ 15 天。由于宁蒙河段内各段封河时间不同,在头道拐往往出现 2 ~ 3 个谷点，到了潼关又有时受龙门至潼关间封冻的影响，再次产生最小流量，其出现时间，刘家峡水库运用前多在 1 月，运用后提前到 12 月，头道拐和龙门历年平均最小流量，刘家峡水库运用前为 135 m^3/s 和 172 m^3/s，运用后增加为 154 m^3/s 和 183 m^3/s，但潼关则由运用前的 291 m^3/s 减小到运用后的 253 m^3/s。这个小流量过程到达下游如遇寒潮往往发生小流量封河的不利情况。

黄河下游的流量过程在凌汛期除受冰的影响外，还受沿河冬季引水灌溉的影响，形成沿程流量减小的现象。流速是直接影响冰情变化的动力因素，根据 1973 ~ 1985 年资料统计封河前三日平均流速，利津为 0.4 ~ 0.6 m/s，艾山、泺口为 0.3 ~ 0.65 m/s，孙口为 0.55 ~ 0.60 m/s，一般封河流速均小于 0.60 ~ 0.65 m/s，其弗劳德数为 0.09 左右，亦为冰盖前缘冰块下潜的临界值。在封河时，冰盖前缘的壅水高度与流速大小有关，一般流速小于 0.65 m/s 时，壅水高度小于 1.5 m。

河床糙率是又一个重要的水力要素，在冰期则有较大变化，封冻期的河道综合糙率 n_c 是由河床糙率 n_b 和冰盖底部糙率（以下简称冰底糙率）n_f 组成的，可按冰层所占湿周的比例加权平均计算

$$n_c = \frac{\chi_b n_b^2 + \chi_i n_i^2}{\chi_b + \chi_i} \tag{1}$$

式中 χ_b、χ_i——河床与冰底湿周长。

按照沙巴尼夫（Sabaneev）公式

$$n_c = \left(\frac{n_b^{3/2} + n_i^{3/2}}{2}\right)^{2/3} \tag{2}$$

河床糙率可应用畅流期的实测成果，冰底糙率在整个封冻过程中都有变化，例如利津水文站 1967 ~ 1968 年度冰底糙率变化过程如图 1 所示。

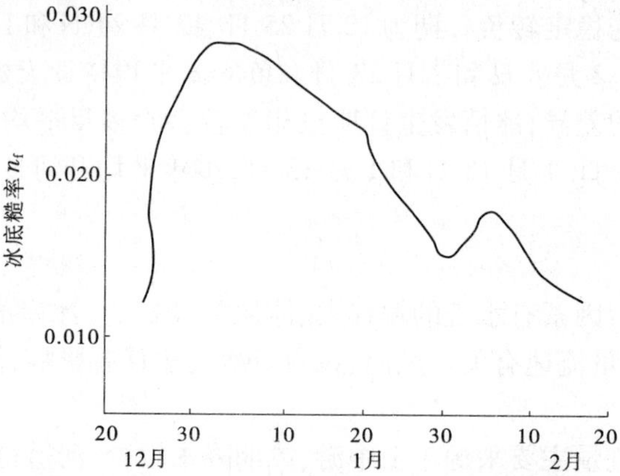

图 1　1967 ~ 1968 年利津水文站 n_f 的变化趋势

自封河后，冰底糙率由小到大再由大到小变化，根据多年实测资料统计，利津水文站冰底平均最大糙率为 0.041，最终糙率为 0.018，每年冰盖下冰花情况不同，冰底糙率的变化很大。关于冰期断面的冲淤变化虽不如大汛期大，但也有一定变化，尤其初封和开河期变化较大。

由于上述水力因素的影响，冰期水位流量关系十分复杂。一般有两个相对稳定期和

两个过渡期，11 月中旬至 12 月中旬封冻前流冰期比较稳定，点群比较集中。在流凌至封河过渡期，当断面下游已经封河，水流受阻，水位猛升，流速减小，水位流量关系呈反曲现象，但较畅流期的坡度增大。在开河前后随着开河形式的不同，尤其发生冰坝时，水位流量关系十分复杂，但一般为正变关系。

冰期黄河下游的来水过程，在天然情况下除小流量阶段呈马鞍形外，其他时段变化比较缓慢。但受水库调节，卡冰封河时河槽蓄水，及开河时槽蓄水下泄等影响，往往使整个冰期的流量过程发生较大的起伏。黄河下游自刘家峡水库运用后，冰期上游来水有所增加，北干流河段河道的退水量反而有所减少。龙门断面附近和龙门至潼关间封冻几率加大，使潼关这一期间的最小流量减小。

1.3 防凌

在清代后期及民国时期，防凌的方法，除在险工堤坝上挂防凌排外，主要是打冰和加强堤防。到了 20 世纪 50 年代除加强堤防外，又有打冰、撒土、爆破、炮轰、飞机炸和破冰船破冰等，但效果都不大。20 世纪 60 年代三门峡水库防凌运用后，效果明显，但尚不能完全解决黄河下游凌汛威胁，必须采取调破结合的办法，即利用三门峡水库或将来小浪底水库进行适时的防凌调度和应用气垫破冰船破冰。在 20 世纪 50 年代初期，黄河山东河段的破冰船因吃水深，不适用于黄河水浅而失败，气垫破冰船则不受水流散乱、河槽水浅的限制，国外用于破除海冰，黄河下游的冰厚不大，更易破碎，在一定流量条件下可输冰入海。根据观测资料统计，黄河下游每年冰期气温达到封河条件的次数不多。当出现达到封河条件的低温，开始封河时，即行自下而上迅速破除，随结随破可使整个冰期不封河。即使受海冰影响，也会大大推迟(因海冰一般比河冰晚一个月左右)。但在破冰时要有一定流量。因此，必须与三门峡水库或小浪底水库调度相结合。为做到适时调度，必须进行冰情预报。作好冰情预报需要解决 3 个问题，即来水预报、气温预报和冰情预报。目前，来水预报误差较小，一般为 ±10%。主要在于解决气温预报和建立冰情预报模型。近年来，气温预报的精度已有较大提高，长期旬平均气温预报误差小于 2 ℃的保证率为 82%，中期日平均气温预报误差小于 2.5 ℃的保证率为 88%，但短期内尚难以做到完全适应冰情预报的需要。因此，需要研究建立符合实用的冰情预报模型，并在预报作业时适当考虑气温预报的误差，才能为防凌提供可靠的依据。

2 冰情模型

2.1 思路

黄河下游多年来已制定了不少经验性的冰情预报方案，其精度多能符合规范要求，但这些方案的经验性较强，大都限于在实测资料范围内应用，并且只能作特征值预报。因此，还需要建立一个比较完善、符合实用的冰情模型。目前，国外的江河冰情模型越来越复杂地模拟了冰情的形成演变过程，建立了比较严格的数学模型，水位流量过程的计算采用动力波演算方法，冰情计算采用一维对流扩散热量方程和冰力学计算方法，对流冰已发展为双层计算方法，对水内冰已建立了三维的数学模型，但是计算方法越细，越复杂，对资料的要求也越高，超越了目前水文观测技术的水平，尤其是黄河河床多变，必须取得大量的实时观测资料，才能计算出可靠的成果。现在尚难以满足这种要求，反而不如建立能反映实际、计算方便、具有较高精度的实用模型。根据这种思路，在本次研究中建立了理论与经验相结合的冰凌模型和具有实时修正系数功能的经验性流量演算模型。

模型结构如图 2 所示。

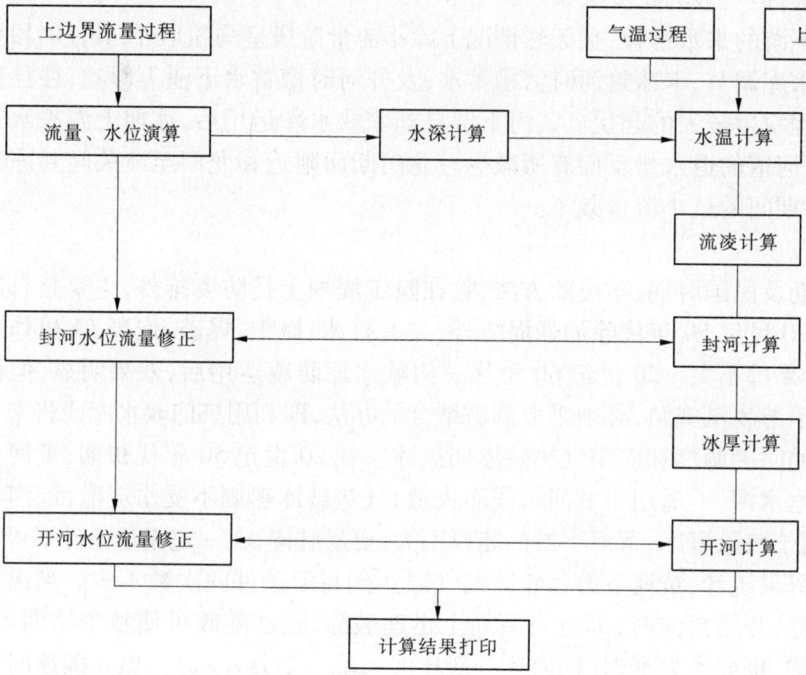

图 2　黄河下游实用冰情预报模型结构

2.2　模型建立

该部分内容参考本书“冰凌形成变化过程模拟”中第二部分“黄河下游冰情数字模型”。

2.3　模型检验

本模型应用 1970 ~ 1988 年中有实测资料的年份进行了检验。这 19 年中封河最上首均未超过花园口，因此以花园口水文站作为起始断面。有些年份封河上端在孙口水文站以下，只对孙口、艾山、泺口、利津 4 站进行检验，并按水文预报规范的评定标准进行评定。

2.3.1　水温

各站日平均水温的计算误差一般不超过 1 ℃，最小为 0 ℃，个别超过 2 ℃，计算水温达到 0 ℃的日期合格率达 97%。产生误差的原因主要是计算时应用日平均气温，实测均为 8 时水温，并且所用气象站的气温资料与黄河河道的气温有一定出入。

2.3.2　流凌

开始流凌日期是根据计算的水温达到 0 ℃时作为开始流凌日期，与实测日期对照多数年份没有误差，少数年份误差达到 2 天，只有一年达到 6 天，合格率亦为 97%。有些年份产生误差的原因，主要由于计算时为日平均气温，流凌多为 8 时记载，在气温日较差较大时，夜间气温降到 0 ℃以下，白天又回升到 0 ℃以上，8 时观测到流凌，中午就可能消失，用日平均值计算就会造成一定误差。

关于流凌密度计算，由于流凌密度的观测资料很不完整，只有很少记载，从这少数资料比较，计算与实测的流凌密度变化是一致的，只是因为实测值均为目测，并且只观测到水面流凌密度，而计算值为整个水中流凌密度，形成两者有一定出入。

2.3.3 封河日期

黄河下游常为分段封河，计算时是分段进行的。计算成果与实测比较如表2所示，一般误差为0~3天，最大为6~9天，计算合格率为85%，较大误差的年份均为负值，即计算较实测偏早，这是由于封河时先由河段下部开始，但往往缺乏观测，当封到观测断面时，已晚于始封断面，前计算的封河日为河段始封日期，所以一般偏早。

表2 黄河下游封河条件检验

时间（年-月-日）	封河河段	$\frac{TA \cdot P}{Q}$	封河日期				误差（天）			合格否
			预报			实况				
			TA	$TA-2$℃	$TA+2$℃		TA	$TA-2$℃	$TA+2$℃	
1971-12-20	泺口	0.023 0	20	20	20	21	1	1	1	合格
1971-12-19	利津	0.011 7	19	19	20	21	2	2	1	合格
1973-01-08	利津	0.011 5	8	2	不封	8	0	6		合格
1973-12-24	利津	0.015 3	24	23	24	25	1	2	1	合格
1976-01-20	河口	0.009 0	20	9	不封	29	9	20		否
1976-12-26	利津	0.014 5	26	26	26	27	1	1	1	合格
1978-02-10	利津	0.022 5	10	10	10	16	6	6	6	否
1979-01-13	河口	0.009 1	13	12	不封	15	2	3		合格
1980-01-29	河口	0.014 9	29	29	29	30	1	1	1	合格
1980-12-27	泺口	0.008 9	27	26	不封	29	2	3		合格
1980-12-27	利津	0.011 6	26	25	26	29	3	4	3	合格
1982-01-15	利津	0.009 4	15	15	16	18	3	3	2	合格
1983-01-08	利津	0.021 0	8	8	8	10	2	2	2	合格
1983~1984	利津	0.009 2（1983-12-30）	12月30日	12.30	不封	1.4	5	5		合格
1984-12-22	河口	0.010 8	22	21	22	24	2	3	2	合格
1985-12-07	河口	0.014 3	7	7	7	13	6	6	6	否
1986-12-27	利津	0.009 2	27	27	27	27	0	0	0	合格
1988-01-23	河口	0.012 0	23	23	23	24	1	1	1	合格
1988-12-14	河口	0.009 8	14	14	15	16	2	2	1	合格

注：TA 为气温；P 为流凌密度；Q 为流量。

2.3.4 开河日期

黄河下游开河条件检验表见表3。计算开河日期的一般误差不到2天,最大为6天,最小为0天,合格率达95%。

表3 黄河下游开河条件检验

时间（年-月-日）	封河河段	$\frac{(\sum TA+1)\cdot Q}{10\cdot hm^{0.95}}$	开河日期				误差(天)			合格否
			预报			实况	TA	$TA-2℃$	$TA+2℃$	
			TA	$TA-2℃$	$TA+2℃$					
1972-01-19	夹河滩	4	19	20	19	19	0	1	0	合格
1972-01-09	利津	4	9	10	9	9	0	1	0	合格
1973-01-18	利津	12.35	18	18	17	18	0	0	1	合格
1974-02-13	艾山	21.55	13	14	13	16	3	2	3	合格
1974-02-17	利津	27.72	17	17	17	19	2	2	2	合格
1977-02-23	艾山	28.68	23	23	23	25	2	2	2	合格
1977-03-06	利津	23.63	6	6	6	8	2	2	2	合格
1978-02-21	利津	20	21	22	21	21	0	1	0	合格
1979-02-09	利津	24.64	9	9	9	9	0	0	0	合格
1980-02-17	艾山	20.82	17	18	17	23	6	5	6	否
1980-02-19	泺口	25.65	19	19	18	23	4	4	5	合格
1980-02-23	利津	20.32	23	24	23	26	3	2	3	合格
1981-02-08	艾山	22.1	8	9	8	13	5	4	5	合格
1981-02-14	利津	22.64	14	14	14	15	1	1	1	合格
1982-02-18	利津	30.78	18	18	17	18	0	0	1	合格
1983-02-14	河口	5.66	14	15	13	17	3	2	4	合格
1984-03-09	利津	23.75	9	11	8	9	0	2	1	合格
1985-02-07	利津	24.69	7	7	7	9	2	2	2	合格
1986-02-12	利津	6.96	12	13	12	16	4	3	4	合格
1987-02-08	河口	25.40	8	9	8	10	2	1	2	合格
1988-03-01	河口	21.65	1	9	1	1	0	8	0	合格
1989-01-04	河口	12.9	4	7	4	4	0	3	0	合格

2.3.5 流量过程

计算各站流量过程中的最大流量合格率为91%,最大、最小误差如表4所示。

表 4　黄河下游冰期最大流量计算误差

站名	最大误差(%)	最小误差(%)
孙口	13.2	-0.78
艾山	10.9	-0.20
泺口	-23.5	2.81
利津	16.5	-0.18

在流量过程计算中,因缺乏资料没有考虑引水影响,造成一定的误差。

2.3.6　水位过程

计算各站水位过程中,最高水位合格率为100%,最大、最小误差如表5所示。

表 5　黄河下游冰期最高水位计算误差

站名	最大误差(m)	最小误差(m)
孙口	0.51	-0.01
艾山	-0.41	-0.02
泺口	-0.54	-0.04
利津	-0.38	0

3　模型应用

本模型可用于三门峡水库防凌调度和小浪底水库建成后黄河下游的冰情变化分析,将来也可用于小浪底水库防凌调度。

3.1　三门峡水库防凌调度

根据冰情模型预报黄河下游凌情,进行三门峡水库防凌调度,既可适应防凌的需要,又可减少发电损失。

三门峡水库防凌调度主要是凌前蓄水运用,封河和开河时调度,凌前蓄水限制水位为315 m,相应蓄水量约2.0×10^8 m^3,开河时蓄水限制水位326.0 m,相应蓄水量约18×10^8 m^3。要求在不超过限制水位条件下,做到最优调度。

3.1.1　凌前蓄水调度

根据长期气温和枯季流量预报,应用模型预报是否能达到封冻条件,如能达到则按规定预蓄水,如达不到则可不蓄,为安全计,也可少蓄。在预报时应考虑预报误差,从最不利的情况计算。

例如:

(1)1964~1965年度12月泺口实测平均流量为1 130 m^3/s,北镇平均气温为-0.2 ℃,1月泺口平均流量为980 m^3/s,北镇平均气温为-1.7 ℃,按模型计算均达不到封河条件。如考虑预报误差,12月泺口平均流量为1 017 m^3/s,北镇平均气温为-2.2 ℃,1月泺口平均流量为882 m^3/s,北镇平均气温为-3.7 ℃,仍达不到封河条件,则可不预蓄水或少蓄水。

(2)1974~1975年度,12月泺口平均流量为835 m^3/s,北镇平均气温为-1.0 ℃,1月泺口平均流量为774 m^3/s,北镇平均气温为-1.3 ℃。按模型计算均达不到封河条件,但考虑预报误差,计算出12月泺口平均流量为751.5 m^3/s,北镇平均气温为 -3.0 ℃,1月泺口平均流量为696.6 m^3/s,北镇平均气温为 -3.3 ℃,均达到了封河条件,为安全计,应按规定预蓄水。

应用1951~1985年资料检验,其间有1951~1952年度、1961~1962年度、1964~1965年度和1974~1975年度没有封河,按模型计算亦为不封河,但考虑预报误差,除1964~1965年度仍达不到封河条件外,其他三个年度均能达到封河条件,均需预蓄水。

3.1.2 封河调度

在封河前10天,根据流量和气温预报算出流凌密度,进而作出封河预报,进行流量调度,以1973~1974年度和1976~1977年度为例。

(1)1973~1974年度。这年度利津河段达到封河条件的日期为12月24~25日,利津的流量为341 m^3/s,北镇日平均气温为 -8.2 ℃,应用流凌模型算得流凌密度为0.81。在封河前10天作出预报,若预报符合实际,求得12月24日封河。如使不封河来流量需大于810 m^3/s,这次过程按三天计,三花间来水均为50 m^3/s,需要来流量扣除三门峡以上来流量465、497 m^3/s 和500 m^3/s 及三花间来水,需补水 0.71×10^8 m^3,预蓄水量可以满足需要,可以做到不封河。但如考虑气温预报误差 -2.5 ℃,则来流量需要1 000 m^3/s 才能不封河,如按多年降温预报的最大误差3 ℃和来流量误差10%,则不封河流量需要增加到1 000 m^3/s 以上。为安全计,三门峡水库不宜下泄这样大的流量,不能推迟封河。

(2)1976~1977年度。12月27日在河口开始封河,利津流量为510 m^3/s,北镇日平均气温为 -9.8 ℃,算得流凌密度为0.91。在封河前10天作出预报,如使不封河来流量需超过1 000 m^3/s。此后,气温继续下降,所需不封河流量更大,不但补水已超过预蓄水量,而且不安全,如考虑预报误差,则需补水更多,所以不能做到不封河和推迟封河。

3.1.3 开河调度

在开河前10天,根据流量、气温预报和最大冰厚,应用模型作出开河日期预报,并计算出冰下过流能力,如为武开河,则及时按文开河所需流量控制下泄,并在预报全河开通前10天增大泄量。

例如:

(1)黄河下游武开河转变为文开河三门峡水库需蓄水量计算见表6。

表6 黄河下游武开河转变为文开河三门峡水库需蓄水量计算

站名	年份	武开河日期(月-日)	武开河流量(m^3/s)	文开河日期(月-日)	文开河流量(m^3/s)	蓄水量(亿 m^3)
夹河滩	1972	01-19	757	02-18	599	2.34
利津	1972	01-09	614	03-06	224	2.50
利津	1973	01-18	830	02-14	260	7.80
利津	1979	02-09	940	02-10	645	0.24
利津	1983	02-17	472	02-28	444	2.83
利津	1986	02-16	645	03-05	336	8.33
利津	1989	02-08	293	03-09	198	2.38

1973年，根据开河流量830 m^3/s，累积正日平均气温0.2 ℃和最大冰厚9 cm，预报1月18日利津河段武开河，算得冰下过流能力为260 m^3/s，由此流量控制来流量，并计算出开河日期为2月14日，推迟27天，则三门峡水库需蓄水7.8×10^8 m^3，不超过限制蓄水位。如考虑气温预报误差2.5 ℃，则算得开河日期为1月17日，冰下过流能力仍为260 m^3/s，按此流量控制来流量，变为2月13日文开河，仍推迟27天，三门峡水库蓄水量基本相同，不超过限制蓄水位，这一年度开河可以做到变武开为文开。

(2)1972年，根据开河流量614 m^3/s，累积开日平均气温0 ℃和最大冰厚18 cm，预报1月9日利津河段武开河，冰下过流能力为224 m^3/s，按上述方法进行三门峡水库调度，开河日期为3月6日，推迟57天，水库蓄水25亿m^3，超过限制水位，不能变武开为文开。

预报各站最大流量见表7～表10。

表7　孙口站各年凌汛期最大流量计算误差

时间(年-月-日)	实测值(m^3/s)	计算值(m^3/s)	误差(m^3/s)	相对误差(%)
1970-01-28	1 860	1 644	216	11.61
1971-03-15	1 260	1 239	21	1.67
1971-12-01	1 280	1 290	-10	-0.78
1974-03-12	1 430	1 349	81	5.66
1976-12-26	880	764	116	13.18
1979-03-12	1 030	960	70	6.80
1981-03-02	1 000	1 093	-93	-9.30
1983-12-03	2 020	2 047	-27	-1.34

表8　艾山站各年凌汛期最大流量计算误差

时间(年-月-日)	实测值(m^3/s)	计算值(m^3/s)	误差(m^3/s)	相对误差(%)
1970-01-28	2 430	2 165	265	10.91
1971-03-15	1 330	1 248	82	6.17
1971-12-03	1 210	1 204	6	0.50
1974-03-10	1 310	1 399	-89	-6.79
1976-12-27	877	849	28	3.19
1979-02-25	1 040	966	74	7.12
1979-12-26	1 380	1 274	106	7.68
1981-03-02	1 040	977	63	6.06
1983-12-04	2 000	2 004	-4	-0.20

表 9　泺口站各年凌汛期最大流量计算误差

时间(年-月-日)	实测值(m^3/s)	计算值(m^3/s)	误差(m^3/s)	相对误差(%)
1970-01-29	1 160	1 433	−273	−23.53
1971-03-16	1 280	1 244	36	2.81
1972-01-12	1 310	1 231	79	6.03
1974-03-13	1 040	1 282	−242	−23.27
1976-12-28	802	843	−41	−5.11
1979-01-13	988	806	182	18.42
1979-12-29	1 350	1306	44	3.26
1980-12-06	811	669	142	17.51
1982-03-10	1 760	1 637	123	6.99
1983-12-04	2 070	1 920	150	7.25
1984-12-09	1 720	1 522	198	11.51

表 10　利津站各年凌汛期最大流量计算误差

时间(年-月-日)	实测值(m^3/s)	计算值(m^3/s)	误差(m^3/s)	相对误差(%)
1970-02-01	1 100	1 102	−2	−0.18
1970-12-29	774	837	−63	−8.14
1972-01-09	1 290	1 238	52	4.03
1973-01-19	1 150	1 025	125	10.87
1974-03-09	1 080	934	146	13.52
1976-12-29	665	658	7	1.05
1978-01-23	448	461	−13	−2.90
1979-03-01	1 030	904	126	12.23
1979-12-26	1 440	1 260	180	12.50
1981-03-05	765	710	55	7.19
1982-03-11	1 560	1 636	−76	−4.87
1982-12-03	1 220	1 354	−134	−10.98
1983-12-03	1 990	2 008	−18	−0.90
1984-12-10	1 750	1 611	139	7.94
1987-01-31	548	518	30	5.47
1987-12-05	1 210	1 011	199	16.45

应用 1971～1989 年的资料检验，按上述方法，进行三门峡水库防凌调度，在封河时，由于预蓄水量较少，一般只能推迟封河，对于开河调度，在这 19 年中共发生 6 次武开河，除 1972 年外，都可变为文开河。

考虑到预报误差影响，按预报值进行三门峡水库防凌调度，封河效果较小，开河效果显著。

3.2 小浪底水库建成后，黄河下游河道冰情分析

根据小浪底水库综合利用规划报告，小浪底与三门峡两库联合承担黄河下游防凌任务。小浪底水库留有防凌库容 $20\times10^8\ m^3$，三门峡水库防凌库容 $15\times10^8\ m^3$。小浪底水库的死水位为 230 m，相应库容 $40.8\times10^8\ m^3$。对小浪底水库修建后，黄河下游的冰情可能发生的变化，应用本冰情模型进行了粗略的分析，计算如下：

如不考虑防凌调度，由于小浪底水库常年蓄水，冰期水库出流的水温较天然情况增高，参考刘家峡水库和三门峡水库凌汛蓄水时出流水温为 3～4 ℃，按 1970 年后最冷的 1976～1977 年度的气温，用水温和流凌模型计算，零温断面约在花园口至夹河滩之间，在此河段以上不再流凌，在此河段以下仍要流凌，但流凌密度减小。夹河滩、高村流凌密度均达不到封河条件。封河将缩短到孙口以下，应用模型计算，将不会产生严重冰坝，但因孙口河段以下仍可能封河，对下游防凌仍需做好三门峡和小浪底两水库的调度运用。

在封河调度时，由于防凌库容增大，可以增加凌前蓄水，更有效地推迟封河以至不封河。按照黄河下游北镇历年最低日平均气温 −15.3 ℃和较大的流凌密度 0.9，算得利津河段的流量需要增大到 1 700 m^3/s 时才能不封河。在河口河段，较利津河段同流量流速偏小 20% 左右，并且河口河段的气温较北镇约低 3 ℃，以此算得不封河流量应在 2 500 m^3/s 以上。据实测资料统计，流凌时较畅流期同流量的流速偏小 20%～50%，若按 50% 计算，畅流期较流凌时同水位流量约增大一倍，即流凌时 2 500 m^3/s 的水位约相当于畅流期 5 000 m^3/s 的水位。目前，黄河下游漫滩流量多为 5 000 m^3/s，按上述历年最低气温计算的不封河所需流量不会造成大量漫滩。关于水库的蓄水量，按一次冷空气过程增大 5 天水库泄量，下泄流量为不封河所需流量减去上游和区间来水，加上沿程损耗，统计需补水 $8.64\times10^8\ m^3$，考虑到这次冷空气过后，仍可能有达到封河条件的冷空气过程，凌前预蓄水量应在 $10.0\times10^8\ m^3$ 以上，采用这样的调度方法，虽然有可能达到不封河的目的，但也存在一定风险。因为预报调度中所依据的气温预报往往有较大的误差，虽然在确定调度方案时已加上了一定的误差值，尚难以做到完全可靠。下泄流量越大，风险就越大，所以在气温预报尚未达到完全可靠的程度时，这种增加流量阻止封河的调度方法，一定要充分考虑气温预报的误差，并应限制下泄流量不宜过大。再者下泄流量过大，则弃水过多，不是最优调度方案。当不能阻止封河时则应作好开河调度，主要是控制下泄流量，做到不产生武开河。如前所述，在 1972～1989 年中除一年外均可利用三门峡水库的 $18\times10^8\ m^3$ 防凌库容控制泄流量，使武开河转变为文开河。三门峡和小浪底两库联合运用，防凌库容增大到 $35\times10^8\ m^3$。根据历年实测资料计算分析，可以满足开河期控泄流量不产生武开河的需要。这样的调度方法虽然可以避免凌灾，但仍然会造成不同程度的发电损失。为了解决这个问题，最好采取调破结合的防凌措施，即水库防凌调度与气垫破冰船破冰相配合，做到下游不封河，才能最合理地解决黄河下游凌汛灾害问题。

4 小结

(1)本次黄河下游冰情模型研究是以热力、动力计算和经验方法相结合建立的冰情

模型，这是符合黄河下游河床多变和目前水文测验水平不高的实用模型。

本模型虽然尚需依据气温预报进行冰情计算，但在计算中考虑了气温预报的误差，可以提高预报冰情的可靠程度。

本模型的水力计算采用了实时修正系数法，可以使水位、流量不断受河床和冰情变化的影响得到随时修正，提高预报精度。

(2)本模型根据多年实测资料检验，可以起到提高水库防凌调度的作用。

(3)应用本模型对小浪底水库建成后与三门峡水库联合防凌调度的效果分析说明，小浪底水库建成后虽然已可解决黄河下游凌汛灾害，但为了更经济合理地利用黄河水利资源，还需配合有效的破冰措施，做到不封河，既可避免凌灾，又可尽量减少水库发电损失。

附录1：

推求河槽断面平均水深的关系式如下

$$\bar{h} = ah - c$$

式中 $\bar{h}$——断面平均水深，m；

h——水位，m；

a——系数；

c——常数。

由于河床多变和冰凌的影响，a、c 值经常变动，应用时需进行实时修正，其变化范围见表11。

表11 a、c 值的变化范围

站名	a 值	c 值
花园口	0.26～0.71	22.98～63.44
夹河滩	0.25～0.83	18.00～62.00
高村	0.26～1.03	15.00～61.85
孙口	0.39～0.68	16.70～30.00
艾山	0.19～1.20	4.09～43.26
泺口	0.20～0.85	2.25～20.78
利津	0.70～1.31	6.76～14.60

附录2：

推求断面平均流速 $\bar{v}$ 的关系式为

$$\bar{v} = kQ^n + b$$

式中 $\bar{v}$——断面平均流速，m/s；

Q——断面开均流量，m^3/s；

k——系数；

b——常数；

n——指数,在凌汛期流量小于 1 500 m^3/s,$n=1$。

根据各站多年凌汛期资料,求得黄河下游各站的 k 和 b 值见表 12。

表 12　黄河下游各站的 k、b 值

站名	k 值	b 值
花园口	0.000 5	0.72
夹河滩	0.001 5	0.70
高村	0.000 89	0.52
孙口	0.000 97	0.33
艾山	0.000 80	0.36
泺口	0.000 85	0.45
利津	0.000 84	0.31

(本文发表于 1994 年)

努力提高我国江河冰情测报和科研工作

江河冰情的观测、预报和科研是防凌、水利水电工程的建设运用、灌溉、航运、供水以及军事等方面的重要基本工作，新中国成立36年来已经测得了大量的冰情资料，取得了不少研究成果，目前随着四化建设的开展和水资源的开发利用，对冰情测报提出了更多更高的要求。但是，无论冰情的观测、预报、科学研究等都还比较落后，远不能适应日益增长的需要，必须努力提高。

1 我国的江河冰情特点

我国北纬25°以北的河流都有冰情现象，而每年经常出现冰情的地区主要在北纬30°以北的16个省(区、市)，约占全国总面积的70%，冰情的出现日期南北相差很大，初冰日期相差3个月，终冰日期相差近4个月，冰期南部为1个月，北部最长达8个月，封冻开始日期相差2个月，解冻日期相差4个月，封冻历时南部不到1个月，北部达6个月，冰盖的厚度与封冻历时有关，历时最长的在大兴安岭地区为1.5 m左右，黄河内蒙古河段为0.8 m左右，黄河山东河段只有0.4 m左右。

凌汛与河流的走向有关，从低纬度流向高纬度的河流，上游开河早，下游开河晚，往往造成凌汛，黄河上游兰州流至内蒙古，纬度增加4°33′，黄河下游自兰考转为东北向流至河口，纬度相差3°16′，都是在开河时上开下不开，常常形成冰坝，水位急剧上涨，当溃决时，河槽蓄水迅速下泄，经过节节卡冰壅水，凌洪不断增大，造成严重凌汛，新中国成立前黄河下游平均五年决口两次，新中国成立后也曾出现过凌汛灾害。三门峡水库和刘家峡水库分别于1960年和1969年建成投入运用后，在黄河下游和宁蒙河段开河时控制下泄流量，对防凌起到很大作用，但是还没有完全解除凌汛威胁，内蒙古河段1981年，山东河段1969年、1970年、1973年和1979年都曾产生过冰塞或冰坝，造成不同程度的凌灾，在水库迴水末端有时亦出现严重冰塞，如1961年在盐锅峡水库迴水末端形成长达30多km的巨大冰塞，壅高水位10 m。1982年黄河山西河曲河段也产生过两千年来有记载以来的严重冰塞。东北黑龙江、松花江、嫩松、牡丹江等都曾发生过巨大冰坝，造成严重灾害，1981年松花江下游的佳木斯河段，在百余里的江面上产生了六道高6～10 m的冰坝和冰堆，形成历史上罕见的凌汛。还有的地区中小河流如新疆天山北坡的许多河流在冰期虽没有像大江大河那样的严重凌汛，但流冰期长，流冰量大，电站常受冰花堵塞，有的电站几个月不能发电。

我国的冰情问题是十分广泛而复杂的，必须做好测报和科研，以适应各方面的需要。

2 冰情测报和科研工作发展概况

2.1 发展概况

我国的冰情记载具有悠久的历史，早在商朝《易经·坤卦》中就记有“初六履霜坚冰至”，此后在《诗经·幽风·七月》末章有用冰的记述，“二之日凿冰冲之，三之日纳于凌阴，四之日其蚤献羔祭韭”，汉代《礼记》月仓中记有冰情的描述，“孟冬之月水始冰，地始冻，仲之月冰盖壮，地始坼，季冬之月冰方盛水泽腹坚”。唐代《卢氏杂说》记有冰的物理性质，“薄冰卷厚冰，以刀切入迎刃而解”，宋代《谈苑收冰之法》记有冰质随季节的变化，“冬至前所收者坚而耐久，冬至后所收者多不坚也，黄河亦必以冬至前冻合，冬至后虽冻不复合矣”，到了明代《金召记闻》中则记有天文与河冰的关系，“北人验时，天明三星入地为河冻之候”，又明代《戒菴漫笔》中记有开河的规律，“北地冰冻虽极连底者，遇大雾倾刻可解”。

在历史上，为了生产的需要，劳动人民也积累了不少有关冰情生消变化规律的经验，如黄河下游有“天冷水小北风托，弯多流缓易封河”，“三九不封河，就怕西风戳”，“一九封河三九开，三九不开等春来”等。到了1921年，黄河泺口水文站开始正规观测冰情，记载流凌封冻的情况和日期，以后又有一些水文站开展了冰情观测。新中国成立后，由于水利水电事业的需要，随着水文工作的蓬勃发展，河道冰情的观测研究也随之迅速发展起来。20世纪50年代首先在黄河上的内蒙古、山东河段和刘家峡、盐锅峡及东北的桓仁、嫩江等处的水文站开展了较系统的冰情观测，1955年水利部在编制《水文测站暂行规范》中，列入了冰情观测规定，颁发水文站执行，1957年东北长春水力发电设计院编制了《河道冬季冰情观测调查规范》，并发到所属水文站试行，1959年对《河道冬季冰情观测调查规范》进行了全面修订，1962年出版后发至各水文站正式执行。由于规范的制定，促进了河道冰情的发展，较全面地开展了各项冰情观测，如目测冰情绘制冰情图，测量冰厚、流冰量，观测水内冰、冰坝、冰塞、冰层结构以及有关的物理机制等。

1962年冬，在黄河刘家峡组成了冰塞观测队伍，对刘家峡至盐锅峡河段的冰塞进行了大规模的系统观测研究，并在东北的白山、黄河的青铜峡、新疆的可可拉海等地开展了冰坝冰塞的观测研究工作，都取得了大量的系统资料。

随着防凌和水电站冬季运转的需要，在黄河三门峡及刘家峡、青铜峡进行了利用水库调节水量，解决了其下游冰凌问题的研究，并编写了《黄河下游凌汛》一书，论述了黄河下游凌汛成因、冰水力学特征及防凌措施等。在青海、新疆，为防止冰凌对水电站的危害，对于水电站如何防冰排冰等进行了试验研究，1974年东北勘测设计院在白山电站进行了底孔排冰的模型试验。

冰情预报是在20世纪50年代初开始的，在黄河的内蒙古、山东河段和松花江等河流上建立了封河、开河日期和开河最高水位等经验关系，根据热量平衡原理建立了冰厚与累积负气温的关系，并开展了主要冰情的作业预报。1959年水电部水文局编写了《河道冰情预报方法》，1962年华东水利学院在水文预报教材中编入了冰情预报方法，1964年在黄河上游刘家峡水库建立了冰塞预报方法，同期黄河下游建立了冰量和开河最大流量的预报方法，此后又研究建立了松花江的冰坝预报方法，对于封冻河流修建水库后下游冰情的影响进行了分析研究，提出了水库下游不封冻距离的计算方法，1979年总结了多年来的冰情研究成果和预报经验，编写了较系统的冰情预报方法。

为了推动冰情测报工作的发展，1978年成立了全国冰情研究工作协调组，组织交流经验，推动冰情观测研究的发展，在松花江下游依兰河段、黄河内蒙古部分河段和山东部分河段及依兰、昭君坟、利津3个水文站开展了冰坝、水库下游冰情变化特点、水内冰等重点冰情的观测研究,已取得了不少研究成果。为了学习国外经验,组织翻译了各国有关冰情研究论文和第六届国际冰情学术讨论会议论文集,并组织撰写了多篇冰情论文,参加了第六届、第七届等国际冰情学术讨论会议,与国际江河冰情研究组织进行了学术交流,1983年在合肥工业大学举办了冰情研究学习班,1985年合肥工业大学成立了冰情研究室,并开始培养冰情方面的研究生,从此我国的冰情测报研究工作进入了一个新的发展阶段。

2.2 问题和差距

2.2.1 存在问题

我国的冰情测报和科研工作已取得了很大的进展,但与国际先进水平相比,尚有很大差距,还远不能适应"四化"建设的需要,主要问题是:

(1)冰情站网缺乏科学规划,观测工作比较薄弱,观测项目不足,多数测站没有完全按规范要求进行观测,仪器工具比较落后,资料的数量和质量都不能适应需要。

(2)预报技术发展迟缓,大部分预报仍为经验方法,预报误差较大。

(3)科研工作十分薄弱,不仅对冰情的形成变化机制缺乏研究,一般冰情规律也研究很少。

2.2.2 与国际水平的差距

在国际上,近十余年来,由于水资源开发利用的需要,促进了冰情研究的发展,相继举办了一系列的冰情学术讨论会,讨论的内容包括了各种冰情问题,如冰情观测、热量平衡、冰水力学、冰力学、冰情模型、工程冰情、冰情预报、冰灾防治等。

2.2.2.1 热量平衡

热量平衡因素的分析研究是冰情研究的基础,对于空气和水,对流和蒸发的热交换,辐射交换和其他如降水、地下水、水流与河床间的热交换,以及水流速度的影响都有一些研究成果,并提出了各种计算方法,对于江河热力性质的两个中心问题,即江河中非扰动热力状态和人类利用江河后热力状态的影响也都有观测研究成果。

2.2.2.2 冰情生消变化规律

对主要冰情的形成变化规律都有不同程度的研究,如水内冰的生成原因,紊流中水温垂直分布,过冷水的产生与水内冰形成的关系,水内冰不同形状特点以及增长变化和沉积的定量分析等都有研究成果。

关于流冰堆积和冰塞的研究已由定性进展到定量分析。流冰下潜冰盖的条件由用流速反映进展到用弗劳德数表示,流冰的垂直浸没或潜入冰盖的条件进一步由用弗劳德数表示的一维关系发展到从冰块流动连续方程原理建立的二维模型(直线河道)和三维模型(弯曲河口或游荡性河槽),对于稳定冰块潜入和流冰潜入冰盖下的积聚机制以及积聚成多层的冰块厚度变化过程也有一些研究,对于冰塞的另一个研究途径是从历史上的冰塞资料,研究形成冰塞的水文和地理特征,这两种途径互相配合进行。

在冰水力学方面,主要有冰盖的冰力阻力、冰坝冰塞造成的壅高水位和冰坝形成的洪水波,冰块下潜冰盖的水力条件、冰下水面线等一些研究。

冰力学在工程冰情中有重要的作用,如浮冰力、冰凌堆积应力场的分析、冰盖形成的膨胀压力、冰盖承载力等的研究也有不同程度的发展,冰凌现象的模拟试验也做了不少工作,如河流中冰坝冰塞的形成、桥梁处的流冰状况、冰面上的分布等都有模型试验。

2.2.2.3 冰情观测

在观测工作中除应用一般的常规仪器和方法外,为了特殊工程的需要,如防凌、水电站等,在有限范围内进行重点观测,对于冰情图的测绘,主要应用空中摄影的方法,为了研究冰的生消变化,进行精密水温测量,有的应用深海返转温度计,精度可达 0.01 ℃,有的应用更精密的差示温度针,可以读到 0.002 ℃和 0.000 1 ℃,冰厚测量已采用了雷达设备,遥感技术也已用于冰情观测和定时测报。对于冰坝测量,主要应用航测法,可以测得冰坝的全貌,由于冰情测验仪器的改进,提高了测验成果的质量。

2.2.2.4 冰情预报

(1)预报项目有冰期历时、封冻完成历时、封冻历时、流冰开始和终止时间、冰盖厚度、湖泊冰盖面积、冰塞、冰坝及与工程冰情有关的项目。

(2)预报方法。纯经验方法已逐渐由物理统计法所代替,有的已应用成因计算法,如以热量交换为基础对于描述大气和河湖水库的热状况之间的关系建立了微分方程,并据以导出各种计算公式。对于一些特殊冰情,如水电站下游结冰断面位置等建立了一套预报方法,对于开河预报建立了解冻过程模型,对于冰塞形成过程计算方法的研究成果也已用于预报,在冰情长期预报中也愈来愈多地采用物理—统计法,比较普遍地根据气象要素场及其在自然正交分量上展开的资料进行预报,应用气象场的天气统计法也有不少研究成果。

与上述情况相比,目前我国的江河冰情测报和研究水平无论在先进技术的应用上,还是在各种冰情形成变化规律的探讨和基本理论的研究上,都存在较大的差距,都需要努力提高。

3 努力开创冰情测报和科研的新局面

由上述可见,目前我国的冰情测报和科研工作与需要有很大的差距,必须以较大的步伐开拓前进。

3.1 完善冰情站网,加强冰情观测

以往对冰情站网大多没有深入研究,缺乏科学的规划,大部分有冰情的河流站网很不完善。应根据冰情的特点研究制定冰情站网的布设原则和方法,进行一次全面的调整审查、补充,逐步建成一个科学的完善的冰情站网。

根据多年来的冰情观测体会,1962 年制定的冰情观测暂行规范,目前基本上仍能使用,但有些规定应根据观测技术的发展进行适当修订。目前,对冰情站的观测项目和要求多未进行深入研究和规划,有些站"文化大革命"中停测的项目现在仍未恢复,已开展的观测项目不少站也没有严格执行规范,为了提高冰情观测工作质量,应进行一次全面的规划,逐步建成一个较完善的冰情测验系统。

3.2 改进观测仪器工具和方法

目前的冰情观测技术多数站仍停留在"文化大革命"前的水平,应加强基本设施,完善常规测验工具仪器和方法,同时研究引用先进技术进行改进,如精密水温计航测法和遥

感技术等。对于目前冰情测验中存在的问题，如开河流量测验、流冰下潜冰盖过程的观测等，都应进行研究解决。

3.3 深入开展冰情试验研究

为了探求冰情的变化规律，除做好一般水文站的冰情观测外，还必须开展重点试验研究。目前，重点观测河段和水文站自1979年以来先后开展了试验研究工作，取得了不少资料，也作了一些分析研究，但是工作进展比较缓慢，需要进一步加强。根据各地区不同冰情特点，应选择一些适当的河段和测站重点研究流冰堵塞河、渠的变化过程及其形成生消规律，以适应工程冰情的需要，各重点站应配合重点冰情观测进行有关热力因素和水力因素的观测。

3.4 开展模型试验和冰物理试验

有些冰情如冰塞冰坝的全部形成过程的观测十分困难，需要配合现场观测，开展模型试验和冰的物理试验，对其生消变化过程和结构等进行全面的试验研究，希望有条件的水文研究单位开展此项工作，最好建立专门江河冰情研究机构，以保持冰情试验研究的进行。

3.5 改进冰情预报方法，建立冰情测报系统

目前的冰情预报精度远不能适应各方面的需要，重要原因是：①对冰情的变化规律认识不足；②预报所依据的各种热力和水力因素缺乏全面的观测，迫使应用粗略的指标，误差较大；③对冰情预报的要求大都超出短期预报的范围，预见期间的根据因素需要依靠预报，尤其热力因素需要天气预报，准确度不高。

为了提高冰情预报精度，除应研究冰情的变化规律、加强热力和水力因素的观测外，还应根据冰情预报的要求研究提高中期天气预报的准确度，把水文与气象有机地结合起来，建立一个包括热力、水力因素和各种冰情的测报系统。

此外，根据生产、科研等的需要正在进行冰情图的拍摄工作，各承担拍摄的单位要抓住时机加紧进行，力争1986年拍摄完成刊印出版。

为了保证实现上述意见，希望各级领导对此项工作给予重视，加强领导，充实技术力量，积极培训冰情测报和科研人员，提高技术水平，建立上下内外结合的科研体系，加强协作，组织专题攻关，为开创我国冰情测报和科研工作的新局面而努力。

（本文撰写于1985年）

（二）水文和治黄实践

水文情报预报

水文情报预报是防洪的耳目。黄河历史上三千多年前就有水情记载，到了民国时期，开始有了科学的洪水测报工作，但进展十分缓慢，新中国成立后才得到迅速发展。水情站网由新中国成立初期的16处增加到20世纪70年代的500多处。拍报方法、传递手段、服务范围和质量都不断提高，80年代已在三门峡至花园口间（以下简称三花间）建立了自动测报系统。水文预报自新中国成立后，由无到有，由干流到支流，由下游到上游，由短期洪水到洪、枯、冰，长、中、短期各种预报全面开展。洪水预报方法，由简单的洪峰相关到流域水文模型；冰情预报方法，由粗略的经验相关到冰情模型，并且广泛应用于电子计算机，形成了一套较全面的、具有黄河特色的预报系统。服务范围由20世纪50年代初的4个单位增加到80年代的100多个单位。水情拍报质量由20世纪50年代初的差错率6%减少到80年代的1.3%，拍报流量的精度由50年代的85%提高到80年代的95%。为了增长洪水和冰情预报的预见期，还开展了降雨和气温预报。40年来，黄河水文情报预报在黄河下游防洪防凌斗争中发挥了重大作用。

1　历史概况

早在殷商时代，就有预报安阳河洪水的记载。北宋时期（公元960～1127年），提出“水信有常，率以为准”。定出各月水情的名称：一月为信水，二月为桃花水，三月为菜花水，四月为麦黄水，五月为瓜蔓水，六月为矾山水，七月为豆花水，八月为荻苗水，九月为登高水，十月为复槽水，十一月、十二月为蹙凌水，把1年中4个明显的涨水期定为“桃、伏、秋、凌”四汛。明万历元年（1573年）已仿照“飞报边情摆设塘马”的办法，创立了乘快马传递水情的制度。上自潼关，下至宿迁，以一昼夜驰五百里的速度向下游接力传递水情，并按照“凡黄水消长，必有先兆，水先泡则方盛，泡先水则将衰”的洪水涨落规律，进行洪水预报。到了清康熙四十八年（1709年），开始用浑脱装载文报向下游传递水情，并于皋兰、青铜峡设立水志桩，遇涨水用羊报（将大羊挖空其腹，密缝浸以麻油，使之不透水）先传警汛，选卒勇壮者，缚于羊背，腰系水签数十支，至河南境沿溜掷之，捡签知水尺寸，得以准备抢护。到了清乾隆元年（1736年）至三十一年（1766年），在河南沁河武陟的木栾店、黄河干流陕县的万锦滩和洛河巩县相继设立水志桩，记载涨落水位，当陡涨两三尺以上，即驰报河道总督，再上报皇帝。至清光绪十五年（1889年）开始使用电报传递水情。清光绪二十五年（1899年），在黄河两岸开始架设电话。清光绪二十八年（1902年），山东河务局各河务分局都架设了电话,至清光绪三十四年(1908 年),黄河两岸已架通电话线七百多千米,黄河水情便可用电话随时向黄河两岸传递。清宣统三年(1911 年),万锦滩的水情开始由当地电报局传递。民国八年(1919 年)在河南陕县和山东泺口,设立水文站测报水情,此后在干支流相继设立水文站,并于 1934 年国民政府黄河水利委员会制定了报汛办法。1937 年水情站最多时达 26 处,后因抗日战争影响,减至 11 处。抗日战争胜利后,1946 年国民政府黄河水利委员会在开封设立无线电总台,并于陕县、孟津、武陟木栾店、花园口及沿防泛新堤的扶沟县吕潭、淮阳县水寨、尉氏县寺前张设立电台,传递水情。1947 年花园口堵口后,解放区冀鲁豫黄河水利委员会和渤海区山东河务局,于 1948 年在平陆县茅津渡设立水文站传递陕县水情。

冰情方面,早在商周时期就有记述,到东汉(公元 25 ~ 220 年),《礼记月仓》中记有冰情的演变过程:"孟冬之月水始冰,地始冻,仲冬之月冰益壮,地始坼,季冬之月冰方盛,水泽腹坚。"宋代(公元 960 ~ 1279 年)《谈苑收冰之法》中记有"黄河亦必以冬至之前冻合,冬至后虽冻不复合矣。"至明代在《金台记闻》中则记有"天明三星入地,为河冻之候"的天文与河冰的关系。

在历史上为了生产的需要,也积累了不少冰情生消规律,如黄河下游有"天冷水小北风托,弯多流缓易封河"、"三九不封河,就怕西风戳"、"一九封河三九开,三九不开等春来"等有预报意义的谚语。

2 水文情报

2.1 水情站网

黄河水情站网是由黄河水利委员会和沿河各省(区)的水文站网中,根据防汛需要选出部分水文站、水位站和雨量站及委托各省(区)的少数气象站组成的。大汛水情站网中,根据所在位置的重要性,分为基本水情站和辅助水情站。大汛水情站分布在干支流和流域面上,凌汛水情站主要分布在有关的干流河段和主要支流把口处。

大汛水情站自 1950 年的 16 处发展到 1961 年的 513 处,呈直线上升。1962 年调减了 111 处,1963 年、1964 年略有回升,1965 年又减少了 90 处,到 1970 年减为 293 处,1971 年后恢复上升,到 1977 年为 500 多处,此后无大增减。

大汛期水情站网的分布,下游向上游逐渐减少。各区站网密度(以单站控制面积表示)的发展情况见表 1。

1981 年开始在三花间建设自动遥测联机实时洪水预报系统,确定在全区设立遥测站 293 处,分为 7 个小区。1987 年已建成伊河上游陆浑小区 22 个自动遥测站。1984 年着手建设黄河下游漫滩水位自动测报系统,1987 年设立了 9 处遥测水位站,通过鄄城、高村、东坝头、开封 4 处中继站向郑州中心收集站测报水位。

截至 1987 年,站网密度除三花间最大,基本上符合防洪的需要外,其余各区的水情站网,尤其雨量站网,不同程度的偏稀,往往控制不住暴雨中心和小区暴雨,有时出现水大雨小,甚至有水无雨的现象,其主要原因是有些地区电信条件差,如头道拐至龙门间已设雨量站中只有 18% 的站报汛。还有一些地区十分偏僻, 地广人稀,能够胜任观测雨量的人

表 1　黄河流域大汛期水情站控制面积

黄河	区域	面积	1955 年				1965 年				1975 年				1985 年			
			雨量		水文		雨量		水文		雨量		水文		雨量		水文	
			站数	控制面积	站数	控制面积	站数	控制面积	站数	控制面积	站数	控制面积	站数	控制面积	站数	控制面积	站数	控制面积
上游	兰州以上	222 551	22	10 100	6	37 100	29	7 670	16	13 900	21	10 600	15	14 800	35	6 360	13	17 100
	兰州—头道拐	145 347	3	48 400	3	48 400	16	9 080	10	14 500	8	18 200	15	9 690	10	14 500	7	20 800
中游	头道拐—龙门	129 659	38	3 410	11	11 800	63	2 060	40	3 240	71	1 830	24	5 400	81	1 600	27	4 800
	泾洛渭河	134 766	67	2 010	20	6 740	106	1 270	38	3 550	60	2 250	33	4 080	104	1 300	40	3 370
	汾河	39 471	16	2 470	2	19 700	15	2 630	3	13 200	14	2 820	4	9 870	14	2 820	3	13 200
	龙门、华县、河津洑头—三门峡	20 484	14	1 460	6	3 410	15	1 370	8	2 560	12	1 710	15	1 370	13	1 580	14	1 460
	三门峡—花园口	41 615	41	1 020	14	2 970	75	555	34	1 220	90	462	29	1 440	178	234	41	1 020
下游	金堤河	4 869					2	2 440	2	2 440	8	609	2	2 440	8	609	2	2 440
	汶河	8 633	7	1 230	3	2 880	27	320	6	1 440	15	576	4	2 160	14	617	4	2 160

注:①雨量站数含水文站;②水文站数含水位站;③面积单位为 km^2。

员很少，在尚无自动遥测系统的情况下，无法设立足够的雨量站。

凌汛期的水情站网自1953年正式报凌以来变化不大，均在20处左右，与常年水情站和修防段的测报相配合，基本上适应需要。

2.2 水情拍报

拍报时限：大汛期的拍报开始日期1956年前均定为7月1日，此后到1990年，有16年为6月15日、18年为6月1日。终止日期1949～1950年为霜降，后因1950年霜降后又发生了一次洪水，陕县10月21日洪峰流量为5 580 m^3/s，以后延长到10月底，如10月份水情平稳，流量较小时，可以提前终止，有5年提前至10月15日结束。

凌汛期拍报时限：在20世纪五六十年代，吴堡以上为11月1日至次年4月10日，吴堡以下为12月20日至次年2月底。1970年改为头道拐以上为11月1日至次年4月10日，头道拐以下为12月20日至次年2月底。1971年又改为青铜峡至头道拐为11月1日至次年4月10日，花园口以下为11月20日至次年2月底。1985年将青铜峡至头道拐改为11月1日至次年4月14日。

各省(区)大汛开始日期早，有5月1日和6月1日两种，终止日期有9月30日、10月1日、10月21日和10月31日4种。凌汛期拍报时限有10月1日至次年4月1日，11月1日至次年4月1日，也有的为11月1日至次年3月31日。

水情拍报办法，主要是根据水利部的规定结合黄河情况进行补充制定的。1950年水利部制定了第一个报汛办法共18条，黄河水利委员会补充了8条，有定时拍报和随时加报两种，定时拍报每日8时和10时各拍报一次，加报则不拘时刻，达到标准随时拍报。1952年水利部将雨量加报改为段次制，即除固定每日8时拍报外，到时段末达到加报标准即行拍报。黄河水利委员会具体规定一般站为一段制，即每24小时拍报一次；部分站定为两段制，即每12小时拍报一次，降雨达到加报标准时及时拍报。1953年水利部的规定中增加了凌汛拍报办法。1956年水利部将拍报规定增加到28条，并制定了7个附件，把水情站分为基本站和辅助站。规定基本站每日定时拍报一次，如雨情水情变化较大达到加报标准，在时段末及时拍报，辅助站有起始拍报标准。此次修订还增加了闸门拍报规定和洪水预报电码。黄河水利委员会具体修订了测报雨量的段次，将泾、洛、渭河下游，三门峡库区和伊、洛、沁河规定为4段，加报标准20 mm。1957年黄河水利委员会对雨量、水位、流量、冰情、风力、风向等分别制定了补充拍报办法，并应用段次制加报流量，还补充了非汛期和施工期的水情拍报办法。1960年水电部颁布了《水文情报预报拍报办法》，1964年水电部又颁布了《水文情报预报暂行规范(草案)》的附录二《水文情报预报拍报办法》及《降水量、水位拍报办法》，使水文情报预报拍报规定更加系统完整。此后，黄河水利委员会每年均根据具体情况调整拍报段次，修订补充拍报规定。1968年提高了雨情拍报段次，伊洛沁河、三花干流区间和汶河均改为十二段制，头道拐至龙门间、泾洛渭河、三门峡库区和金堤河流域均改为四段制，其余均为一段制或两段制。1985年水电部正式颁发了《水文情报预报规范》(SD 138—85)，包括水情管理、水文情报预报工作规定、水文情报质量检查考核、水文预报方案评定检验标准等。黄河水利委员会及沿河各省(区)均贯彻执行了这个规范，进一步提高了黄河水文情报预报的正规化、系统化水平。

2.3 水情传递

黄河的水情传递手段，主要有电信部门的有线电报、专用无线电台和黄河下游的专用电话3种。

(1)水情站一般距离电信局较远，多利用地方电话或架设专用电话，将水情传报至电信局拍发。

(2)在20世纪50年代初期，每年大汛期租用电信局的电台和报务员，入汛前设立，汛后撤除。设台最多的年份有十余处，如1953年设立专台的站有吴堡、华县、龙门、河津、润城、陕县、八里胡同、黑石关、菏泽、石头庄、封丘等11处，并为钻探需要又在小浪底和开封设立3处。1970年后为了保证通信安全，尽量不设专台，改用电话，各专台全部撤销。

在三花间，借鉴淮河1975年8月特大暴雨洪水时电信遭到严重破坏，水情不能及时传递，防洪指挥失灵的教训，于1976年开始建立无线电通信网，截至1987年，建成以三门峡、洛阳、陆浑、郑州为中心，连接三门峡、花园口等35个水文(水位)站和17个雨量站的无线电报汛网，逐步实现以无线报汛为主、有线为辅的水情传递方式。1981年开始建设的自动遥测联机实时洪水预报系统，直接自动向郑州测报中心传递水情。

(3)黄河下游干流各水情站的水情，1985年以前均由专用电话传递，以后改为无线电报为主、专用电话为辅。

水情的接收处理，1958年前每年汛期电信局派人负责抄收水情电报，1958年开始租用郑州电信局的55型有线电传机接收水情电报，1982年改用Tx－20型电传机，提高了接收效率，1984年郑州电信局安装了64路自动传报机，效率又进一步提高。1987年前主要是人工译电登记，1984年开始研制自动接收译电系统，于1987年运行。这个系统有4个功能：一是在通信线路正常情况下，保证同时接收电信局和黄河水利委员会无线通信系统传递的水情，二是自动译电和存储接收的水情资料，三是迅速打印各种水情报表和雨量图，四是检索雨、水、沙、冰等资料。为了确保及时接收、处理水情电报，1987年又设立了水电部水文水利调度中心研制的实时水情信息接收处理系统，两套水情译电系统并用，各站水情均采用这两套系统自动接收、处理。

2.4 情报质量

情报质量主要包括水情拍报差错率和拍报流量的精度两个方面。水情拍报差错率20世纪50年代较大，1955年为6%，60年代减少到1%～1.5%，70年代初上升到2.3%，以后又逐年下降，到1981年降到0.57%。流量拍报精度，随着测报设备的改进和测报技术的提高，由新中国成立初期的85%提高到1987年的95%。在50年代初期有的拍报流量误差很大，如1951年8月15日龙门水文站发生了一次洪水，基本水尺被冲毁，该站将13 700 m^3/s的洪峰流量估报为25 000 m^3/s，误差达82%，致使黄河下游群众急忙抢收了滩区尚未成熟的庄稼，造成不必要的紧张和损失。1954年8月5日花园口洪峰流量为15 000 m^3/s，拍报为12 300 m^3/s，偏小18%。1955年后流量拍报精度逐步提高，1958年7月17日花园口的洪峰流量22 300 m^3/s，拍报为21 000 m^3/s，误差6%。此后拍报流量的误差一般不超过10%。

3　水文预报

3.1　短期洪水预报

黄河正式预报洪水是从1951年开始的，当时只在黄河下游部分水文站作洪峰预报。1955年黄河水利委员会第一次组织进行了编制黄河流域中下游洪水预报方案，全面开展了干流及主要支流的洪峰预报、黄河下游河道洪水过程预报、以三花间为重点的降雨径流预报工作，为黄河下游建立洪水预报系统奠定了基础。1956年把洪水预报扩展到黄河上游，同时制定了东平湖分洪预报方案。20世纪60年代为了提高预报精度，对三花间的降雨径流预报和下游的河道洪水演算以及受生产堤影响下的洪水预报方案进行研究改进。70年代对各种洪水预报方案进行全面补充修订，同时由水电部水利调度研究所组织全国有关单位，为建立黄河三门峡以下的洪水预报系统进行了一次大会战，重点分析研究了三花间的产汇流规律、黄河下游变动河床及生产堤影响下的洪水演算方法，特别是特大洪水的预报方法，第一次在伊河陆浑水库以上运用降雨径流相关，变动单元汇流单位线建立了产汇流模型，并推广到洛河长水以上应用。这次会战使黄河洪水预报技术得到了很大提高，并开始应用电子计算机编制预报方案。70年代后期至80年代，电子计算机已在黄河洪水预报中广泛应用。在三花间、汶河流域及三门峡以上部分地区相继建立了分散式产汇流模型，进一步改进了花园口以下干流生产堤影响下的洪水演算方法。同时由黄河水利委员会水文局牵头组织沿河各省（区）有关单位补充修订汇编了全河干支流各种预报方案。洪水预报方案84个，甲级占77%，乙级占23%，形成了一套具有黄河特色的洪水预报系统。

为了增长洪水预报预见期，需要作降雨预报。1977年前主要应用山西、陕西、河南、山东等省气象台的短期降雨预报，1977年开始，黄河水利委员会水文处的气象组织正式开展了短期降雨预报。为了提高降雨预报精度，1976年12月成立了以河南省气象局为组长单位，黄河水利委员会为副组长单位，山西、陕西、山东省气象局，中国科学院大气物理研究所，兰州大学地理系，北京大学地球物理系参加的黄河中游暴雨分析科研组，1977年和1978年进行会战并召开经验交流会。1980～1983年，由中央气象局主持成立了山西、陕西、河南、山东4省气象局和黄河水利委员会参加的汛期暴雨联防，由河南省气象局和黄河水利委员会牵头，每年汛前召开一次成员单位和有关地、县气象站参加的工作协商会议，汛期遇有暴雨进行预报会商。到20世纪80年代末，黄河水利委员会水文局增设了测雨雷达终端和卫星云图接收设备，与天气图配合，加强了短期降雨预报。

3.2　短期冰情预报

黄河下游是一个不稳定封冻河段，约有10%的年份不封冻，各年封冻解冻的形式不同，有的年份三封三开，冰情十分复杂。为了防凌需要，自1956年起开展了冰情预报，根据分析形成封冻解冻的气温和流量条件，应用封冻解冻指标预报冰情。1958年，在全国水文预报经验交流会上，吸收了内蒙古水文总站对内蒙古河段冰情的预报经验，1959年又学习了水电部水文局编写的河道冰情预报方法，在黄河下游应用热力和动力因素，逐步建立了各种冰情预报方案。1960年9月三门峡水库开始蓄水运用，黄河下游冰情规律发生变化，对冰情预报方法又进行了全面补充修订。1964年，在全国水文预报经验交流会上，由黄河水利委员会代表负责冰情预报的总报告，会前对黄河的冰情预报方法进行了系统的分析研究，并在三门峡水库防凌运用的推动下，进一步改进了黄河的冰情预报方案。1978 年由黄河水利委员会水文处牵头的全国冰情研究工作协调组成立后，根据冰情预报的需要开展了内蒙古和山东重点河段的冰情观测研究和昭君坟、利津两个水文站的冰情试验。1981 年，在第三次全国水文预报经验交流会上，黄河水利委员会代表作了冰情预报的综合发言。1982 年全国冰情研究工作协调组召开了全国冰情研究经验交流会，吸取了国内各单位的冰情预报经验。鉴于运用三门峡水库防凌调度后，黄河下游仍出现 1968 ~ 1969 年、1969 ~ 1970 年、1972 ~ 1973 年和 1978 ~ 1979 年的严重冰情，迫切要求做好黄河下游冰情预报工作。1986 年、1988 年黄河水利委员会水文局派人参加了第八、第九届国际冰情讨论会和组织代表团到美国、加拿大进行冰情研究和预报情况的考察，在介绍和交流了中国的冰情和预报经验的同时，也引进了国外的先进预报方法，组织翻译了大量国外冰情预报方面的论文，促进了黄河冰情预报的发展，并开始研究建立黄河下游的冰情数学模型。

黄河下游桃汛是在 3 月下旬，由内蒙古解冻槽蓄水量下泄形成的。进行黄河下游桃汛预报必须作内蒙古河段的解冻预报，因此黄河的冰情预报也包括上游内蒙古河段的冰情预报，其内容主要包括开始封冻日期、封冻形式、封冻长度、开河日期、开河形式、开河最大流量、最高水位等。冰情预报方法大体分为 4 类：①以物理成因为基础的热力、水力指标法；②上下游经验相关法；③成因计算法；④冰情模型。经过全河汇编，共有冰情预报方案 58 个，甲级占 53%，乙级占 47%。

3.3　中、长期预报

长期预报是从 1959 年开始的，在黄河水利委员会水文处未建立气象组织前，由水文预报人员编制发布。预报的内容主要是大汛期的月平均流量和最大流量。预报方法主要是历史演变法、前期气象指标法。预报方案有两种：一种是直接预报流量；另一种是先预报降水，再由降水推算流量。作预报时还常应用各省(区)的长期降水预报。为了提高黄河长期洪水预报精度，1967 ~ 1968 年由黄河水利委员会水文处主持，黄河水利委员会设计院、黄河水利科学研究所、兰州水文总站和中央气象局气象科学研究所、中国科学院地理研究所、北京大学地球物理系、北京天文台、南京紫金山天文台、上海徐家汇天文台等 9 个单位参加，进行黄河长期降雨、径流、洪水、泥沙预报的研究。综合各家意见发布了 1968 年黄河长期降雨、径流和洪水预报，这次预报比较准确。1975 年黄河水利委员会水文处建立气象组织后，又加强了大汛期降雨、径流、洪水和凌汛期气温长期预报。1980 ~ 1983 年和 1988 年以来，每年大汛前召开一次黄河流域大汛期降雨长期预报会商会议，会后结合各单位的预报，发布黄河汛期降雨、径流和洪水预报。

中期预报在 1982 年前，主要由有关省(区)气象台提供大汛期中期降雨和凌汛期中期气温预报。1982 年开始，均由黄河水利委员会水文局自行发布。

中、长期预报方法，主要根据预报因素的演变规律和有关因子的前后期相关分析，建立以经验关系和物理成因为基础的数理统计法。

4　情报预报服务系统

黄河下游水文情报预报服务系统见图 1。

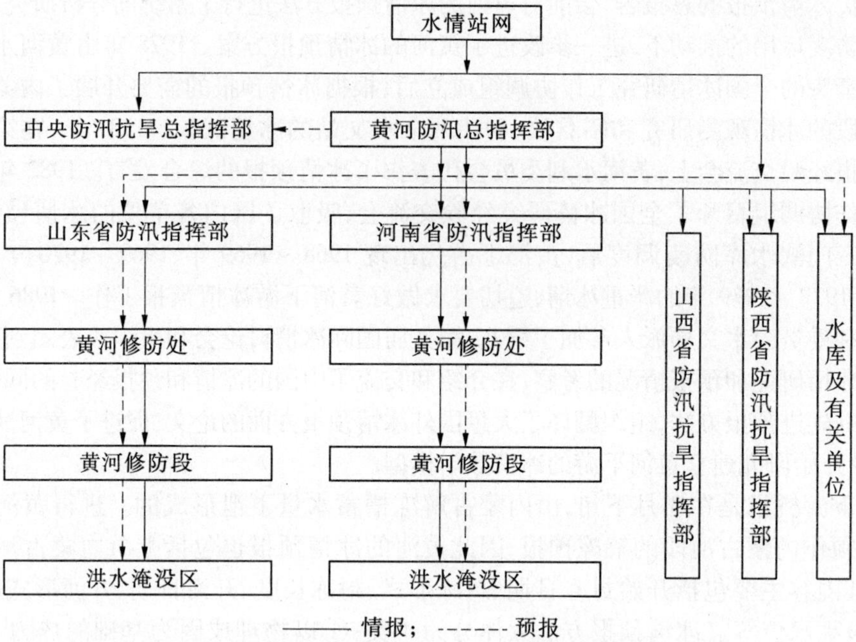

图 1　黄河下游水文情报预报服务系统图

提供情报的方式有两种：一是各水情站向中央防汛抗旱总指挥部、黄河防汛总指挥部，河南、山东省黄河防汛指挥部，山西省防汛抗旱指挥部，陕西省防汛抗旱指挥部及沿河大型水库、交通、施工、军事等有关单位直接拍报水情；二是由黄河防汛总指挥部、各黄河防汛指挥部收到水情后，经翻译整理用电报、电话或报表等方式，向各级领导、各级防汛部门及各有关单位逐级提供。

短期洪水预报的发布分 3 个步骤：

(1)根据降雨预报作洪水预报，花园口的预见期可达 24 h 以上。降雨预报 1977 年前，由沿黄有关气象台提供，1977 年后由黄河水利委员会水文处(1980 年后为水文局)自行发布，由于降雨预报精度不高，只供有关领导及防汛指挥部门参考。

(2)根据雨情预报洪水，花园口的预见期为 12 ~ 18 h，预报精度一般可达 80% 以上，但因黄河的产汇流规律十分复杂，并受人为的影响，有时产生较大误差。此步洪水预报尚不能作为防洪决策的依据，只能提供给有关领导和防汛指挥部门做防汛准备。

(3)根据上游洪水预报下游洪水，花园口的预见期为 8 ~ 14 h，预报精度一般可达 90% 以上，按上述系统用电报、电话、报表等形式正式发布，作为防汛决策的依据。

发布预报的起报标准，在 20 世纪五六十年代没有具体规定，大小洪水均作预报。70 年代，考虑发布小洪水预报作用不大，只提供情报已满足要求，便制定了干支流发布预报的起报标准为：渭河华县 2 000 m^3/s，干流龙门 5 000 m^3/s，潼关 3 000 m^3/s，三门峡、花园口和洛河黑石关 3 000 m^3/s，沁河武陟 2 000 m^3/s。当预报洪峰流量达到或超过上述标准时才发布预报。在 80 年代后期，花园口的标准提高到 5 000 m^3/s。

冰情预报一般用报表发布，紧急时也用电报或电话发布。

中长期预报均用报表发布。

5 主要效益

(1)1958 年 7 月中旬,花园口发生了一次 1933 年以来的大洪水,暴雨主要发生在三花间。垣曲站 16 日最大日雨量达 336.5 mm,最大 6 小时雨量达 244.5 mm,洛河宜阳最大 6 小时降雨量达 156.7 mm,干支流相继涨水。于 17 日 9 时发布了 17 日 23 时花园口洪峰流量 22 000 m^3/s,水位 94.40 m 的预报。17 日 24 时花园口站出现洪峰流量 22 300 m^3/s,最高水位 94.42 m。预报洪峰流量精度达 99%,预报最高水位误差只有 0.02 m。接着作出了下游干流各站洪峰流量、水位和东平湖最高水位的预报,并根据上游水情和天气情况分析,预报出此次洪水后无后续大水,据此黄河防总作出了依靠群众,固守大堤,不使用分洪区蓄滞洪水坚决战胜洪水的防洪决策。整个下游预报均接近实际。经 200 万防洪大军的日夜奋战,终于战胜了这次大洪水。使滞洪区 100 万人,13 万 hm^2 耕地及其他大量财产免遭灾难。

(2)1976 年秋,降雨连绵,8 月 27 日和 9 月 1 日,花园口相继出现 9 210 m^3/s 和 9 060 m^3/s 的两次洪水,洪量大,历时长,沿程无大削减,对下游尤其山东河段威胁很大。泺口流量若达到 9 000 m^3/s,就可能造成泺口铁桥壅水,异常危险。第一次预报泺口洪峰流量 8 200 m^3/s,后经修正为 8 500 m^3/s,实际为 8 000 m^3/s,预报精度达到 94%。经过全力防守,使这次洪水安全入海。

(3)1977 年 8 月上旬,发生了一次来自三门峡以上山陕区间的高含沙量洪水。7 日 21 时小浪底洪峰流量达 10 100 m^3/s,含沙量达 941 kg/m^3。此次洪水在演进中出现了异常变化。当洪水到达赵沟水位站时,于 7 日 20 ~ 22 时在上涨过程中,突然下落 0.4 m,至 8 日 2 时半又上涨 1.8 m。到达驾部水位站,涨水时也突然在 6 小时内水位下降 0.95 m,接着 1.5 小时又猛升 2.84 m。经分析主要是由高含沙量造成的。预计花园口也会有同样现象,洪峰可能高于小浪底。8 日 2 时花园口水位上涨至 92.08 m、流量达 6 060 m^3/s 后水位下落。8 日 8 时水位落至 91.77 m,流量降至 4 600 m^3/s。此后猛升,8 日 12 时升至最高水位 93.19 m,洪峰流量达 10 800 m^3/s,不但没有削减,反而大于小浪底 700 m^3/s,与分析完全一致。对于花园口以下的预报,考虑到洪峰比较尖瘦,又根据生产堤的影响,预报高村洪峰流量最大不超过 6 000 m^3/s(按一般情况预报应为 8 500 m^3/s),实际为 5 060 m^3/s。为防洪提供了可靠依据。

(4)1982 年 7 月底至 8 月初,黄河三花间发生了 1958 年以来的最大暴雨。面平均 5 天降雨量 257.3 mm,比 1958 年 7 月 5 天降雨量 149 mm 还大 108.3 mm。由于降雨分布比较分散及受小水库群和伊、洛河夹滩决堤等影响,洪峰流量为 15 300 m^3/s,比 1958 年小 31%,7 天洪水总量为 50.2 亿 m^3,比 1958 年洪水的 7 天总量 61 亿 m^3 少 18%。当时根据上游水情,按预报方案推算为 14 000 m^3/s,但考虑到区间降雨,经分析应用 1 000 m^3/s 的区间入流。当即预报花园口洪峰流量为 15 000 m^3/s,实际为 15 300 m^3/s,预报精度为 98%。经演算至孙口水文站,5 日下午洪峰流量为 10 000 m^3/s,后修正为 10 500 m^3/s。这次洪水在运行过程中,由于生产堤溃决,尤其受高村至孙口间左岸生产堤上首大量进水和下首退水的影响,使洪峰推迟 1 天半,但实测洪峰流量仍达到 10 100 m^3/s。为确保防洪安全,在孙口流量超过 8 000 m^3/s 时,开始运用东平湖分泄洪水。艾山洪峰流量削减为

7 430 m^3/s,泺口洪峰流量削减为 6 010 m^3/s。洪峰于 9 日安全入海。

(5)在防凌斗争中,尤其自三门峡水库防凌预报调度以来,无论在 1960 ~ 1973 年的凌汛期解冻以来,开河前关闸蓄水运用,还是 1974 年后,冰期全面调节下游流量运用,都是根据实时水情冰情的情报和预报,结合气温预报,进行适当的调节,使下游凌汛威胁大为减缓。

截至 1987 年,黄河水文情报预报在防洪防凌斗争中,总计提供情报约 295 万站次,发布预报约 4 000 站次,为战胜历年洪水、凌汛起到了重要作用。

(本文摘自《黄河水文志》,1990 年)

黄河流域的水文预报方案

30 多年来，黄河流域的水文预报方案，经历了一个从无到有、由粗到细、由经验到成因、由一般方法的应用到新方法的建立的过程，形成了一套基本适应黄河特点的实用预报方案。

为了总结交流水文预报经验，提高预报技术，促进黄河水文预报的发展，在原水电部水调中心的指导下，由黄河水利委员会水文局牵头，黄河水利委员会有关单位及沿河各省(区)水文、防洪部门，大型水库施工管理单位参加，对黄河流域 30 多年来的水文预报方案进行了系统分析整理，并整编了预报方案 167 个，其中洪水 106 个，冰情 61 个，按《水文情报预报规范》水文预报方案评定标准进行评定，在洪水预报方案中，甲级 67 个占 63%，乙级 33 个占 31%，参考 6 个占 6%；冰情预报方案中，甲级 11 个占 18%，乙级 36 个占 59%，参考 14 个占 23%。

1　洪水预报方案

1.1　洪水特性

黄河洪水的主要来源为兰州以上、河口镇至龙门、龙门至三门峡、三门峡至花园口和下游汶河 5 个地区，各区的自然地理情况和洪水主要特点见表 1。

表 1　黄河主要洪水来源区自然地理情况和洪水特点

洪水来源区	地貌特征所占比例(%)					降雨特点		产流特点		汇流特点		泥沙特点	
	面积(km^2)	石山区	黄土区	风沙区	平原草原	降雨情况	最大点雨强(mm/d)	产流方式	暴雨洪水径流系数	洪峰形状	峰型系数$\left(\frac{平均流量}{洪峰流量}\right)$	产沙情况	最大含沙量(kg/m^3)
兰州以上(上游)	222 551	48.5	9.9	8.00	33.6	历时长雨强小	142.4	蓄满产流	0.03 ~ 0.76	矮胖一次洪水历时22 ~ 66 天	0.70 ~ 0.84	含沙量小	329(兰州)
河口镇—龙门(中游)	129 663	11.3	58.8	29.9	0	历时较短雨强大	1 400	超渗产流	0.03 ~ 0.40	尖瘦	0.20 ~ 0.45	含沙量极大，粗颗粒多	1 700(窟野河) 933(龙门)
龙门—三门峡(中游)	190 850	22.8	65.7	0	11.5	伏汛历时较短，雨强较大；秋汛历时长，雨强较小	358.5	超渗产流	0.08 ~ 0.45	较胖	0.34 ~ 0.68	含沙量大，细颗粒多	911(三门峡)
三门峡—花园口(中游)	41 615	45.9	44.6	0	9.5	历时较短，雨强较大	544.5	蓄满产流	0.05 ~ 0.90	较尖瘦型	0.27 ~ 0.48	含沙量小	103(黑石关)
汶河流域(下游)	8 633	66.18	0	0	33.82	历时短，雨强大	287.8	蓄满产流	0.10 ~ 0.79	尖瘦	0.16 ~ 0.36	含沙量小	12.1(戴村坝)

1.2 预报方法

1.2.1 洪峰流量相关法

这种传统的老方法,现在仍较广泛地得到应用,是由于多数河段一般洪水预报洪峰流量已能满足需要,加上这种方法简单,便于随时修正,根据各地的特点加入适当的参数并以大量实测资料为基础,多具有较高的精度。如1958年黄河下游22 300 m^3/s大水,就是采用洪峰流量相关结合洪水演算,取得了成功。

1.2.2 洪峰水位预报

在黄河干支流的大部分河段上,由于河床冲淤变化,不能应用直接预报水位的方法,而多应用预报洪峰流量由现时修正的水位流量关系推求水位。在黄河下游干流上的部分测站也建立了预报断面变化修正水位流量关系的方法。断面变化预报方法如下:

主槽部分

$$\Delta A = f\left(\overline{Q},\frac{\mathrm{d}Q}{\mathrm{d}t},\overline{\rho}\right)$$

式中 ΔA——断面面积变量;

$\overline{Q}$——涨水段平均流量;

$\frac{\mathrm{d}Q}{\mathrm{d}t}$——流量涨率;

$\overline{\rho}$——峰前平均含沙量。

滩地部分

$$W_{滩} = f(Q_{s河},t)$$

式中 $W_{滩}$——滩地峰前淤积量;

$Q_{s河}$——大河峰前输沙率;

t——峰前洪水漫滩历时。

预报误差一般为0.1 m左右,最大为0.3 m。

实践证明,前一种方法优于后者,这是由于前者简单灵活,可以随时修正。这种经验关系是行之有效的方法,但由于需要实时修正,使预见期受到一定影响。

1.2.3 河道洪水演算

在固定河床和不受人类活动影响的河段上,应用单一河段马斯京根洪水演算公式,或分段连续演算法,都是有效的方法。在上游兰州至头道拐河段建立了相应流量实时效正和变系数的回归方程,也取得了良好的结果。但是在变动河床河段,受人类活动影响,如有生产堤的下游河段,直接应用一般洪水演算方法往往造成很大的误差,根据多年预报经验,采用如下的解决方法。

1.2.3.1 变动河床

在变动河床的河段,影响洪水演算的因素主要反映在漫滩流量的变化上,漫滩流量增大,洪峰削减程度减小;反之,则增大。在天然情况下,采用了漫滩洪水和不漫滩洪水两组洪水演算参数,根据当时河槽情况确定漫滩流量后即可作出较精确的洪水预报。

1.2.3.2 滩区生产堤情况下预报方法

目前对生产堤溃决预报方法尚没有解决,而只能在已知生产堤溃决情况的条件下,按旁侧分流、滩槽分演的原则进行流量演算。目前,有3种具体的演算方法。

(1)滩区水库型演算法。把上下断面间滩区作为水库,平滩水位以下的滩区容积作为死库容,将上断面来水过程经河槽演算后,将平滩水位以上的流量过程作为入滩流量过程,将此过程进行水库调洪演算,然后把出流与河槽剩余的过程叠加即为下断面的预报流量过程。

(2)滩区汇流系数法。基本同前,但它是将入滩流量过程应用汇流系数法演算到下断面与河槽流量过程叠加。

(3)滩区流量过程滞后叠加法。基本同前,只是将滩区演算的流量过程滞后一定时段与河槽流量过程叠加。

另外,还有一种先扣后演法。

这些方法都有一个共同的问题,就是生产堤溃决的程度不同,进滩流量过程也不同。演算时采用了溃决系数法,即全部或大部溃决系数为1,部分溃决系数则小于1。溃决程度越小系数越小,这个系数是根据当时情况估计的。经验证明,只要溃决系数估计正确,3种方法都能得到较好的预报效果。

1.2.4 降雨径流预报

黄河流域的主要洪水来源区大部分属半湿润地区,由于地质、地貌及降雨特点不同,产流大体可为3种情况:一是超渗产流,这是一种基本产流方式,往往是一次降雨的全部或大部过程为不稳定下渗,下渗锋面随降雨强度而变。洪水主要由地面径流形成,这种产流方式主要发生在广大的黄土地区,占黄河流域的44%。二是以饱和为主的产流。在一次降雨产流的开始阶段常为超渗方式,以后逐渐成为饱和产流,这种产流方式往往被误认为完全蓄满产流,主要发生在黄河上游和渭河秦岭、三门峡到花园口区间及汶河等地区。三是越槛产流。这种方式前期影响雨量的作用不明显,凡是次降雨超过一定雨量(槛)后,即可产生径流,其降雨径流呈单一关系,主要发生在沁河中游地区。

除上述产流方式不同外,还有3个主要影响因素:一是泥沙,在黄土地区产流时发生大量土壤侵蚀,其侵蚀量与土壤植被情况、地形和降雨强度等有关,在泥沙输移过程中又发生冲淤变化,形成上下河段的水沙不平衡现象。二是水土保持的影响,各种治坡治沟措施,拦蓄水沙的能力不同,对产流的影响也不相同。随着水土保持的发展变化,其影响程度也不断变化。三是中小水库群的影响,这些情况在预报方案中已部分得到解决。

黄河流域的降雨径流预报除少数地区应用下渗曲线法和径流系数外,大都应用的方法比较灵活、又适用于各种产流方式的降雨径流关系。对于泥沙的影响,采取了水沙混合法,这是认为产沙和产水基本一致,如降雨强度大,产水多,产沙也多,植被多,产水少,产沙也少。对于水土保持的影响,采取了随着水土保持的发展变化逐年修正方案的办法。中小水库群则采用扣除拦蓄水量的办法。

在应用下渗曲线和径流系数的地区均采用或研制了适合本地区特点的数学模型。如汾河水库以上为超渗产流区,采用了如下关系式

$$a = f(i, S)$$

$$a = \begin{cases} 0 \\ A(S - S_0)\alpha i\beta & 若\ i \leqslant i_0\ 或\ S \leqslant S_0,则\ \alpha \leqslant 1 \end{cases}$$

$$S_0 = \begin{cases} BxExp(-C_i) \\ S_d & 当 S_0 < S_d \end{cases}$$

式中 a——径流系数；

S—土壤含水量；

S_0——临界土湿指标；

S_d——凋萎土湿指标；

i——降雨强度；

i_0——临界降雨强度；

其余符号均为待定参数。

关于流域出流预报，在只需要预报洪峰流量的地区多采用峰量关系，在要求作过程预报的地区，则用经过多年修正的经验单位线、概化过程线等方法，同时多建立单元汇流单位线法，以提高预报精度。

1.2.5　流域水文模型的应用

黄河流域自 20 世纪 70 年代后期开始引用和研制水文模型。目前已建立模型的地区有 4 处，见表 2。经验证明，模型的结构必须合理，参数不需要太多，参数多了只能增加计算的复杂性，并不一定能提高精度。

表 2　1988 年黄河流域已建立水文模型的地区

地区	应用模型类别	模型使用特点	精度	备注
吉迈至唐乃亥区间	新安江三水源模型		较高	
汾河地区	分散式超渗产流模型	产流部分划分为地表径流和早期壤中流，汇流用成因单位线	较高	
黄甫川流域	水箱模型		较高	资料较少，有待进一步修正
三门峡至花园口区间	分散式综合模型	由于面积大，降雨时空分布不均匀，各支流产流方式也不同，故将区间按水文站控制区段划分为 18 个分区，166 个单元，它们分别采用不同模型 产流部分：三门峡至花园口区间（除以下区段外）采用新安江三水源模型 洛河白马寺以上，伊河陆浑至龙门镇，白马寺、龙门镇至黑石关区间采用 API 模型；伊河陆浑以上、沁河五龙口、丹河山路坪以上采用一般性模型；沁河五龙口，丹河山路坪至武陟间应用水箱模型	在实测资料范围内精度较高，超出部分有不同程度的偏大	

2　冰情预报

2.1　冰情主要特征

每年冬季黄河干支流均有冰凌现象发生，冰凌危害严重的河段主要在内蒙古和山东河段，自20世纪60年代以来，干流大型水库的回水末端有时也发生冰塞壅高水位，造成淹没损失。

内蒙古河段处于黄河的最北端。该段河道宽浅，河势游荡散乱，比较平缓，流速减小，冬季最低气温达 -38 ℃，每年封冻长度约700 km，占内蒙古河段总长的80%，一般11月下旬流凌，12月上旬封冻，次年3月下旬解冻，冰厚0.7 m左右，冬季气温比兰州低5 ℃左右，封冻时自下而上，解冻时自上而下。封河时水流受阻，河槽蓄水量增加，水位升高。开河时蓄水下泄，与上游来水和冰雪融水汇合，流量沿程加大，水位上升，造成水鼓冰开，出现大量流冰，流冰在浅滩或弯道、狭窄河段堵塞，结成冰坝，壅高水位，冰坝持续时间一般十几小时，最长可达3~4天。冰坝溃决形成凌洪，凌洪向下传进中又可能发生堵塞，造成更大的洪峰，严重时形成灾害。

自河南兰考折向东北，至山东垦利入海的黄河下游段，冬季日平均气温0 ℃以下的时间兰考为30天左右，河口处为74天左右，冬季平均气温河口比兰考以上低3 ℃左右，封河日期兰考以上平均为1月19日，解冻日期平均为2月3日。河口段封冻日期平均为12月20日，解冻日期平均为2月15日。封冻长度平均为345 km，最长703 km。当发生武开河时，易形成冰坝，甚至决堤成灾。

冰塞危害自20世纪60年代以来最严重的有两次，一是1961~1962年度凌汛期，上游盐锅峡水电站蓄水后，比降减缓形成冰塞，壅高水位达10.26 m，使其上游刘家峡施工受到很大影响；二是1981~1982年度中游河曲河段发生了历史上罕见的冰塞，造成较大淹没损失。

为了做好防凌工作，主要在这些冰害严重的河段开展了冰凌观测和预报。

2.2　预报方法

预报方法分为指标法、经验相关法和热力动力计算法。

2.2.1　指标法

流凌、封冻和开河的开始日期预报多应用指标法，因为这种方法既有一定的物理成因基础，又能灵活运用，并有较长的预见期。例如流凌开始日期预报以下列热量平衡方程为依据

$$\frac{\partial}{\partial t}(C_p\gamma AT) + \frac{\partial}{\partial L}(QC_p\gamma T) = \frac{\partial}{\partial L}\left(AE_x C_p\gamma\frac{\partial T}{\partial L}\right) + B\sum\omega$$

式中　C_p——水的比热容；

γ——水的容重；

A——断面面积；

T——水温；

t——时间；

L——距离；

Q——流量；

E_x——纵向扩散系数；

B——水面宽；

$\sum\omega$——单位面积净输入热量。

上式经简化整理后即可求得水温降为0 ℃的时间，但式中$\sum\omega$往往没有观测资料，常常采用指标代替。

例如，巴彦高勒水文站的开始流凌日期预报方案选用了水温等于气温时的水温指标，以气温等于水温的日期作为太阳辐射指标。这两个指标不仅反映了当时的热状况，而且也反映了由该时起到流凌开始之间的热状况变化趋势。

又如封冻开始日期预报，河流封冻除了受热力作用外，还有动力作用。黄河流凌疏密度一般达到80%左右，流速下降到0.6 m/s以下，在低气温持续或气温持续下降时，即可封河。按照热量平衡计算流凌疏密度可用下式推求

$$\frac{\mathrm{d}Q_{\mathrm{i}}}{\mathrm{d}i} = \frac{-A\sum\omega}{L_{\mathrm{i}}\rho_{\mathrm{i}}}$$

式中 L_{i}——结冰潜热；

ρ_{i}——冰的密度；

其余符号含义同前。

上式中，仍然为$\sum\omega$难以求得，需用指标代替，动力指标主要为流速，可用流量表示。

如昭君坟水文站的封河日期预报方案采用了自水温、气温相等日至流凌开始的累积负气温作为热力指标，以10月上旬平均流量作为动力指标建立的方案。

再如解冻日期预报，当气温上升到0 ℃以上，冰盖融化到一定程度，再具有一定的水力作用时，即可解冻。对于冰盖厚度和冰盖阻抗力均建有方程式可以求解。但也是由于所需因素难以得到，采用了热力和动力指标。

如山东河段采用了气温上升到0 ℃的日期作为热力指标，封冻长度作为冰盖阻抗力指标，建立了解冻日期方案。

2.2.2 经验相关法和水力计算法

开河和冰塞最高水位及开河最大流量预报，采用经验相关法和水力计算法。开河最高水位是槽蓄水下泄形成的。如巴彦高勒水文站解冻最高水位预报采用了该站封冻期最低水位和断面以上的封冻期槽蓄水量为预报根据与最高水位建立的经验相关图。在刘家峡河段还建立了冰塞数学模型，进行壅水线的计算。

2.2.3 趋势预报

黄河下游是不稳定封冻河段，约有10%的年份不封冻，因此应首先作出能否封冻的预报。无论是在内蒙古河段还是在山东河段，冰坝都是在武开河的条件下形成的，所以首先应作开河趋势预报。上述预报的方法多应用判别图或判别式。例如，黄河下游利津河段封河趋势判别式为

当 $T_{北12} < 1 - \frac{Q_{泺口}}{220}$ 时，封河

当 $T_{北12} \geqslant 1 - \frac{Q_{泺口}}{220}$ 时,不封河

黄河上游石嘴山河段开河趋势判别式为

$$Q_{石m} \geqslant 0.81 \sum Q_{上i} + 23 \quad 文开河$$

$$Q_{石m} < 0.81 \sum Q_{上i} + 23 \quad 武开河$$

式中 $T_{北12}$——北镇 12 月平均气温;

$Q_{泺口}$——泺口 12 月平均流量;

$Q_{石m}$——石嘴山封冻期最大流量;

$\sum Q_{上i}$——石嘴山以上干支流解冻期流量和。

这些冰情预报方案在多年的作业预报中多能得到满意的结果。

3 预报方案特点

综上所述,黄河流域的水文预报方案虽然多为常规方法和经验性的方法,但多能在作业预报中得到较好的预报效果,成为防洪防凌的重要非工程措施,这主要是由于具备了以下 5 个特点。

(1)根据地区、河段的特点,选用了适当的参数或建立了新方法。

(2)既有物理成因分析的依据,又以大量实测资料为基础。如降雨径流预报方案,先分析确定流域的产流方式和降雨时空分布特点,然后确定方法,选择参数。

(3)大部分方案已经过多年预报作业的检验和修正。

(4)计算简单,使用方便。各方案都是在不降低精度条件下做到尽量简单,各种方案均制成了图表或编制了计算机程序,一般收到水情后在十几分钟内最多不超过 1 小时即可作出预报。

(5)方案配套,初步形成了一个比较完整的黄河流域水文预报系统。在本次汇编中,除对原有方案进行分析研究、审查整编和发现问题及时修正外,还对个别尚缺少方案或方案质量太差不能应用的地区补充编制了方案,使上下游、干支流都能配套。

总的来说,经过这次全面的审查汇编,形成了一套符合流域特性、使用方便、有较高精度的实用预报方案,将在防洪防凌中发挥更大的作用。

4 问题和展望

黄河流域的水文预报方案经过汇编有了很大的提高,但还存在不少问题有待进一步解决。主要是:①多数预报方法与国内外先进水平相比尚有较大差距;②流域内各地区的预报方案水平很不平衡,有的地区已建立了几套行之有效的方案,其中有的已达到国际水平,有的地区尚没有一个较好的方案,使预报系统受到了一定的影响;③有些影响预报精度的问题还没有完全解决,如预报预见期太短,缺乏冰坝洪水计算方法等,不能适应防洪防凌的需要。为此今后应从以下几个方面大力提高:

(1)开展试验与研究,为探讨存在问题的基本规律收集资料。目前黄河流域除要进一步完善水文站站网外,还必须恢复和建立各种试验站,开展主要水文现象变化机制的观

测研究。如对黄土地区的产流产沙和泥沙输移的规律以及各种水保措施的拦水拦沙规律都要进行研究解决才能建立完善的超渗产流和汇流模型。

(2)引进国内外先进技术,结合地区特点逐步改进预报方案,提高预报方法的水平。本次汇编成果中仍有相当部分为经验性的方法,这种方法在超出实测资料范围时往往产生较大的误差,应改建为成因方法,提高方案的水平。这次汇编形成的预报系统是各地区、各单位预报方案的组合。由于预报方案水平不同,有的不能有机结合,应进一步作出统一的计划,建立一套上下游、干支流能紧密连为一体的预报系统。

(3)加强水文气象结合。为了增长水文预报的预见期,必须与天气预报结合起来,要求天气预报针对水文预报的需要加强研究,提高预报精度。如定量降水预报和中期气温预报等。在此基础上可进而研究建立水文气象预报方案,这是满足黄河防洪防凌需要的一个重要途径。

(本文摘自《人民黄河》,1988 年第 6 期)

发展中的黄河水文工作

新中国成立以来,黄河水文工作在各级党委的正确领导下,在治黄工作的推动下,经过黄河广大水文职工的艰苦努力,得到了很大的发展,给治理黄河及时提供了可靠的基础技术支持,对防汛抗洪起到了参谋和耳目作用,对沿河工农业生产作出了贡献。但是还不能完全适应需要,必须大力进行改革,加快前进的步伐,才能更好地为治黄服务,满足“四化”建设的需要。

1 黄河的水文特点

黄河是我国第二条大河,流经青海、四川、甘肃、宁夏、内蒙古、山西、陕西、河南、山东9个省(区),全长5 400多km,流域面积752 000多km^2,总落差4 448 m。

黄河流域处于北纬32°~42°、东经96°~119°之间。西起青藏高原巴颜喀拉山,东临渤海,北界阴山,南至秦岭,中有吕梁、六盘等山和世界上最大的黄土高原,水土流失面积达430 000 km^2。

黄河流域西部属大陆性气候,东部为季风气候。根据降雨径流分带,大部为半湿润和半干旱地带,降雨在地区和时程上的分布很不均匀,每年6~9月的雨量占全年雨量的50%~80%。每年平均年降水量最少的为内蒙古磴口(148 mm),多雨区在黄河上游玛曲以南及秦岭山区和伊洛河上游,多年平均降水量为800~1 000 mm。

黄河的暴雨主要发生在7~9月,上游的暴雨特点是强度较小,历时较长;中下游的暴雨特点是强度较大,历时较短。1958年7月16日山西垣曲日雨量达366.5 mm,1977年8月1日内蒙古乌审旗木多才当10小时雨量达1 400 mm,超过了世界最高记录。

黄河径流量主要集中在汛期。花园口多年平均天然年径流量为564亿m^3,其中7~10月占60%。

黄河下游有凌、伏、秋、桃四汛。凌汛为黄河下游冰期开河时冰盖融化,槽蓄水释放引起河道沿程涨水成封开时形成冰塞冰坝壅高水位所形成的;内蒙古河段冰期开河的凌洪到达下游一般在4月份,正值桃花开放的时候,谓之桃汛;伏、秋为大汛,由暴雨形成。大汛洪水来源有4个:兰州以上,山陕区间,泾、渭、洛河和三门峡至花园口间(以下简称三花间),上游洪水一般涨落缓慢,中下游洪水较陡。三花间的洪水基本没有控制,集流快,传播时间短,对黄河下游威胁最大。花园口有记载以来发生过两次大水,一次是1958年,洪峰流量22 300 m^3/s;另一次是1982年,洪峰流量15 300 m^3/s,都主要来自三花间。

由于黄河流经水土流失地区,洪水挟带大量泥沙,成为世界上著名的多沙河流。支流窟野河温家川站最大含沙量达1 700 kg/m^3,干流潼关站最大含沙量也达911 kg/m^3。三门峡平均年来沙量16亿t,约1/4淤积在下游河道,形成悬河,流势多变,游荡剧烈,自古以“善淤、善决、善徙”著称于世。

黄河的水力资源十分丰富,尤其上游为我国能源基地之一。但是黄河受着严重的洪水威胁。新中国成立以来,黄河下游改变了历史上三年两决的险恶局面,但因河床继续淤积抬高,洪水威胁的严重性没有减轻。

为了开发利用黄河水利资源,消除黄河洪水灾害,给黄河水文工作提出了很高的要求,而黄河水文变化极为复杂,因此黄河水文工作是一项十分艰巨的任务。

2 35 年来的发展变化

新中国成立前,黄河水文工作十分薄弱,新中国成立后得到了迅速的全面发展。

2.1 基本建成全河水文站网

黄河自 1919 年开始正式设立陕县和泺口两个水文站,但发展十分缓慢。到了 1949 年新中国成立时,属于黄河流域机构管理的水文站只有 16 处,水位站 4 处,包括各省(区)在内共有水文站 25 处,水位站 10 处,雨量站 24 处。黄河上游循化以上,中游山陕区间和伊、洛、沁河的广大地区上没有水文站。新中国成立后,根据黄河防洪的需要首先在主要洪水来源地区和干流上增设测站。1950 年黄河水利委员会所属水文站即增加到 37 处,水位站 31 处,雨量站 32 处。1956 年编制了基本站网规划,为全面发展站网打下了基础。1959 ~ 1960 年全河站网得到较快的发展,1964 年进行了调整巩固,1966 年后的十年"文化大革命"期间不适当地撤销了一些站(队)。到了 1978 年又编制了水文站调整发展规划,各区都有不同程度的发展。到 1983 年止,黄河水利委员会所属基本水文站 119 个,汛期小河站 18 个,渠道站 17 个,水位站 43 个,雨量站 726 个,包括各省(区)共有水文站 398 个,水位站 50 个,雨量站 2 477 个。平均每 1 680 km^2 一个水文、水位站,300 km^2 一个雨量站,大部地区达到或超过了世界气象组织建设的容许最稀站网密度,分别为新中国成立初期的 16 倍和 103 倍。

为了研究黄河径流、泥沙等水文因素的变化规律,在 20 世纪 50 年代后期相继建立了河口试验站、弯曲河道观测队、河床演变观测队、大型蒸发站和径流试验站。随着干支流大型水库的修建,先后建立了水库试验站(队)5 处,全面开展了水文试验工作。

在站网管理体制方面,设立了水文处(局)、水文总站、中心站三级管理机构。为了适应支流测站的测验工作,同时解决测站职工的生活困难等问题,对一些支流小站采取站、队结合的办法,非汛期大部人员集中在基地,进行室内资料整理分析,进行面上的水文调查和人员培训,在上游人烟稀少的地区设立了巡测队,初步建起了一个新型的水文管理体系。

2.2 测验工作得到较大的发展提高

新中国成立前,黄河水文观测设备极为简陋,测验方法十分落后,有的测站连水平仪都没有,用手水准仪固定在木竿上代替水平仪,有的干流重要控制站只有一架流速仪。新中国成立初期,测验仪器设备仍比较缺乏,测验技术仍较落后,在宽河道的干流站用木船一锚一点法测流,洪水时测一次流要九到十几个小时;上游水文站有的乘皮筏放浮标,有的骑牛放浮标。为了改变这种落后状况,广大水文职工艰苦努力,积极革新,享堂水文站创造了浮标投掷器,龙门和八里胡同水文站架设了过河缆吊箱,孟津等水文站创造了高吊缆劈水板操船,艾山水文站创造性地将长缆重锚水力绞关联合操作,改进为一锚多点测流,接着一些支流水文站和断面较窄的干流水文站相继架设了过河缆吊箱、吊船和缆道。1958 年后大搞技术革新,吊箱和缆道由手摇改进为机动、电动、半自动,由室外操作改进为室内控制,没有过河缆的站配备了机船,大大缩短了测流历时,提高了测流精度。河道条件最差的花园口水文站测流历时也缩短为两小时。党的十一届三中全会以来,把“文化大革命”的影响消除后,又继续向前发展。根据黄河水利委员会所属的测站统计,119 个基本水文站中 117 个架设了过河缆,最大跨度 1 560 m;最深基础 27 m,最高钢架 50.5 m;浮标投掷器 120 处,机动船 25 艘。在有吊箱或缆道的测站都装配了半自动控制仪,吊箱改进为电动升降。

在水位自记方面,利津和泺口水文站分别研制应用了虹吸式和斜坡式自记水位计。润城水文站研制了滑动漂浮式静水筒。上诠和小川水文站增设了沉沙池,白家川水文站修建了多级水位计台,三门峡水库试验总站在史家滩水位站安设了超声波水位计,各站从不同的途径解决了多沙河流的自记水位问题。兰州水文总站还研制了长期自记水位计。目前全河水位自记程度达到 47% 。

在雨量自记方面,除应用虹吸式自记雨量计外,有不少站安设了翻斗式自记雨量计,自记程度已达 79% 。

泥沙测验方面,成功地研制了同位素测沙仪,已推广到 13 个站应用。龙门水文站研制成功了皮囊式悬移质采样器,适合于黄河特点和缆道测验。巴家嘴水库试验站研制使用了库区淤积容量采样器。为了提高泥沙颗粒分析质量和效率,研制成功了光电颗分仪,1982 年起在全河各泥沙分析室应用,目前又进行了改进,扩大了分析功能。为了解决多沙水流的测深问题,已研制出浑水测深仪。在河口安设了无线定位仪进行浅海测量,遥感技术已在黄河水文区域中应用。

在测验方法方面,除认真贯彻水文测验规范和加强质量管理外,对于测验中的问题,逐项进行了试验研究。如船滑动对测流的影响,含沙量对流速仪测速的影响,悬移质测验中漏测临底含沙量的问题,含沙量对浮标系数的影响等,以改进测验方法。

随着测验仪器工具和测验方法的改进,测洪能力大为增强,测验成果质量不断提高。花园口水文站的水位流量关系已由过去散乱一片,变成规律的绳套形,龙门水文站已改变了以往整编资料时必须应用上下游站资料确定水位流量关系的现象。

2.3 改进资料整编方法,系统刊印水文资料

新中国成立前,黄河水文资料没有进行过整编,1952 ~ 1954 年组织了有关单位的水文专家和技术干部,对 1919 ~ 1953 年的全部黄河水文资料进行了系统的整编,及时提供了治黄规划和有关方面使用。1954 年后逐年进行整编。到 1983 年止已刊布了基本站、专用站和试验站的全部资料近 8 万站年。在各项治黄工作和有关工农业生产建设、科学研究等方面发挥了重大作用。

为了提高整编质量和速度,近年来开展了电算整编。编制了各种电算程序,研究改进了整编方法,并为建立黄河水文资料数据库开始进行准备工作。

2.4 全面开展水文情报和预报工作

水文情报和预报是防洪和水利工程管理运用的耳目。

新中国成立前只有 11 个报汛站,没有预报工作。新中国成立后报汛站逐渐增加,到 1983 年已有 557 个,为新中国成立前的 50 倍。为了及时传递水情,不断改善通信条件,目前三花间已建立了无线电通信网,传递时间由 2 ~ 3 小时减少到 1 小时左右,并且不受暴雨洪水冲毁线路的影响,保证畅通。

水文预报是从1952年开始的，首先对下游部分河段开展了洪峰预报，1955年系统地编制了黄河中下游的干支流洪水预报方案，全面开展了洪水预报作业。到了1959年和1960年得到较快的发展，洪、枯、冰，长、中、短期预报全面展开。1976年开始应用电子计算机编制预报方案，并用于部分作业预报。同时开展了水文模型的研究，并引进了国外的流域水文模型，改进了洪水预报方法。为了增长预见期，开展了暴雨预报，对预估洪水未来的发展趋势起到了一定的作用。与气象相结合进行长期和冰期水文预报，在预报方法上有了新的发展。自1980年开始，在联合国开发计划署的援助和外国专家的帮助下，建立了“三花间实时遥测预报系统”，伊河陆浑以上示范区今年即可完成。

30多年来，黄河水文情报和预报，在治黄工作中，尤其是在防洪斗争中，起到了很大的作用。1958年黄河下游发生大洪水时，由于及时准确地提供了洪水情报和预报，根据当时的抗洪条件，采取了不分洪、不滞洪坚决防守大堤的决策，战胜了这次洪水，避免了100多万群众的淹没损失。1981年黄河上游发生了特大洪水，严重威胁着龙羊峡水库的施工和青、甘、宁、蒙沿河工农业生产和人民群众的安全，及时准确地提供了洪水情报和预报，对于采取有效的防洪措施战胜这次洪水起到了重要的作用，受到了中央和地方的表扬。1967年和1969年黄河下游出现了严重凌汛，由于及时提供了冰情情报和预报，对于适时运用三门峡水库控泄流量和现场采取爆破等防凌措施发挥了一定的作用。

2.5 开展科学研究工作

根据治黄工作的需要，除提高测、报、整、算的质量，进行仪器设备和技术方法方面的研究外，还对水沙等水文要素的成因和变化规律做了大量的研究工作。如对于产沙、输沙和淤积规律的研究，高含沙量的形成和输沙能力的研究，不同类型区的产汇流特性和计算方法的研究，水利水保工程影响下的产流汇流计算方法的研究，变动河床洪水演进规律和演算方法的研究，对于黄河水资源调查评价的研究，对于冰情形成和变化规律的研究，黄河泥沙对重金属迁移转化影响的研究等，这些课题大都获得了重要研究成果或阶段成果，有些已在治黄中发挥了作用。

3 努力开创黄河水文工作的新局面

黄河水文工作已经取得了很大的成绩，但与治黄工作的要求相比，还有很大的差距，主要表现在：站网不完善，尤其上游站网偏稀，测洪能力不高，测验和预报的精度不能适应需要，有的河段仍然存在着水沙不平衡问题，整编技术还比较落后，科研工作比较薄弱等。为了适应“四化”建设需要，满足治黄的要求，必须认真进行改革，大力创新，开拓水文工作新局面。为此，除加紧修订站网规划，加速完善站网布局，改进管理体制，加强管理工作外，要着重抓好以下几个方面的工作。

3.1 应用先进技术建立适应多沙河流特点的测验设施和方法

多年来测验工作实践证明，一般的测验设备和方法在黄河上大多不适用，例如水位观测中水尺不能固定，有的测站虽然河床比较稳定，但设立了自记水位计，由于受静水筒内外含沙量不同的影响，测得的水位需加以改正。一般回声测深仪只适用于含沙量小于50 kg/m^3 的河流，黄河上大都不能应用。流速仪测速受含沙量的影响较大，在含沙量超过一定界限时，测得的流速往往偏小，含沙量越大，偏小越多。含沙量大小对垂线流速分布有一定的影响,从而也影响到浮标系数和测速点位置。许多小河洪水含沙量大,漂浮物多,陡涨陡落,测洪问题多年来未得到解决。因此,为了提高测验精度,必须研制适应这种特点的测验仪器设备和方法。浑水测深仪、虹吸式自记水位计等都是为了适应多沙特点而研制的,还有许多问题需要进一步应用先进技术研究解决。

3.2 研究改进适应黄河特性的预报方法,建立实时遥测预报系统

黄河的产、汇流和河道洪水演进具有与一般河流不同的特点,需要研究建立适应这种特点的分析计算方法,不然就不能编制成符合实际的水文模型。如黄土高原的暴雨径流挟带大量泥沙,浑水中泥沙的体积可达50%以上。河床冲淤变化对洪水总量和流量过程的影响都很大,在产、汇流计算中,不仅要应用水量平衡原理,还必须考虑泥沙平衡计算。在河道的洪水演算中不仅受到含沙量大小的影响,也要受到边界条件变化的影响。当发生高含沙量的洪水时还可能发生浆河现象,改变了洪水运行的一般规律,不能应用一般水力学或水文学方法进行计算。流域上的水土保持和水利工程、河道滩地生产堤的修建都对产、汇流和河道洪水演算产生很大的影响。这些问题都要得到妥善的解决才能建立良好的流域水文模型。目前正在建立的三花间实时遥测预报系统,预见期较短,不能满足三门峡水库防洪调度和滞洪区运用的需要,必须结合降水预报才能增长预见期。为此还应努力提高暴雨预报水平,以满足预估洪水的需要。

为了适应三门峡水库和上游龙羊峡、刘家峡等水库防洪运用的需要,在三花间实时遥测预报系统建成后,应进一步建立三门峡以及兰州以上的实时遥测预报系统。

3.3 改进资料整编方法建立水文资料数据库

黄河水文资料的整编工作自1954年以来实行在站整理,集中总站整编,分区汇编,最后报上级审定刊印,周期一般要一年多的时间,即当年资料第三年才能印出。为了保证数字无误,需要很多人力经过多次反复校对,多者达8次,即使如此,往往对资料的合理分析仍嫌粗略,资料中存在着一些不合理的地方。正确绘制水位流量关系曲线是做好整编流量资料的关键,但一般对变动河床的水位流量关系变化缺乏深入的研究。这些都是资料整编中的薄弱环节,应当努力解决。

近年来,虽进行了电算整编的研究,但由于电算打印机质量不高,缺乏汉字系统等,只编制了各种整编程序而没有投产。今后应学习国外成功的经验建立数据库,逐步建成一个收集、整理、储存、检索系统。

3.4 加强科学研究

30多年来的黄河水文工作经验说明,水文工作质量提高的过程,也是进行科学研究不断革新技术的过程。因此,为了提高黄河水文工作质量,必须加强科研工作,恢复"文化大革命"中撤销的各项试验研究工作,如河床演变观测、径流试验研究等,并要进一步发展提高。同时要健全和加强水文研究机构,建立一个上下结合,内外结合和理论与试验结合的黄河水文科研系统。

为了实现上述目标,还必须相应做好智力开发,提高管理水平,建立起一支具有先进科技水平和一定思想觉悟的水文队伍,为使黄河水文工作达到国内外先进水平而努力奋斗。

(本文摘自《水文》,1982年)

1958 年黄河下游抗洪斗争回顾

1958 年 7 月,黄河下游发生了特大洪水,给两岸人民的生命财产造成了一定的损失。为将洪水造成的灾害减小到最低限度,两岸人民全力以赴投入到抗洪斗争中。笔者时任黄河水利委员会水文处水情科科长,参加了这场抗洪斗争。现根据自己的记忆,并参考《黄河防洪志》(河南人民出版社,1991 年版)、《黄河水文志》(河南人民出版社,1996 年版)写成此文。

1958 年黄河入汛后,中下游不断降雨。7 月 14 ~ 18 日,由于日本海高压西伸并控制了我国华北东部,将高空槽在河套地区上空切断,700 hPa 上空为南北向切变线。同时,有台风在福建沿海登陆,使上海至郑州一线有强劲的东南风输送大量的水汽,造成了三门峡至郑州花园口之间(简称三花间)连续四场暴雨。其中,最大的一场在 16 日 2 时至 17 日 8 时,主要雨区在三花间干流区间及伊、洛、沁河中下游,暴雨有 3 个中心:第一个是洛河支流涧河的仁村及三门峡至小浪底间畛水上游的曹村,第二个是三门峡至小浪底间的垣曲,第三个是蟒河上的瑞村。最大 24 小时降雨量:仁村达 650 mm(调查),垣曲为 366.5 mm,瑞村为 303.1 mm。三花间 5 天平均雨量为 155 mm。最大 5 天累计雨量:仁村为 700 mm(调查),垣曲为 492.2 mm,瑞村为 390.8 mm。暴雨笼罩面积(包括淮河流域)8.6 万 km^2。其中,三花间暴雨笼罩面积为 4.2 万 km^2,占其总面积的 50%,干支流相继发生洪水。各水文站的洪峰流量:小浪底水文站 7 月 17 日 10 时 30 分为 17 000 m^3/s,洛河白马寺水文站 17 日 2 时 30 分为 5 360 m^3/s,伊河龙门镇水文站 17 日 5 时 42 分为 6 850 m^3/s,伊洛河黑石关水文站 17 日 13 时 36 分为 9 450 m^3/s,沁河小董水文站 17 日 20 时为 1 050 m^3/s。

由于暴雨时空分布比较集中,黄河干支流洪水在花园口遭遇,17 日 24 时形成了 1933 年以来的最大洪峰流量——22 300 m^3/s。这次洪水自 7 月 15 日 12 时上涨,至 22 日 18 时落平,历时 7 天 6 小时,大于 10 000 m^3/s 的流量历时 81 小时。整个洪水过程由 4 个洪峰组成:最大洪峰之前 53 小时(15 日 19 时)出现第一个洪峰,流量 7 000 m^3/s;17 日 9 时出现第二个洪峰,流量 11 900 m^3/s;最大洪峰为第三个洪峰,出现时间为 17 日 24 时;最大洪峰之后 40 小时(19 日 16 时)又出现第四个洪峰,流量 14 600 m^3/s。最大洪峰以三花间洪水为主,三门峡水文站相应流量 6 130 m^3/s;其余三个洪峰均以三门峡以上洪水为主,加上三花间来水形成。

这次洪水与 1933 年 8 月洪水(陕县水文站洪峰流量为 22 000 m^3/s,三花间基本上无加水)相比:5 天洪量,花园口水文站为 52.90 亿 m^3,比 1933 年陕县水文站 51.80 亿 m^3 多 1.1 亿 m^3;12 天洪量,花园口水文站为 82.62 亿 m^3,比 1933 年陕县水文站 90.73 亿 m^3 少 8.11 亿 m^3。这次洪水来自三门峡以上的 5 天洪量为 26.38 亿 m^3,占花园口水文站洪量的 49.9%;12 天洪量为 51.26 亿 m^3,占花园水文站洪量的 62.0%。最大洪峰于 18 日 14 时到达夹河滩水文站,洪峰流量 20 500 m^3/s;19 日 4 时 30 分到达高村水文站,洪峰流量

17 900 m^3/s;20 日 12 时到达孙口水文站,洪峰流量 15 900 m^3/s;21 日洪水进入东平湖,最大进湖流量 10 300 m^3/s,最高湖水位达 44.81 m;21 日 22 时到达艾山水文站,洪峰流量 12 600 m^3/s;23 日 12 时到达泺口水文站,洪峰流量 11 900 m^3/s;25 日 9 时到达利津水文站,洪峰流量 10 400 m^3/s。

这次洪水将京广铁路上的黄河铁桥冲垮 2 孔,在兰考东坝头以下普通漫滩偎堤,超过保证水位的堤段长达 400 km。其中,高村水文站超过 0.38 m,孙口水文站超过 0.78 m,艾山水文站超过 0.93 m,泺口水文站超过 1.09 m。各堤段超过保证水位的时间达 35 ~ 80 小时,堤根水深一般 2 ~ 4 m,个别堤段达 5 ~ 6 m。在山东省境内的狭窄河道水位更高,险工坝头有的被洪水漫顶,有的只高出水面几分米。如:山东省齐河豆腐窝以下险工坝岸几乎与水面平,有 130 多段坝岸洪水漫顶;东平湖有 44 km 多的湖堤洪水漫顶0.01 ~ 0.4 m,风浪越堤而过,形势十分严峻。

在这次大洪水中,黄河水利委员会机关和所属各有关单位全力以赴投入抗洪斗争,水文处及所属各水文站都发挥了尖兵作用。在汛前准备工作中,我们就全面调查研究了流域面上和河道中的变化,修订、补充了黄河干支流洪水预报方案;各水文站在测验设施、测洪方案等方面都做好施测大洪水的准备。7 月 16 日下午,水情预报人员首先根据三门峡以上的水情和三花间加水,预报 17 日上午花园口水文站洪峰流量可达 13 000 m^3/s,并继续监视雨情、水情的变化。17 日零时以后,有关三门峡至小浪底间及洛河暴雨的电报频频传来。17 日凌晨,干流八里胡同水文站水势猛涨,继而三花间各水文站的雨情报告相继报来,伊河龙门镇水文站、洛河白马寺水文站和沁河五龙口水文站先后涨水,情况严重。

我们当即将上述情况向指挥抗洪斗争的王化云同志作了汇报,并立即组织水情预报人员进行洪水分析预报。在尚未正式作出花园口水文站洪水预报前,我们即在黄河水利委员会紧急防汛会议上汇报了水情,预估花园口洪峰流量可能超过 20 000 m^3/s。9 时正式作出预报:花园口水文站 18 日 2 时洪峰流量可达 22 000 m^3/s,相应水位 94.40 m;高村洪峰流量 18 500 m^3/s,相应水位 63.30 m^3/s。而当时实际最大洪峰于 17 日 24 时到达花园口水文站,报为21 000 m^3/s(资料整编为 22 300 m^3/s),水位 94.42 m。

全体水情预报人员不怕炎热,不怕疲劳,夜以继日地工作,随时分析雨水情,掌握水情的发展变化。为了及时了解水情,我们要求下游各水文站每半小时报一次水情,遇有特殊情况随时加报。花园口出现洪峰后,我们又及时根据花园口水文站及其上游各有关水文站的水情作出高村以下洪水过程预报,并预报东平湖最高水位为 44.8 m,艾山水文站洪峰流量 11 500 m^3/s。由于黄河下游洪水情况和河床变化十分复杂,在洪水向下游演进过程中,要随时警惕有无异常情况发生。当洪峰即将到达艾山水文站,该处正在涨水时,突然收到艾山水文站水位急剧下降的情报。我们的心一下子收紧了,担心黄河大堤出了问题,立即打电话询问情况。当得知是艾山对岸的生产堤被洪水冲破后,我们才放下心来,生产堤内被洪水灌满后,艾山水文站的水位又继续上升。

这次我们对整个洪水的预报都比较准确。如对花园口水文站的洪峰流量预报误差只有 1.3%,水位预报误差仅 0.02 m;对高村水文站的洪峰流量预报误差为 3.4%,水位预报误差为 0.34 m;对东平湖水位预报误差仅 0.01 m;对艾山水文站的洪峰流量预报误差为 8.7%。这些都为上级领导作出正确决策提供了可靠的依据。

水文站是与洪水拼搏的前线尖兵。在这次洪水中，下游各站职工为了抢测洪峰，都与洪水连续搏斗了一个多星期。当时的测验设施比较落后，人们要在惊涛骇浪中驾驶木船进行测流。木船随着波浪时隐时现，不但极其艰苦，而且十分危险。各站施测洪峰的历时，除花园口水文站在花园口河床队协助下只用了2小时55分外，夹河滩水文站为9小时45分，高村水文站为10小时50分，孙口水文站为6小时30分，艾山、泺口、利津三个水文站（均为窄河道）也都用了4个多小时。实测最大流量与洪峰流量的比值，除花园口水文站因受其上游13 km处的黄河铁桥2孔被冲垮的影响为76%外，其余各站都基本上测到洪峰顶（高村水文站达97%，孙口、艾山、泺口等水文站都是99%，利津水文站达100%），都做到了及时、准确地测报水情。

正确的决策来源于正确的判断。面对这样大的洪水，应当采取什么样的防御措施才能战胜洪水，这是对黄河防汛工作最严峻的考验。按照预定的防洪方案，当秦厂发生20 000 m^3/s的洪水时，应开放石头庄溢洪堰或其他分洪口门向北金堤滞洪区分洪，以控制孙口水位不超过48.76 m，相应流量12 000 m^3/s。当时，北金堤滞洪区内有100万多人、13.33万多hm^2耕地。如果分洪，不仅财产损失达4亿元，而且滞洪区内的群众不能全部迁出，生命受到威胁；如不分洪，大堤一旦溃决，则将形成更加深重的灾难。因此，如何决策必须十分慎重。在7月17日晨举行的黄河水利委员会紧急防洪会议上，王化云指出：根据降雨情况和干支流已出现的洪水情况，同1933年的洪水相似，此次是新中国成立以来黄河下游出现的最大洪水，要继续注视水情变化，尽快作出预报，报告中央，并通知中共河南、山东两省省委，要求全党、全民齐动员，加强防守，同时做好长垣石头庄分洪的准备；如果雨情、水情不再发展，可全力防守不分洪。17日9时，洪水预报已正式作出。王化云当即带领张林枫（水文处副处长）和笔者到中共河南省委汇报，并参加了省委召开的紧急防汛会议。王化云将水情和防守意见汇报后，会议对分洪准备和堤线防守作了紧急部署。

17日17时，黄河干流小浪底水文站、伊洛河黑石关水文站已相继出现洪峰，花园口洪水流量已达14 700 m^3/s。黄河防汛总指挥部向河南、山东两省黄河防汛指挥部发出通知，并报国务院和中央防汛总指挥部。通知内容主要是：①这次洪水与1933年洪水相似，是新中国成立以来的最大洪水，情况相当严重，因此两省应立即做好石头庄、张庄的分洪准备工作。但洪水较瘦，如果情况不再发展，可全力防守，争取不分洪。②建议两省全党动员，全民动员，严加防守，特别是涵闸及薄弱堤段更应加强。③为及时了解洪水到达各地的情况，加强与各方面的联系，水利部派赵明甫（黄河水利委员会副主任）等同志到山东刘庄、陈东明（黄河水利委员会秘书长）等同志去东坝头，协助两省指挥防守。以上意见当否，请中央指示。

17日24时，花园口水文站出现洪峰。这时，伊、洛、沁河和三门峡以下干流区间降雨逐渐减弱，情况与预报基本相同。根据这些情况，王化云提出了不分洪加强防守的意见，并即时打电话报告当时的黄河防汛总指挥、中共河南省委第一书记吴芝圃和山东省省长赵健民，征求两省的意见。在征得两省同意后，黄河防汛总指挥部立即电告国务院、中央防汛总指挥部、水利电力部和中央河南、山东省委。电文内容如下：

本次洪水洪峰17日24时到达花园口，水位94.42米，低于1933年洪水位约5公寸，推算流量约为21 000立方米/秒。现在花园口以上水位已经普遍下降，伊、洛、沁河至秦厂区间今日只有小雨、中阵雨,有的地方无雨。本次后续洪水已不大。截至今日上午10时,花园口以上大堤、险工和闸口,由于河南省党政军民严密防守,均甚平稳;惟京广铁路黄河铁桥,因洪水过猛被冲垮2孔。目前洪水正向下游推进,进入渤海尚需一周时间。本次洪水为1933年后最大的一次洪水,情况是严重的。但特点是峰高而瘦,洪水总量比1933年约少25亿或30亿[立方米],再加上黄河原来底水低,汶河水不大,在高村以上宽河道里和东平湖能够充分发挥蓄滞洪水作用情况下,整个下游可能出现中间高(高村至孙口水位高于保证水位5公寸~7公寸)、两头低的形势。据此,我们认为,河南、山东两省党政军民坚决防守,昼夜巡查,注意弱点,防止破坏,勇敢谨慎,苦战一周,不使用分洪区蓄滞洪水,就完全能战胜洪水。希两省黄河防汛指挥部根据上述情况和精神,结合各地具体情况,部署防守,加强指挥,不达完全胜利不收兵。上述意见如有不妥之处,请中央和省委指示。

中央防汛总指挥部接到17日17时的报告后,当即发出指示电报,要求黄河防汛总指挥部及各级防汛指挥部"必须密切注意雨情、水情的发展,以最高的警惕、最大的决心,坚决保卫人民的生产成果,坚决制止洪涝为患";同时,派当时的水利电力部副部长李葆华前来视察黄河水情、指挥防守,并报告了国务院。

当时,周恩来总理正在上海开会。他接到报告后,立即宣布会议暂停,乘飞机赶赴郑州。周总理首先在飞机上视察了黄河水情,然后到郑州听取了王化云关于黄河水情和防守部署的汇报。他详细了解了降雨情况和洪峰到达下游的沿程水位,批准了不分洪的防洪方案,并指示河南、山东两省加强防守,党政军民全力以赴战胜洪水,确保安全。周总理的秘书立即打电话将这一决定通知了中共山东省委。

然后,周总理前往郑州黄河铁路大桥视察。在火车上,他向有关负责人详细询问了黄河铁路大桥建桥史和被洪水冲毁的情况。郑州铁路局的负责人说:"我们没有保住大桥,应该向总理作检讨。"总理说:"这不是你们的责任,百年不遇的特大洪水嘛!要紧的是积极想办法去抢修。"总理查看了大桥被冲毁的情况后,到大桥一处向职工讲话,勉励大家"要同暴风雨和洪水作斗争,要像革命战争年代那样,工农兵一齐干,尽快修复黄河大桥"。他在讲话结束时说:"我代表党中央感谢你们!"讲完话,周总理又召开了抢修大桥的座谈会。深夜回到中共河南省委后,他打电话叫工程兵司令员陈士榘到郑州来。次日,周总理从郑州乘飞机沿黄河边视察水情,进入山东境内后又飞往上海。

河南、山东两省在大洪峰到来之前,都作了紧急抗洪部署。中共河南省委、省人委发出了《关于紧急动员起来战胜特大洪水的紧急指示》;当时的中共河南省委第一书记、黄河防汛总指挥吴芝圃亲临黄河岸边视察水情;省委、省人委各级领导分赴抗洪第一线坐镇指挥;沿河各地、市、县委书记亲临前线,领导干部分堤包干负责;大批干部分别到达各防守责任段和群众一起巡堤查水、抗洪抢险,并迅速组织滩区群众的迁移、救护和安置工作。河南省军区副司令员亲率官兵守护大堤,洪峰到达时已做好了一切防守准备。这次防汛共投入各级干部5 000多人、各兵种部队4 000多人、防守群众30多万人,加上预备队共100余万人;出动船只500艘、汽车500辆。每公里上堤防守人员300~500人。机动抢险队乘车巡逻,发现险情立即抢护。河南省境内的堤防共计出现渗漏、裂缝、脱坡、蛰陷等130多处,险工出险12处(71坝次),经大力抢护均一一脱险。

河南境内的黄河滩区,共被淹没527个村庄,约占滩区1 001个村庄的53%;受灾人口24万人,约占滩区总人口49万人的49%;淹没耕地8万hm^2,约占滩区耕地总面积12.33万hm^2的65%。经抢救,绝大部分群众安全迁出,死亡4人,损失牲畜31头,塌房15万间,冲走粮食30余万kg。

在洪水到达山东省境内河段前,中共山东省委、省人委于18日决定:"沿黄各地、县、乡党委、政府必须全党全民动员,集中一切力量与洪水搏斗,在不分洪的情况下,坚决保证沿河人民安全与农业大丰收。"并要求对全体防汛人员加强政治思想教育,健全组织,建立按级分段负责制;对各级防汛机构和防汛队伍明确防守责任堤段,固定防守阵地,包干到底,保证全胜;要上下兼顾,两岸配合协作,做到任何一个堤段都有负责干部防守。

根据中共山东省委、省人委的决定,山东省黄河防汛办公室提出了以下几项具体防汛措施:①迅速加强重点堤段的防守准备;②迅速做好防汛料物供应准备工作;③迅速做好防守的人力组织工作;④尽快做到滩地排洪畅通。

19日,洪水进入山东省境内。沿黄各地、县共动员干部、群众和人民解放军官兵110万人上堤防守。当时的中共山东省委第一书记舒同及书记处书记、副省长等到泺口视察了水情,并与在盖家沟险工加高大堤的民工一起挖土抬土。舒同指示:要全面检查大堤险工、加修子埝,险工要有专人负责,防汛器材的准备要充足,要保护好津浦铁路济南黄河铁桥,动员滩区居民迅速转移。

山东省境内的黄河河道狭窄,洪峰水位高,有的坝头洪水漫顶,东平湖有部分湖堤漫顶,情况十分危急。在这紧要关头,他们采取了加高东平湖湖堤和东阿以下临黄大堤子埝的措施,一昼夜修筑子埝600多km,以防止洪水漫溢。在安山湖堤,因风浪大导致子埝坍塌。广大干部、群众筑成人墙抵挡风浪,经过19个小时的拼搏终于保住了湖堤。

当洪峰到达齐河许坊堤段时,大堤中部突然出现漏洞,幸亏被2名女少先队员发现并立即报警,经大力抢堵才堵住了漏洞。在济南老徐庄也连续出现3个漏洞。经过3 500人七八个小时的抢堵才被堵塞。此次洪峰使山东省境内的黄河大堤共出现各种险情1 290多段次。其中,大堤漏洞18处,陷坑228个,管涌109个,大堤脱坡32处,埽坝坍塌、蛰陷308段次,严重根石走失175段次,掉塘子56段次。经抗洪军民的奋力抢护,全部化险为夷。

这次大洪水已经过去39年了。如今,黄河干支流均发生了很大的变化。在黄河下游洪水的主要来源区,干流上已建成了三门峡和天桥水库,万家寨和小浪底水库也正在修建;支流上已建成了伊河陆浑水库和洛河故县水库。这些水库大都能拦蓄洪水,尤其是三门峡和小浪底水库,对下游洪水可以起到很大的拦洪作用,将大大减小黄河下游堤防抗御大洪水的机遇。但是,黄河下游的防洪问题并没有完全解决。小浪底水库和陆浑、故县的水库以下的暴雨洪水尚得不到控制,下游河道出现了许多不利于防洪的变化。因河道连年淤积,尤其是近年来未发生大洪水,水不出槽,河槽萎缩,导致同流量水位大幅度抬高。花园口以下各河段的平滩流量,1958年为6 000~7 000 m^3/s,1997年减少到3 000~4 500 m^3/s。按1997年与1958年大洪水同流量水位比较,升高2~4 m,河道排洪能力大为下降。1996年,花园口发生了7 840 m^3/s和5 520 m^3/s(未整编数)的中小洪水,便形成高水位大漫滩,造成严重损失。根据1997年的分析,防御设防标准内的洪水,有630

km 大堤(占临黄大堤总长的45%)高度不够,其中240多km大堤超高低于设计高度0.5 m以上,最多者低1.7 m,有686 km大堤的断面不能满足抗渗稳定要求。

由于大量泥沙淤在主槽内,形成“槽高、滩低、堤根洼”的“二级悬河”局面,并且滩面阻水工程增多,河道整治工程防洪标准不断下降。因此,一旦出现大洪水,河势将发生难以预料的重大变化。在大洪水落水期或中小洪水发生时极易形成横河、斜河,主流顶冲大堤,危及堤防安全。在小浪底水库建成并投入使用后,河道还将会出现一系列新的变化。此外,目前还有一些重大险点、隐点,有不少河道整治工程需要续建,不少坝岸需要加高改建,不少险工根石达不到稳定坡度。在洪水测报方面则是设施陈旧老化。由于流域面上和河道里的变化改变了洪水形成和演进的自然规律,给洪水预报带来很大困难。

总之,黄河下游的洪水威胁依然存在,防洪任务更加繁重。我们要发扬1958年抗洪的精神,吸取1958年抗洪的经验,进一步加强防洪工作,克服各种不利因素,提高防洪能力,战胜可能出现的洪水灾害,使黄河造福于民。

(本文摘自《河南文史资料》,2002年第4期)

关于做好黄河下游防洪及长治久安的意见

治黄工作自归人民掌握以来，黄河下游已4次加高大堤，初步建成了“上拦下排，两岸分滞”的防洪体系，执行了“拦、排、放、调、挖”的五字方针，取得了57年伏秋大汛不决口的伟大胜利，改变了旧社会三年两决口的险恶局面。

但是，随着水沙和河道情况的变化，及社会经济的发展，还存在着许多问题，如：下游堤防仍有不少堤段没有加固，质量薄弱，仍有冲决、溃决的可能，控导工程发生重大险情的机遇加大，防汛道路硬化率不高，临黄堤险工有不少坝垛高度和根石深度、坡度不够标准，还有一些堤段备防料物严重不足，有的涵闸已形成险点，东平湖滞洪区围坝部分堤段渗水严重，湖区群众安全设施不足，北金堤滞洪区，因黄河淤积河床抬高，退水困难，更突出的问题是黄河河道由于多年淤积，尤其自20世纪80年代以来，持续枯水，主槽淤积严重，淤积比例增大，陶城铺断面以上增大了1倍多，由以往的30%增大到70%，陶城铺断面以下河段达到90%以上，形成临河滩面高于背河地面4～6 m，主槽滩唇高于临河滩面3 m，大者达到5 m，东坝头至陶城铺滩面比降为河道比降的10倍，“槽高，滩低，堤根洼”，“二级悬河”形势越来越严重。平滩流量最小断面已从1958年的10 000 m^3/s，减小到2 000 m^3/s以下，5 000 m^3/s的流量大部分滩区即可上水，如发生大洪水，滩区181万人口，25万hm^2耕地将被全部淹没，很容易造成大溜顶冲大堤，顺堤行洪发生决堤、溃堤的危险，2002年和2003年两次调水调沙，各河段主槽不同程度的冲刷，有明显效益，但冲刷不大，这种险恶形势尚没有得到根本改善，2003年秋汛，经干支流水库控制，花园口流量不到3 000 m^3/s，即发生兰考、东平滩区漫水淹没。

由于小浪底水库修建后，提高了黄河下游的防洪标准，发生大洪水的几率大为降低，尤其黄河下游20多年没有发生大洪水，群众防汛意识淡薄、思想麻痹，防汛队伍组织困难。

必须认识到，丰枯交替的水文基本规律并没有改变，近些年来，长江、淮河等许多河流都发生了大洪水，黄河2003年也出现了严重秋汛，黄河下游花园口以上虽已大部为水库所控制，但黄河主要洪水来源之一的三门峡至花园口间尚有65%的面积（27 019 km^2）没有控制，如发生1954年、1958年、1982年的洪水，在目前条件下花园口尚可能出现7 620、9 620 m^3/s和8 670 m^3/s的洪峰流量，花园口百年一遇的洪峰流量尚有15 400 m^3/s，千年一遇的洪峰流量尚有21 000 m^3/s。

根据中国气象局预测，今年黄河中下游大部地区处于多雨带，要做好一切迎战大洪水的准备，决不可掉以轻心。

当务之急，应在加强堤防的同时，抓紧解决滩区问题，由于洪水预报预见期短，在洪水到达之前，没有充分时间使滩区群众迁移，当洪水漫滩后，堤根水深阻断迁移道路，应事先将易漫水地区的居民外迁，其他地区也要加高加大房台、避水台，并应做好救生船只的准备，尽量保证群众人身安全。为了适应防洪需要，除应增强防洪预案的可操作性、提高抢险专业队伍的技术水平、做好防御大洪水的宣传工作外，还要完善预警预报系统，做好沿河各水文、水位站水位、流量预报及洪水漫滩（范围和水深）预报。为了加长洪水预报的预见期，应开展1～3天的定量降雨预报，最好与气象部门结合建立测雨雷达网。

洪水预报必须与暴雨预报、洪水测验、洪水调度和防洪工程运用等密切结合，黄河流域面上，尤其河道多变，任何预报方案都不能一成不变、一劳永逸，要实时修正、不断改进。预报工作要对流域情况、河道变化经常调查了解，做到了如指掌。

黄河下游已初步建立了预警系统，但需要进一步完善，三门峡以上也应逐步建立，首先应对河床经常变化的河段，如干流龙门至潼关河段，泾渭河张家山、咸阳、华县区间的老预告方案（已不适应目前情况）进行修订，或编制新方案。

关于黄河下游长治久安的问题，解决的办法原则上应是“增水、减沙、调水调沙”，在减沙方面无论是水土保持，或水库拦沙，都是有一定限度的，黄土高原的泥沙是无限的，黄河下游河道的容沙量是有限的，历史上当河道淤积到一定程度时就要改道，2 600多年来，已改道26次，每次新的河道经过改道淤积决溢，再淤积到衰亡再改道，这一过程经历的年数不同，根据不完全统计，最长的为944年（自公元11年（王莽始建国三年）至公元955年（周世宗显德二年）），其次为470年（自公元前602年（周定王五年）至公元前132年（汉武帝元光三年）），再次为297年（自公元1558年（明世宗嘉靖三十七年）至公元1855年（清文宗咸丰五年）），由于历史记载不完善，前两次时间不完全可靠，后一次较可靠。后一次改道是自曹县东北趋单县段家口至徐州、沛县，分为六股入运河至徐洪，另有五小股由砀山坚城集，趋郭贯娄，由小浮桥汇徐洪，经宿迁入淮河，这次流向东南，汇入的河流含沙量不大，维持年数较长，自1855年至1938年花园口扒口改道东南流共83年，其间决溢甚多，除此之外，两次改道的间隔年数均在60多年以下，自1947年花园口堵口至今已经57年，这一段时间没有决溢，泥沙除输入渤海和少量引沙外，全部淤积在河道内。1996年花园口7 840 m^3/s的洪峰已漫入原阳1855年改道前的高滩，河势恶化已相当严重，应在滩区居民逐步外迁的条件下，采取上段“宽河固堤”、下段“束水攻沙”的办法，调水调沙，加深河槽，或在两岸大堤之间顺河势塑造新的河槽，但这样的做法也只能延缓河道淤积，仍有一定限度，为了长治久安，必须增水，要进行西线、中线和东线南水北调，亦应有部分水量入黄，在灌溉等用水方面亦应尽量节水，使黄河下游有足够的水量输沙入海，长期维持黄河的健康生命。

（本文摘自《黄河史志资料》，2004年第3期）

堤防不决口　河床不抬高

水利部原部长汪恕诚提出了21世纪的黄河治理任务："堤防不决口，水质不超标，河床不抬高，河道不断流"，对于"堤防不决口，河床不抬高"两项任务提出一些意见，简述如下，以供参考。

1　堤防不决口

首先应研究今后黄河下游还会不会发生大洪水，还有多大洪水。近年来，由于相继在干支流修建了三门峡、陆浑、故县和小浪底等大型水库，拦蓄、调节洪水，使三门峡以上和三门峡至花园口间（以下简称三花间）部分面积的洪水得到控制，大大削减了黄河下游的洪水，尤其近年来黄河水量偏枯，1982年以来没有发生过较大洪水，年年防洪不见洪，在群众中产生了不同程度的麻痹思想。必须认识到，黄河水量丰枯是交替的，大洪水都发生在丰水期，如：历史上18世纪80年代和19世纪40、50年代两个丰水期，三门峡以上发生过5次特大洪水，最大的为1843年陕县36 000 m^3/s，三门峡以下，18世纪60年代丰水期，1761年也发生过一次特大洪水，花园口32 000 m^3/s。20世纪30~50年代丰水期，黄河中下游发生过13次10 000 m^3/s以上的洪水，两次20 000 m^3/s以上的洪水。黄河自设水文站以来，下游已发生过5次丰枯交替，各次历时长短不同，近16年来黄河上下游同步偏枯，何时转丰尚不能准确预测，但丰枯交替的自然规律是不会改变的。

花园口以上的洪水虽然已大部分为水库所控制，但三花间——黄河下游最严重的洪水来源，尚有65%的面积（27 019 km^2）没有控制，干支流洪水经过水库调蓄后，花园口洪峰流量百年一遇尚有15 400 m^3/s，千年一遇尚有21 000 m^3/s，应当居安思危，警惕大洪水发生。

既然黄河下游有可能发生大洪水，那么要防御多大洪水？应当是确保目前黄河下游的防洪标准22 000 m^3/s不决口，力争更大洪水也不决口。

对千年一遇洪水进行防洪计算，经过四库调蓄和充分利用东平湖滞洪，即可使沿河及东平湖洪水位不超过防洪标准，但为防万一，仍应保留北金堤滞洪区。

在此情况下，为使堤防不决口，除大力提高黄河大堤，尤其险工、险点的强度，完善河道整治，堵截滩区串沟，防止顺堤行洪，清除滩区行洪障碍等外，还必须做到以下几点：

（1）确保滩区、蓄滞洪区和库区群众安全。目前黄河3 000 m^3/s的洪水即可上滩，8 000 m^3/s的洪水可全部漫滩，全下游滩区有152万群众常常受洪水威胁，东平湖区有29万群众，三门峡库区也有10万群众，黄河滩区只在山东省境内有16万群众迁移，为了解决这190余万群众的安全，首先应完善各滩区的避洪设施，为长远计，对黄河滩区群众最好逐步外迁，在滩区可建设农场，在场内建设避洪设施，防御上滩洪水。

（2）对东平湖应增加围坝强度，疏通陈山口，清河口渠道并解决司垓闸向南四湖退水问题。

(3)修建沁河河口村水库,完成黄河下游防洪体系。

(4)小浪底水库调水调沙,减少黄河下游河道淤积是主要任务之一。蓄水运用后,下游河道将要冲刷下切,排洪能力增加,洪水位下降,在此期间,要进一步做好河道整治工作,防止河势恶化,但小浪底水库的减淤作用只有20多年,即使今后黄河北干流的古贤水库、碛口水库修建,其调水调沙对下游减淤作用亦不过数十年,以后黄河下游仍然淤积,因此从长远计,仍须解决河床不抬高问题。

(5)做好防汛队伍的培训。由于多年来黄河下游未发生过大洪水,防汛队伍缺乏锻炼,必须严格组织、加强培训,以便临阵能战、战之能胜。

(6)加强洪水预报调度,黄河洪水预报由于受人类活动和河床多变的影响,十分复杂,必须不断掌握新情况、研究新问题、改进预报方法、适应调度要求,做到预报调度密切结合。

2 河床不抬高

如何控制黄河下游河床不抬高,这是一个极其艰巨而复杂的问题,总的来说,要增水减沙。

根据1952~1998年47年的黄河下游花园口实测水沙资料进行分析。

在这47年中分为1952~1959年、1960~1969年、1970~1979年、1980~1989年和1990~1998年5个时段,各时段的平均年径流量依次为487.4亿m^3、506.0亿m^3、381.5亿m^3、411.7亿m^3和262.2亿m^3。各时段的平均年输沙量依次为16.8亿t、11.3亿t、12.4亿t、7.7亿t和7.1亿t。

在这47年中有31年淤积,其中25年有淤积计算资料,平均每年淤积2.03亿t,16年冲刷,其中13年有冲刷资料,平均每年冲刷1.6亿t,淤大于冲,据黄河下游年径流量、年输沙量和年冲淤量关系分析,在25年的淤积中需分别增加年径流28亿~301亿m^3或减少年输沙量0.04亿~13亿t,才可不淤积。黄河下游平均年径流量20世纪80年代和90年代为330.6亿m^3,较50~70年代平均年径流量458.3亿m^3少28%(127.7亿m^3),平均年输沙量80年代和90年代为7.41亿t,较50~70年代13.50亿t少45%(6.09亿t)。为什么80年代和90年代水沙减少?尤其沙减少的较多?是由于降雨小?还是水保效益?可从主要产沙区河口镇至龙门间的水沙资料进行分析。

河口镇至龙门间20世纪50~90年代的平均年径流量依次为75.3亿m^3、65.1亿m^3、51.4亿m^3、37.1亿m^3和42.9亿m^3,平均年输沙量依次为11.19亿t、9.49亿t、7.47亿t、3.72亿t和4.99亿t。80年代和90年代平均年径流量为40.0亿m^3,较50~70年代平均年径流量63.93亿m^3少37%(23.93亿m^3)。平均年输沙量4.36亿t,较50~70年代平均输沙量9.38亿t少54%(5.02亿t)。花园口80年代和90年代输沙量少主要是河口镇至龙门间输沙量减少造成的。80年代和90年代河口镇至龙门间平均年降雨量411.7 mm,较50~70年代河口镇至龙门间的平均年降雨量455.7 mm少10%(44.0 mm)。

从上述情况来看,20世纪80年代和90年代黄河下游输沙量的减少应有两种原因:一是降雨量少,但降雨量只偏少10%,而年径流量偏少37%,年输沙量偏少54%;二是水土保持的效益，但各占多少，尚未作深入分析，如按各占一半考虑，则泥沙约减少3.0亿t。

对三门峡水库修建前的1919～1960年黄河水沙资料进行分析，陕县平均年径流量424.3亿m^3，平均年输沙量16.0亿t；花园口平均年径流量475.1亿m^3，平均年输沙量15.0亿t，平均年输沙量减去水土保持效益3.0亿t，尚余12.0亿t。根据黄河下游年径流量、年输沙量和年冲淤量的关系分析，约需年径流量480亿m^3才能不淤，而此时段的年径流量按相应比例85.5%减少，只有406.2亿m^3，仍然发生淤积。

20世纪90年代黄河下游平均年输沙量7.1亿t，按黄河下游年径流量、年输沙量和年冲淤量的关系分析，约需350.0亿m^3的年径流量才能不淤，但由于上游灌溉面积扩大，耗水量增加，加之水量偏枯，实际年径流量只有249.43亿m^3，仍然发生淤积。

黄河下游农田灌溉面积由20世纪50年代66万多hm^2，发展到90年代133万多hm^2，耗水量由70多亿m^3，增加到130多亿m^3，减少了黄河下游的径流量。

综上所述，黄河水土保持已发生了显著效益，但黄河径流量亦相应减少，虽然其减少的比例小于输沙量，但由于引黄灌溉耗水量增加，黄河径流量不能适应黄河下游不淤的需要。为了使黄河下游河床不抬高，除应进一步扩大水土保持效益外，首先要努力节约灌溉用水，现在黄河上游的灌溉耗水量如按灌溉定额每公顷26.67 m^3计，则可平均每年节水50亿m^3，若能改进灌溉方法，则可节水更多。但根据目前情况，完全依靠灌溉节水增加下游径流量，解决河床不淤问题还是有困难的，尚需利用西线南水北调的部分水量，采取增水减沙的综合措施，才有望使黄河下游河床不抬高。

（本文摘自《黄河报》，2005年）

（三）国际学术交流

IAHR Ice Symposium 1986
Iowa City, Iowa

ICE PROBLEMS ON THE YELLOW RIVER

Chen Zanting, senior engineer Yellow River Conservancy Commission People's Republic of China

ABSTRACT

The Yellow River, the second largest water course in China, is so called because of the high sediment concentration and muddy water in yellow colour. Flowing through the Qinghai—Xizang (Tibet) Plateau, the loess plateau and the N. China Plains, the river is the cradle of the Chinese nation, brought up and nurtured in its basin. It was, however, also known as the Sorrow of China due to the untold calamities as result of innumerable dyke breaches consequent of rainstorms in summer or ice run in winter with ups and downs of dynasties after dynasties. During the 50 odd years in 1883 ~ 1938, 17 dykebreaches occurred in time of ice run on the lower reaches alone, whereas in the Inner Monggolia reach, unprotected by dykes prior to liberation, ice flood inflicted losses on the local inhabitants almost every year, to different degrees though, bringing about undescribably intense miseries.

During the 30 years or more since liberation, much experience has been gained in conquering the Yellow River. For 10 odd years on end in the Inner Monggolia reach and over 30 years in a row on the lower course, no dyke breach occurred as a result of ice run, the complexity of which rendering its menace far from being removed once and for ever.

The paper deals briefly with the general features and ice condition of the Yellow River, as also ice flood prevention.

GENERAL FEATURES OF THE YELLOW RIVER

The Yellow River, the second largest in China, is a water course with the highest sediment concentration in the world and inflicting heavy damages during ice run. Taking its source at the northern slope of Bayangela Mountain in Qinghai province, in the Yueguzonglie basin rising 4,500 m above mean sealevel, it flows across or along 9 provinces and autonomous regions of Qinghai, Sichuan, Gansu, Ningxia, Inner Monggolia, Shanxi, Shaanxi,, Henan and Shandong, over a total distance of 5,464 km, to empty itself into the Bohai Sea in Kenli county. The Yellow

River valley lies between 32°N and 42°N(lat.) and 96 °Eand 119°E(long.) and slopes down from west to east, in three steps, namely, the Qinghai Plateau, the Inner Monggolia and Loess Plateau, and the alluvial plains on the lower reaches. The watershed 750,000 km^2 in area yields 47 billion m^3 as observed value of average volume of runoff per year over long term, with mean sediment delivery of 1.6 billion tons, something like 35 kg being carried by each m^3 of water. Thus, the river is characterized by deficiency of water and abundance of sediment. On its way toward the sea, the river passes through three gorgeous sections and three alluvial plains, the former being the reach from source zone Qingtongxia, from Toudaoguai to Longmen, and from Tongguan to Mengjin, and the latter the plain at the River Bend, of the Yinchuan and Inner Monggolia region, between the first two gorgeous sections, the floodplains along Shanxi—Shaanxi border, between the second two canyons, and the Great Plains of N. China downstream of Mengjin.

The reach from the source to Tuoketuo in Inner Monggolia Autonomous Region is the upper course, further below to Taohuayu in Xingyang county of Henan province, the middle course, and downstream of Taohuayu, lower course, see Fig. 1.

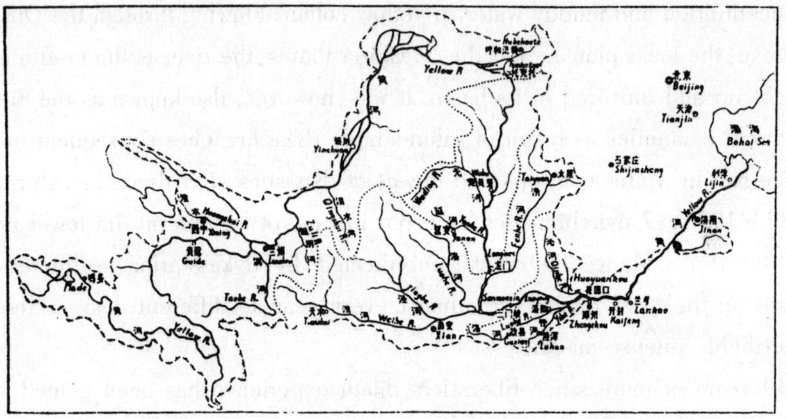

Fig. 1 Sketch map of the Yellow River valley

In winter, polar continental cold air mass (Mongolian anticyclone dominating) prevails, dry winds blowing from the northwest leading up to cold climate and sparse rainfalls and snows, the lowest air temperature generally below zero, the higher the latitude the lower the air temperature. The extreme low air temperature ever recorded is −25 ℃ to −48 ℃ on the upper reaches, −20 ℃ to −40 ℃ on the middle reaches, and −15 ℃ to −23 ℃ on the lower reaches. Hence freezing occurs every winter on the main river and its tributaries, to different degrees. Besides affecting navigation, communications, water supply and construction and operation of water conservancy projects, ice run in Inner Monggolia section on the upper reaches and Shandong section on the lower reaches are most harmful. In accordance with historical records, reaches of the Inner Monggolia section were subject to inundation every year, major disasters every other year, averagely speaking. Calamities in Shandong section were also numerous, with even more serious consequences. During the 55 years from 1883 when main dykes were accomplished along both banks on the lower reaches to 1938 when the river took the course along the Huaihe River subsequent to dyke-breach on intention at Huayuankou, Zhengzhou, where the course was changed to run southeastward, there were 17 years with 50 odd dyke-breaches. Even after liberation, dyke-breach happened twice, in 1951 and 1955, in the estuary region in Shandon. It was recognized in past history that dyke-breach due to ice run was irresistible, and that the person in charge of river works would not be held responsible for "dyke-breach during ice run" as the opinion was ice floods were more difficult to cope with than floods due to rainstorms. Since the founding of the People's Republic of China, the inhabitants in the valley have well coordinated with those specialized in the work, under the guidance of the Communist Party of China and people's government at all levels, to observe and study ice condition and ice run of the Yellow River in a big way, carry out ice forecasts in an all-round way, and take measures of preventing, breaking, diverting and regulating the ice run or ice jam. with concerted efforts of those on both banks and in upstream and downstream reaches, many a time did the broad masses succeed in protecting against ice flood, attaining great achievement of keeping the Inner Monggolia reach safe during ice run in more than 10 years in a row, and the reach in Shandong, 30 odd years in a row.

A BRIEF ACCOUNT OF OBSERVATION AND STUDY OF ICE CONDITON ON THE YELLOW RIVER

Observation of ice condition enjoys a long history in China. Records in the Book of Changes made mention as early as in the Shang dynasty (about 11 centuries B. C.) that "frost and deep-freeze would occur on the sixth of the month". In the epoch from the beginning of Zhou dynasty to the Spring and Autumn Period (11 to 6 centuries B. C.), there was the saying in the Book of Songs that "tribute of lamb is offered before acquiring ice from the ice-house in March, having been previously deposited in February". In the early Han dynasty, the Book of Rites had it described more or less in detail (2 centurice B. C.) that "the land and water begin to freeze by early winter, gradually the ice gains thickness and strength, until at the end ice cover becomes solid and intact." In the Tang dynasty, physical properties of ice were treated of in the 7th ~ 9th century by Lu in his Jottings that "with ice sheet accumulating and gaining in thickness, it might as well be cut with a knife." Later in the Song Dynasty, from 10th to 12th century, variation of ice quality in different seasons was dealt with in the booklet "On ice and its collection", depicting that "ice gathered before winter solstice is sound and lasts long, and the Yellow River freezes up intactly only before winter solstice", whereas in the Ming dynasty, in the 14th ~ 17th century, mention was made with respect to the relationship between astronomical phenomena and the freezing of rivers in the "Sketches on the Golden Terrace" which reads thus: "the chronometry of northerners has it, that the river freezes at dawn when the three stars are downing" , as also on the regularity of breakup, as described in the "Minutes of Chengan", saying that "even though the river in northern area is frozen up thick and fast, thaw occurs almost instantaneously in time of dense fog."

In the past history, experiences were gathered by the broad masses with respect to the law of variation of ice condition, to meet the requirement of farm production. As the saying goes on the lower reaches of the Yellow River, "In cold climate with northerlies prevailing and streamflow small, the river is liable to freeze up at bends where the flow is sluggish", "The river freezes up within nine days of winter solstice, and breaks up by third-nine (18 to 27 days subsequent to winter solstice) or in early spring", and "The thrust of the westerlies is most terrible in case the river has not frozen up by the third "nine". In Inner Monggolia section, there are sayings such as : "Ice drifts by Slight Snow, river freezes by Great Snow, thaw begins by Wakening of Insects, break-up occurs at Vernal Equinox, and the stream is clear at Pure Brightness", and "Freeze-up is governed by air temperature, and break-up by streamflow."

All the aforementioned bear testimony to the pooling of wisdom and gaining of valuable experiences by the Chinese people in their protracted struggles in developing production. However, owing to limitations of social system, scientific and systematic observations and studies on ice condition began late. Hydrometric stations were only sparsely distributed in the Yellow River valley prior to the founding of the People's Republic of China, very little having been done with respect to investingation of ice condition, except for a few records on ice thickness, far from being complete. The founding of the new government ushered in a new era of rapid development in the observation and study of ice condition, to match the swift paces of the cause of conquering the Yellow River. In the fifties, observations and forecasting of ice condition were extensively carried out on the main river as well as the tributaries, the "Provistional Code for Hydrometric Stations" was strictly adhered to with respect to the methods and items of observation, becoming increasingly systematic and sophisticated. Besides abiding by the chapter on "Observation of ice run" issude in the "Provisional Code for Hydrometric Observations" promulgated by the ministry, particular studies were made in the sixties on ice jamming and ice dams at sites of water conservancy and hydropower projects as well as problesm of ice flood protection. Serious damages inflicted by ice jamming at Liujiaxia Project by the beginning of 1962 deepened the recognition of the significance and necessity of observing and studying ice condition, so that exploration and observation were carried out on a large scale by related designing and construction units which took positive part in the work. Fur-thermore, the level of forecastion, on particular ice condition especially, was also raised. In the seventies, in addition to prevention and remedy of ice floods and observation and study of ice condition at water conservancy projects, coordination and organization of the work on a nationwide scale were also effected, the observation and study of ice condition in the Yellow River valley ushered into a new stage.

ICE CONDITION ON THE REACHES CONCERNED

Most of the tributaries are frozen up in winter due to small discharges and sluggish flow, whereas the main river has sections which are steadily frozen up and unsteadily frozen, the former such as from below Qingtongxia in Ningxia to Toudaoguai in Inner Monggolia, and the latter such as some reaches of the upper course and lower reaches in Henan and Shandong.

There are also reaches which do not freeze up, such as some gorgeous sections upstream of Wupu, as also from Wupu to Longmen on the middle reaches. Since the sixties, reservoirs have been built in different reaches, where ice conditions have undergone radical changes, both upstream and downstream of the projects. In the latter case, menace of ice has been alleviated somewhat, within a certain distance below the works, whereas at the end of backwater zone, ice jamming occurred at some of the reservoirs.

Ice condition in Inner Monggol section on the upper reaches

The Inner Monggolia reach on the upper course and lower reaches in Shandong, as well as sections with serious ice jamming, are dealt with as follows:

The Inner Monggolia reach of the Yellow River lies farthest north between 37°35′N and 41°51′N (lat.) and 106°10′E and 112°50′E (long.), rising more that 1,000 m above mean sea level. It runs from Shizuishan of Ningxia Hui Autonomous Region and Laseng Temple of Yikezhao League to Hequ county in Shanxi and Mashanzheng in Yikezhao League, to measure 820 odd kilometers in total, exhibiting an inverted "U"-shaped bend in plan, as shown in Fig. 2.

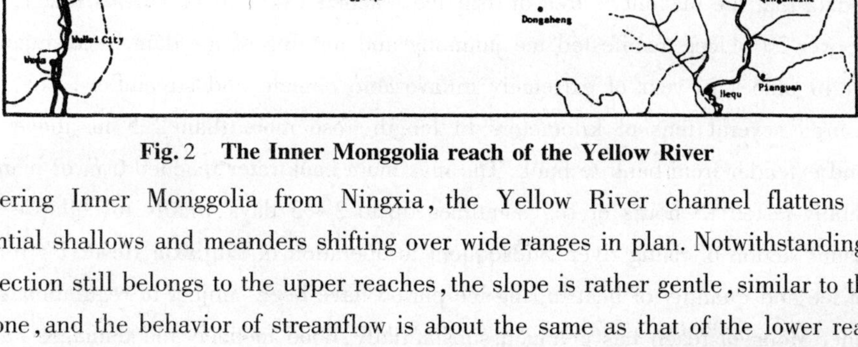

Fig. 2 The Inner Monggolia reach of the Yellow River

After entering Inner Monggolia from Ningxia, the Yellow River channel flattens out with consequential shallows and meanders shifting over wide ranges in plan. Notwithstanding the fact that the section still belongs to the upper reaches, the slope is rather gentle, similar to that of the estuary zone, and the behavior of streamflow is about the same as that of the lower reaches. As the area is far from the sea and not readily accessible to warm and moist air currents, the Mongolian anticyclone prevails, and the continental climate is characterized by scarce rainfall and short summer season as well as sustained cold in prolonged winter, with sub-zero air temperature being reigning over 4 ~ 5 months, the minimum air temperature being −35 ℃. The reach witnesses freeze-up with every change of calender over a stretch something like 700 km in length. The total volume of ice reaches 300 million m^3, varying only slightly from year to year, so that freezing occurs steadily. Ice floe usually appears in late November, and freeze-up date is within the first 20 days of December. Break-up takes place in middle and late March, to put an end to the ice period of 100 days or so, during which the river is covered by s sheet of ice about 0.7 m thick. Running from Lanzhou in Gansu province to the Inner Monggolia reach, the Yellow River gains 4°37′ in latitude, making a difference in air temperature of 5 ℃ or so. Drift ice and freeze-up in Baotou section occur 20 odd days earlier than at Lanzhou, and thaw on month or more later. Freeze-up in Nei Monggol reach takes place successively upstream, beginning from the downstream end, whereas thawing occurs the other way round, thus constituting a complex phenomenon of ice condition. During the ice period, the discharge in this section is generally something like 400 m^3/s or more. The velocity of flow drops substantially due to the additional resistance imposed by drift ice, and more cross-sectional area is needed to accommodate the same discharge in clear section. During break-up in spring, the increment of channel storage, the oncoming streamflow and the volume of water resulted from thawing merge, to become increasingly large along the path of flow, forming peaks of ice floods of appreciably large size. As air temperature is low in Inner Monggol reach, covered with thick ice, the oncoming ice flood with a considerably large peak may cause the ice cover to break up , liable to form ice dam and cause damages due to ice flood. Under its natural condition, the reach witnessed calamities in each year, to different degrees though, during opening up. Once in two years the area affected and losses due to inundation become appreciably large. The release of water during thaw due to antecedent channel storage renders streamflow carrying ice floes sustainedly concentrated and violent, forcing the ice cover downstream to break, adding to the density of drift ice, and leading up to formation of ice dam where the flow is more or less obstructed. The backwater thus formed rises abruptly over wide extent. It is known from observed data that the maximum area of drift ice reached 180,000 m^2 in this reach, and that, generally, over 20 places manifested ice jamming and forming of ice dam in average year, and more than 40 places in year of extremely unfavorable climate and streamflow. The largest ice dam measured several tens of kilometers in length, rose more than 2.5 m above the water surface and extender from bank to bank. The maximum backwater reached 6 m or more. The ice dam generally lasted 15 hours or so, somtimes up to 2 ~ 3 days, finally to collapse under the hydrodynamic action of rising river. Subsequent to operation of Liujiaxia Reservoir in 1968, the volume of ice and quantity of heat during ice period have been subject to regulation, so that ice run in Inner Monggol reach has changed substantially, flood menace and damages having been greatly alleviated. Owing to the complexity of ice run, affected by mainfold factors, disasters may still take place under particular conditions, so that it may be recognized that the menace of ice run in this reach has not yet been removed for good and all.

Ice condition in Henan and Shandong on the lower reaches

The lower reaches of the Yellow River lie within 34°55′ ~ 38° N lat. and 113°30′ ~ 118°40′E long. ,the main river to measure 800 km or so in length and to flow in the direction toward northeast after passing Dongbatou in Lankao, Henan, see Fig. 3.

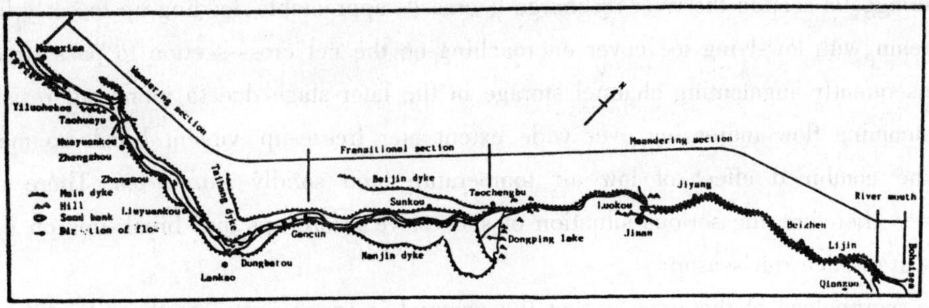

Fig. 3　Map of the lower reaches of the Yellow River

There is a gain of 3°in latitude when the river reaches Kenli in Shandong, where it empties itself into the Bohai Sea. In accordance with data released by Zhengzhou Meteorological Service for the period from 1950 to 1980, there are on the average 30 days or so with mean daily air temperature below zero in winter season for the section above Lankao, and 48 days or so for Jinan reach (data collected by Jinan Meteorological Service), whereas in the estuary zone, data released by Beizheng Meteorological Service show that subzero air temperature reigns over 74 days. At Beizheng, the long-term mean air temperature is 3. 3 ℃ under that of Zhengzhou. The difference may be still larger in individual years. For instance, in mid-January 1957, the mean air temperature over 10 days at Beizheng was 7. 4 ℃ lower than that in Zhengzhou, and on Jan. 18, it was 15. 2 ℃ lower. The earliest freeze-up date in estuary zone was Dec. 12, and the long-term average was Jan. 14; break-up generally occurred by Feb. 20, the latest breakup occurred on Mar. 18. Freeze-up in reaches above Lankao occurred more than 10 days later than in estuary zone, whereas thawing occurred 10 odd days earlier. Statistics has it that the probability of freeze-up on the lower reaches of the Yellow River for the past 30 odd years was 80%. When frozen, a section of river under ice cover may be 700 km or more in length, others may be only 50 km long. The maximum volume of ice reached 140 million m^3, the long-term average being 50 million m^3. Thickness of ice cover, too, differed widely, that in estuary zone being 0. 3 ~ 0. 4 m, and in the reach above Lankao only 0. 1 m or so. Differences as such signify the unsteady nature of the river sections on the lower reaches in their frozen state.

The reason why ice floods on the lower reaches seriously menace life and property there is governed by the specific geographic, hydrologic and meteorologic conditions as follows:

(1) Difference of latitudes of upstream and downstream sections causes the lower reaches in area of higher latitude to freeze up earlier and break up later, and the ice cover there is thicker. During thaw in upstream sections, the increment of channel storage effected in the period of

frozen state is released suddenly and the increasingly large ice flood peak propagates downstream, where the ice is still solidly frozen, and ice dams are most liable to form.

(2) The regime of oncoming streamflow is unsteady in winter season, affected by abrupt changes due to freeze-up of Inner Monggolia reach and the ice condition on the middle reaches below, thus aggravating the matter of ice flood menace on the lower reaches. Subsequent to freeze-up of Inner Monggolia section the river discharge decreases appreciably, leading up to early freeze-up downstream, with low-lying ice cover encroaching on the net cross-section to pass streamflow, and consequently augmenting channel storage in the later stage due to increased resistance to flow. Oncoming flow increasing over wide extent ater freeze-up, violent break-up may occur under the combined effect of low air temperature and solidly frozen ice. There occurred sometimes, therefore, the serious situation of successive freeze-ups and break-ups on the lower reaches in one ice run season.

(3) The morphology of the river is that the channel is wider upstream than downstream. The reach above Lankao, Henan, is typically broad and shallow, with numerous sand banks of bars and forked streams. There are sections where the main dykes are 20 km apart, and the channel width reaches 3,500 m. When the drift ice approaches the frontal edge of sand bars, where the stream is shallow and current much disturbed, or the vicinity of forks, it is liable to be clogged up. The reach in Shandong province is characterized by narrow channel and small cross-sectional area, the river meandering, and vulnerable spots occur one after the other on both banks. There are even sections where the width of channel and distance between main dykes measures 400 m only, to offer additional resistance to ice run, the floes packing up readily or plunge underneath, to form ice jam or ice dam, bringing about abrupt rises of river stage. For example, ice dam was formed in Jan. 1970 at the city of Jinan, Shandong, during break-up, the stage rising 3 m in half a day, and 4 m or more in 2 days, a total rise of 5 m being manifest. The highest stage ever reached during ice run may sometimes exceed that during rainstorms in summer or autumn. The highest stage at Lijin, Shandong in 1955 was 15. 31 m during ice flood with peak flow of 1,960 m^3/s, whereas a maximum rise to 13. 76 m was manifest during peak flow of 10,400 m^3/s in time of major flood in summer and autumn, the stage 1. 55 m lower than during ice run. As against the Inner Monggolia reach, probability of occurrence of ice dam on the lower reaches is much less, but any menace of such along "suspended" river in densely populated area with more or less developed industries, agriculture and modern communications facilities, would certainly be more catastrophic.

The rate and range of rise in stage upstream of ice dam are closely related to the volume of oncoming water, the degree of clogging and width of river channel. Protruding sand bar in mid-stream and broad and shallow channel are factors favoring the formation of ice dam, but the river may not be clogged up over the entire section owing to the considerable breadth of channel. Even if the main stream is totally jammed up, the oncoming flow may be by-passed via the floodplains consequent on rise in stage. In Feb. 1969, ice dam was formed during break-up at

Likui reach, Shandong, but as the section here is wider than at Jinan, and the river is not restrained by dyke on the northern bank, providing ample space for flood detention. both rate and range of rise in stage were much lower and smaller than at Jinan. Sometimes, the forming of ice dam in broad section may favor tranquil break-up in narrow sections downstream, the burden having been reduced.

One year out of five, the lower reaches of the Yellow River did not witness freeze-up , as a result of comparatively mild climate and large discharge. The effect of air temperature and magnitude of streamflow on freeze-up of river section may be seen in Fig. 4.

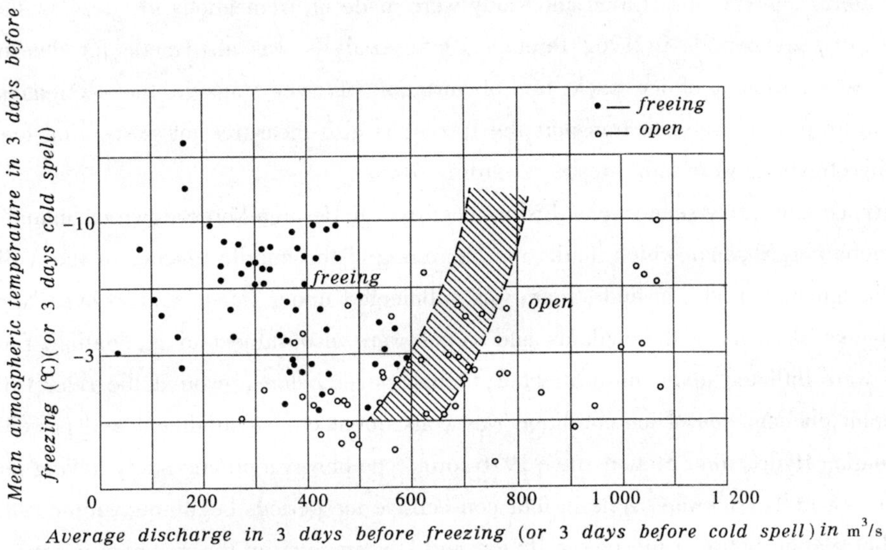

Fig. 4 Relation between air temperature and discharge and liability to freeze up during ice run on the lower reaches of the Yellow River below Jinan

There is obviously a transitional zone between the scopes within which the river is to freeze or remains open. Relation as such does vary on different reaches, and broad and shallow sections are more liable to freeze up than narrow and deep sections under similar conditions of ambient temperature and river discharge.

Operation of Sanmenxia Reservoir to regulate streamflow downstream somewhat alleviated menace of ice run in the past 20 years, but it was not obviated once and for ever, either.

Ice condition in other reaches with severe ice run

With the rapid development of the thriving national economy in the past 35 years, numerous reservoirs of different sizes have been constructed on the main river and tributaries, affecting the natural condition of streamflow in winter through human efforts, bringing about specific phenomena of ice condition. There are reaches where ice run deserving attention has never occurred in past history witnessing severe ice condition rarely experienced before, as a result of unfavorable changes in meteorologic and hydrologic conditions, among others. The reach above Yanguoxia, more than 70 km upstream of Lanzhou, Gansu, for instance, witnessed freeze-up only in some sections of limited lengths ,with no consequential disasters whatsoever. Impoundment of Yanguoxia Reservoir for power generation in 1961ushered in a new stage, during which the slope of water surface and other hydraulic factors have become entirely different from those previousuly prevailing,giving rise to severe ice jamming in the 35 km reach above Yanguoxia Hydropower Station. During ice period of 1961 ~ 1962, river stage at the middle portion of the ice jam rose 10. 26 m, and accumulated frazils reached a thickness of 14 m, the backwater lasting 70 odd days. In the mean time, Liujiaxia Hydropower Station, a huge project lying 30 km upstream of Yanguoxia, undergoing foundation excavation, which was much affected by backwater. Prototype observation and study were made on tremendous ice jams as such in three consecutive ice periods in 1962 through 1965. Analysis was also made for determination of roughness coefficient of ice pack, law of variation of river stage in the sections concerned, capacity of flowing water to transport the frazils, as also measures for preventing ice jamming. The investigations were found to be rewarding.

Serious ice jam rarely seen in past history occurred at Hequ, a border town of Shanxi near Inner Monggolia and Shaanxi, which marks the beginning of the middle reaches of the Yellow River. The Niangniangtan islet in mid-stream was submerged under water, as also over 10 villages on both banks. Portions of three plants and mines were also subject to inundation. Damages and losses were inflicted upon those affected, though never before, even if the river froze up. The particular phenomenon of ice condition was consequent on impoundment and power generation of Tianqiao Hydropower Station since 1976, prototype observation and study having already been carried out in its backwater zone in four consecutive ice periods beginning winter 1982, to probe into the relation between the power station and ice jamming on the reach in question.

The reach is situated at the exit end of a long gorgeous valley, where the river gradually flattens its longitudinal slope and widens its section, giving rise to numerous sand bars in mid-stream and shifting of the main-stream. The section susceptible to ice jamming is followed by five consecutive bends of substantial curvature. In winter 1981 ~ 1982 , there was a stretch of river over 300 km in length which was not frozen up, carrying more frazil slush than generally in previous years, This was one of the reasons why ice jamming was formed. Although the major mass of ice pack was 35 km from the end of backwater zone behind the reservoir, the completion of the project actually affected the situation with respect to freeze-up, apparently moving up the freeze-up date. Freeze-up started at sections further downstream. River stage at freeze-up date lay higher than previously under natural conditions. The influence of the aforesaid is to be subjected fo further observations, analyses and studies.

Similarly, sections above Qingtongxia, on the upper reaches of the Yellow River, in the northern part of Ningxia Hui Autonomous Region also witnessed ice jamming (rarely seen over long term) in the ice period of 1967 ~ 1968, subsequent to completion of Qingtongxia Hydropower Station in 1967. Designs of new hydraulic structures should therefore heed to their possible effects on ice regimen in winter seasons. Passes may be furnished to make way for drifting ice.

Measures should be sought for to prevent ice jamming. And another problem to be studied is the rational and economical utilization of hydropower plant when operated in ice period.

MEASURES FOR FLOOD PREVENTION

Measures for ice flood prevention in current practice on the Yellow River fall under two categories, engineering and nonengineering.

Engineering measures may roughly be classified as preventing, breaking, diverting and regulating.

By preventing is meant ice flood prevention by means of dykes and human efforts. Ice floods are contained mainly by the main dykes on both banks, as material basis of ice flood prevention. Main dykes in Inner Monggolia reach were completed in 1952, and dykes on the lower reaches have withstood wear and tear for more than three decades, having been in existence for a century or more. But as channel aggradation proceeds at a rate of 5 ~ 10 cm each year, averagely speaking, the river bed is generally elevated 3 ~ 5 m above the adjacent land behind the dykes, up to 10 m or more at some sections. Thus the Yellow River is known all over the world as "suspended". Although the main dykes have been subject to renovating, heightening and reinforcing, there may still be hidden defects not yet discovered and removed, new ones unceasingly forming. A contingent for ice flood prevention, well organized, of high consciousness, and able to handle rush repairs, should therefore be still relied upon for safeguarding the security of main dykes. The contingent has detachments in all counties along the river, including backbone teams, rush-work teams, sluice-protecting teams and transporting teams, among others, to be directed by headquarters at different levels. The contingent should be well trained prior to ice run period to acquire the necessary know-how for rush work, and sometimes in-situ drills may be carried out. The members should be always ready to answer the call, proficient in their job and sure to win success. Rein-forcements for the rush work may come from the People's Liberation Army men if necessitated.

By breaking is meant opening up by force and removal of ice cover, ice dam and large pieces of ice floe, to let the oncoming streamflow pass smoothly. The principal methods applied in the past are: forming of trench in the ice by manual effort, promoting thaw by spreading earth or ash on the ice, using icebreaker to open up the ice, bombarding by means of aeroplanes, shelling with guns, blasting etc.. It is of much significance to choose the proper position of breaking ice and the appropriate moment for doing so. Placing the explosives at a depth gives more satisfactory result than blasting from atop. The lower end of narrow gorge is to be selected for breaking the ice, swiftly carried away by the current. The opportune moment for breaking ice should be such that the air temperature begins to rise, the cover becoming thinner and ice massless solid, as also to rule out any possibility of another cold spell occurring to freeze up the river again, so that all antecedent efforts would be in vain. Removing ice too late may be unfavorable to ice flood prevention with no avail of the expected results. Efforts should be concentrated, in removing ice dam when it begins to form, the steady state not having been reached yet. Ice dam formed in broad and shallow section of a river may be left undisposed of, when the advantages and disadvantages are adequately weighed, for ice dam as such may be made use of in detaining ice and floodwater, in cutting down the peak flow and delaying break-up date in downstream sections, aimed at tranquil opening up of the river. For instance, in winter 1969 through spring 1970, ice dam was formed at Laoxuzhuang, at the upper end of Jinan reach, during break-up. Through due consideration of giving full play to the flood plain at Changping upstream, on the right bank, to detain something like 100 million m^3 of water together with 20 million m^3 of ice, which was instrumental to delaying break-up in downstream section, the ice dam was left untouched. The ice flood peak of 2,450 m^3/s at Aishan was even cut down to 1,120 m^3/s when reaching Luokou, thus ensuring the safety of the municipality of Jinan and the railway bridge on Benjing—Shanghai Line. This also favored tranquil break-up in the lower course. Large pieces of ice floe may collect at man-made works across the river, such as at sluices, bridge piers, and in narrow sections to form ice jamming, for obviating which shelling or blasting may be resorted to to break up the huge pieces before they approach the structures or narrow sections. Icebreaking facilities may also be provided at sluices for attaining the same purpose.

It has been proved by practice that the effects of forming trenches in the ice by manual effort or spreading earth to promote thaw have not been satisfactoty. Though pronouncedly rewarding, the use of icebreakers may not be extensive, in shallow sections in particulay. Planes and guns may be resorted to for bombardment in case of need, obviating application of manpower on the ice, which might be dangerous for the workers, though the satisfactory results may be counterbalanced by the excessive expenses or limitations may be imposed by climatic conditions letting the opportunity slip away. Besides bombardment may not be practical in sections that are too narrow. Blasting has so far been proved to be effective and is widely employed. All in all, breaking ice is an auxiliary measure of ice flood prevention.

By diverting is meant using diversion gates, sluices and culverts on both banks to dispose of a part of the water and ice detained in the channel as a result of ice jam, so as to reduce the burden of ice run and alleviate the threat on main dykes.

There are altogether over 70 sluices for diversion of water from the Yellow River for irrigation, with total capacity exceeding 4,000 m^3/s. Their use in diverting ice flood is further facilitated by more or less uniform distribution of the works along the river. Two projects to broaden the river section, the northern and the southern, have been completed at Toufuwo—Balizhuang section and at Mawan—Yihezhuang section respectively to lessen the burden in Jinan reach, narrow as it was. The narrow reach at Aishan is preceded by a section where diversion into Dongping Lake may be resorted to if necessary. With respect to the role of diverting ice flood, classification under prophylactic and contingency measures may be appropriate:

Prophylactic measures are taken after judgment is made on the possible occurrence of rather severe ice run during break-up, based on ice condition and channel storage subsequent to freeze-up as well as distribution of same. The existing culverts and sluices are made use of for diversion in antecedency, to provide favorable condition for tranquil break-up. Diversion through the sluices and culverts should possibly be combined with provision for irrigation in spring to obviate the harms and attain benefits.

Contingency measures are resorted to in case ice dam is formed in narrow section, the river stage rising abruptly over wide extent, to threaten the security of the dykes, which may be safeguarded by taking emergency steps. In doing so, the benefits of a part of the area are often given up to attain overall success in ice flood prevention, so that the work should be carried out conscientiously, giving due consideration to all involved, and the measure is taken only in case of absolute necessity.

By regulating is meant resorting to operation of reservoir abover the frozen section, such as the Sanmenxia Reservoir above the lower reaches. Regulation is effected at opportune moments prior and subsequent to freeze-up or before break-up, so that the volume of water released will favor non-freezing or delay of freeze-up date, and obviate occurrence of "violent break-up" through bulging of ice cover due to upheaval of oncoming flow. Regulation is effected in three stages. In the first stage, i. e. prior to freeze-up, water is impounded in the reservoir in advance. When the Inner Monggolia reach is in the initial stage of freeze-up, comparatively small discharge from upstream sections is to enter the reservoir, which should then release more water, to obviate freeze-up in the lower reaches or to effect freeze-up at appreciably large discharge, so that the river section under ice cover will be more capable to pass floodwater, and the freeze-up date may also be delayed on intention, generally to alleviate ice run as a whole. The second stage is during freeze-up. At this stage, the discharge from reservoir should be smaller than the capacity of the river to let floodwater pass under ice cover, to compensate increment of channel storage as much as possible. The outflow from reservoir should be necessarily steady, in order not to form violent break-up. The third stage is prior to and during break-up, the right moment for exercising control over outflow from reservoir being determined on the basis of forecast on break-up date for upper end of the frozen reach, account being taken of the time to elapse for water released by Sanmenxia Reservoir to propagate toward the section in question. The controlled outflow is dependent of length of the frozen section, the magnitude of channel storage increment, etc. . with aim of keeping the stage on the decline prior to break-up, thus avoiding violent break-up. During ice run in 1967, for instance, a total length of 616 km of river was subject to freeze-up, involving 140 million m^3 of ice (the largest since the founding of the People's Republic of China), channel storage increment being 590 million m^3. In accordance with relationship between channel storage increment and peak flow of ice flood, forecast was made on the possible occurrence of considerably large ice flood peak. Control of outflow from Sanmenxia Reservoir at the right moment to release the right amount of water rendered timely passage of discharge due to channel storage increment in antecedency, so that the flow at Luokou and Lijin during break-up was only 100 m^3/s or so, thus heading off a disaster and gaining success in ice flood prevention.

It has been proved by practice that adequate regulation of outflow from reservoir upstream of the frozen section to release the right amount of water at the right moment is known as one of the effective measures of ice flood prevention. The main problems which remain to be solved are: limeted capacity of existing reservoir to cope with ice flood, large distance from the reservoir to the section in question, as well as inadequacy of meteorological and ice condition forecasts with respect to accuracy and anticipation period. The most opportune moment being hard to determine, the expected results may not be of avail. Moreover, there is contradictory demands for ice flood prevention and power generation, so that the reservoir should be operated appropriately to shorten the time of controlled outflow from reservoir, and to effect less stringent limitation on the discharge controlled, to give full play to the reservoir in attaining benefits while ensuring safety with respect to ice flood prevention.

Non-engineering measures include observations and forecasts of meteorological and hydrological condition as well as ice regime, timely removal and settlement of inhabitants in flood plains and detention basins, among others related to diversion of floods, as also relief work subsequent to floods resulted from ice run.

Observation and forecast of meteorological, hydrological and ice condition serve as the main basis upon which the struggles to prevent ice run flood may be directed at different levels. Proper accomplishment of work as such will certainly win foresight and initiative in the work of ice flood prevention. All along the river, there are meteorological services in each and every county, to collect data on related factors. Units responsible for meteorologic work are established in all related prefectures, provinces and the Yellow River Conservancy Commission for the specific purpose, to give out weather forecasts over long, medium and short term. The main items of forecasting include mean air temperature for the winter season, for separate months and for ten days, process of temperature drop and rise, maximum, minimum and mean daily air temperature for successive days within 10 days, as also wind direction and velocity, among others. Main items of forecasting hydrologic condition include mean monthly discharge and trend of rising and abating flood within 10 days. Forecasting ice condition comprises mainly qualitative judgment on whether the river is to freeze-up or not, freeze-up and break-up date, ice thickness, length of frozen reach and maximum ice volume, highest stage during break-up and corresponding discharge. The principal methods used for meteorological forecasting are method of synoptic meteorology and method of synoptic statistics. Forecast for ice condition are made by means of the following methods: methed of indices of thermal and hydraulic factors based on genesis analysis, correlation method (up-stream versus downstream section, initial versus final stage) and method of computing heat balance.

Flood plains on the lower reaches are inhabited by a dense population living on fertile soils, the life and property of whom being a major concern of the related administration. Terraces thousands upon thousands in number have been provided in the flood plains and along diversion routes, elevated 2 ~ 3 m above the highest possible river stage, together with a network of highways to facilitate removal of those concerned in case of emergency, to places where thery can settle down.

Practice has proved that engineering measures should go hand in hand with non-engineering measures to draw the utmost benefits. While further sophisticating engineering measures, therefore, stress should be laid also on non-engineering measures, so as to ensure safety during ice run on the Yellow River, keeping the losses to the minimum possible.

CONCLUSIVE REMARKS

Much experience has been drawn with respect to ice flood prevention on the Yellow River during the past 39 odd years. The accomplishments are based on analyses of data on ice condition, meteorology and hydrology. collected in a big way over long term, for the whole river, as also study on the regularity of ice run on the Yellow River. Preliminary rewards have been attained in connection with forecasting hydrological condition in ice period, ice regimen and meteorology, some already applied for practical purposes for ice flood prevention. With regard to measures of ice flood prevention, the present practice is giving precedence to regulation of volume of streamflow, subordinated by breaking of ice, to take the place of former practice of relying on breaking ice in the main.

In view of the complexity of the natrue of ice run, however, our level of work, whether on cognition of law of ice run, or accuracy and anticipation period of forecasts, or more effective measures to prevent ice flood, is still far from being adequate for meeting the demands of practical tasks. Our study on physical and mathematical simulation of phenomena of ice condition is but preliminary. All the aforesaid need further probing into and sophisticating.

ACKNOWLEDGMENT

The author is very much indebted to Assistant Professor Sun Zhaochu and Engineer Wang Wencai for their help in preparing the manuscript.

REFERENCES

Chen Menglei et al. (1934): A collection of publications of ancient and modern times. Chunghwa Bookstore.

Chen Zanting et al. (1981): Regulating effect of reservoirs on the control of ice run on the Yellow River. 6th IAHR Ice Symposium.

Chen Zanting, Sun Zhaochu, Wang Wencai (1984): Analysis of causes for floods during ice run on the lower reaches of the Yellow River. 7th IAHR Ice Symposium.

Liu Guijun, Xiao Difang, Wang Wencai (1979): Method of hydrological forecasting, Chapter 8. Water Conservancy and Power Press.

Y. R. C. C. (Dept. of Construction) and Qinghua Univ. (Dept. of Water Conservancy), 1979: Ice run on the lower reaches of the Yellow River. Science Press.

Y. R. C. C. (Research Group for Harnessing the Yellow River), 1984: Improvement and development of the Yellow River. Shanghai Educational Press.

IAHR Ice Symposium 1988
Sapporo

FORECASTS OF ICE CONDITION ON THE YELLOW RIVER

Chen zanting, senior engr. Wang Wencai, engineer
Bureauor Hydrology Yellow River Conservancy Commissionditto
People's Republic of China

ABSTRACT

The paper deals with the main characteristics of ice condition on the Yellow River, harms of ice floods and methods of forecast of ice condition.

Harms of ice floods on the Yellow River often occur in the Inner-Monggol section on the upper reaches and the Shandong section on the lower reaches, mainly attributed to ice jams during freeze-up and ice dams during break-up.

As a main non-engineering measure in ice flood prevention, forecast of ice condition on the Yellow River enjoys a long history. Emphasis has been laid on the work ever since the founding of the people's Republic of China, a system of ice condition forecasting having been established step by step, and appreciable achievements have been made. Prediction of ice condition generally falls into two parts: (1) For the period of ice-forming, including date of beginning of ice run and freeze-up, thickness of ice cover and ice jam. (2) For the period of break-up, including condition of break-up, date of beginning of break-up, highest stage, maximum discharge, etc.. Various methods of fore casting are being dealt with briefly in the paper.

As the system of forecasting ice condition on the Yellow River is not yet sophisticated, the paper also presents the existing problems and suggestions for further development of the work.

MAIN CHARACTERISTICS OF ICE CONDITION ON THE YELLOW RIVER AND THE HARMS THEREFOM

Subzero temperature in the Yellow River valley may last 3 months or more, so that ice run occurs on the main river and tributaries of the entire basin, freeze-up being manifest on most of the reaches. Sections not susceptible to freeze-up are canyon sections on the upper reaches, Wubao – Longmen section on the middle reaches, and immediately below reservoirs. Sections in Henan and Shandong are subject to freeze-up in most of the years. There are also sections such as from Qingtongxia in Ningxia to Toudaoguai in Inner Monggolia steadily frozen up every year. Flowing from Lanzhou northeastwardtto Inner Monggolia furthest in the north, the Yellow River channel becomes broad, shallow and wandcring, the flow velocity diminishing. Subzero temperature here lasts 4 months, the lowest air temperature being −38 ℃. Each year witnesses freeze-up over a reach of 700 km. Ice run occurs generally in late November, and freeze-up, early December. Ice cover is about 0.7 m thick, melting in mid-or late March. Freeze-up begins downstream first, and break-up upstream first. Discharge during ice period is generally 400 m^3/s or so. Freeze-up leads to obstruction to flow, rise in stage and increase in channel storage, which joins the molten ice in spring to break the ice cover in sections below, causing for mation of ice dam at bottleneck or bend, which may last 15 hours, to a maximum of 3 days. One ice dam giving way will cause flood peak and forming of another ice dam somewhere downstream, larger than the previous one. In the absence of ice dams, channel storage brings about lower flood peaks downstream.

After passing Lankao, Henan, the Yellow River flows northeastward, air temperature to drop 3 ℃ when reaching the mouth at Kenli. The maximum length of frozen river is 703 km, and average length 345 km. Break-up takes place on Feb. 3 and Feb. 15, averagely speaking, at Lankao and Kenli, respectively. Break-up may be "violent" or "tranquil", in accordance withthe oncoming flow, channel storage, strength of ice cover, air temperature, etc., the former leading up to flood peak of considerable magnitude. Four years out of the 33 years from 1950 to 1983 witnessed unfrozen river in the aforesaid section. Eight reservoirs have been built on the main river since the sixties, some of which manifesting rise of stage due to ice jam at reservoir head.

Calamities were not infrequent in the Inner Monggolia reach due to ice run in past history, to different degrees though. In 1933' ice flood inundated an area 300 odd km in length near Dengkou, and in 1947, the county seat of Linhe was flooded, both due to existence of ice dam. 21 years out of 55 years, 1883 through 1938, witnessed over 70 dyke breaches in ice period on the lower reaches. Since the founding of new China, over 800 km of dyke were built alinong both banks in the Inner Monggolia reach, and the Qingtongxia and Liujiaxia reservoirs are instrumenta to controlling discharge during break-up to alleviate the damages. On the lower reaches, dykes have been strengthened, diversion gates built and Sanmenxia Reservoir functioning. Blasting of ice cover is also resorted to. Nevertheless, ice flood in Inner Monggolia reach in 1981 did bring about serious damages to households, livestocks, crops, roads, bridges, culverts, etc.. Ice dams giving way in Shandong reach in 1951, 1955 and 1969 affected livelihood in the villages concerned. Rise in stage at reservoir head due to ice jamming, too, aggravated the matter. It is thus seen that ice flood remains to be a serious menace, and forecasting of ice condition is to be laid stress on, so as to regulate the reservoirs appropriately and make preparations for ice flood protection, to obviate disasters and make full use of the resources.

FORECASTING ICE CONDTION

Methods of ice condition forecasting comprise: (1) Method of indices of hydraulic and thermal factors. (2) Method of correlation. (3) Method of heat balance and hydraulic computation. The two first-mentioned are empirical or semi-empirical and permit longer period in antecedence, though less accurate. The last method is the oretically sound, needing however weather forecast.

Date of beginning of ice run

The analysis is based on genesis and selection of proper indices. The river begins to freeze when the water temperature becomes zero and keeps on dropping. The equation of heat balancefor the water body in the river section reads

$$\frac{\partial}{\partial t}(C\gamma A\theta) + \frac{\partial}{\partial L}(QC\gamma\theta) = \frac{\partial}{\partial L}(AE_x C\gamma \frac{\partial\theta}{\partial L}) + B\sum\omega \quad (1)$$

in which, C is specific heat of water; γ is density of water; A is cross-sectional area; θ is water temperature; t is time; Q is discharge; E_x is diffusion coefficient in longitudinal direction; B is width of water surface; ω is heat transfer per unit area of water surface. Variation of water temperature along the path of flow is negligibly small, so that $\partial\theta/\partial L = 0$, and the foregoing expression may be simplified thus

$$C\gamma A\frac{\partial\theta}{\partial t} = -B\sum\omega \quad (2)$$

Taking the finite difference, the above expression may be written thus:

$$C\gamma A(\theta_2 - \theta_1) = -\Delta t B\sum\omega$$

and when $\theta_2 = 0\ ℃, \Delta t = C\gamma A\theta_1/B\sum\omega = C\gamma\bar{h}\theta_1/\sum\omega$ (3)

in which θ_1, θ_2 is water temperature at beginning and end of the time interval, respectively; $\bar{h}$ is mean depth of water.

In Eq. (3), Δt is the time to elapse for water temperature to drop to zero, and as $C, \gamma, \bar{h}$ and θ are all known, the date of beginning of ice run may be found after determining $\sum\omega$:

$$\sum\omega = \omega_s - \omega_b - \omega_e \pm \omega_c \pm \omega_r \quad (4)$$

in which, ω_s is heat gain from short-wave radiation, which equals $f(\phi, D, C_C)$, ϕ being the latitude, D the date and C_C cloudiness; ω_b is heat loss due to effective reverse radiation, which equals $f(T_a, C_C)$, T_a being air temperature; ω_e is heat loss due to evaporation, which equals $f(T_a, \theta, v)$, v being wind velocity; ω_c is difflerence of heat exchange due to convection, between water surface and air, being heat gain if air temperatur exceeds water temperature; ω_r is heat input due to precipitation, being heat loss in case of sowfall.

ϕ is a constant for a certain reach. The factor of cloudiness is not significant as the weather is usually fine in winter in Inner Monggol and Shandong, and wind velocity is also negligible in comparison with air temperatur. Thus

$$\sum\omega = f(T_a, \theta, D)$$

In order that the antecedent period be as long as possible, indices of water and air temperature etc. at the beginning of a certain time interval are adopted, their variation. during the antecedent period not being taken into account. The indices are:

1. Indices to reflect variation of air temperature ΔT, difference of air temperatures at the ends of a section prior to the time interval; $\overline{T}$, mean air temperature (monthly or in 10 days) at the given section prior to the time interval; $\frac{dT}{dt}$, rate of air temperature variation in antecedent period; $\sum_{i(T=0)}^{n} T_{min}$, cumulative value of daily minimum air temperature (from $t=0$ to the time of issuing forecast).

2. Indices to reflect variation of water temperature $\overline{\theta}$, mean water temperature (monthly or in 10 days) prior to the time interval; $\theta_T = 0$, water temperature in the section when air temperature drops to zero; $\sum_{i(T=0)}^{n} \theta$, cumulative water temperature, beginning from $T=0$; $\sum_{i(T=0)}^{n} \theta$, cumulative water temperature, from $T=\theta$.

3. Indices of date

$D_{\theta=5}$, date of water temperature dropping to 5 ℃; $D_{T=0}$, date of water temperature dropping to 0 ℃; $D_{T=\theta}$, date when air and water temperature in the section are equal.

Two or three indices are chosen to establish relation for determining the date of beginning of ice run, for example:

a. Expression appropriate for Shizuishan Hydrometric Station

$$D_{iS} = f(D_{T=0\,S}, \overline{\theta}_{T=0\,S}) \tag{5}$$

in which, D_{iS} is date of beginning of ice run at ShizuiShah St.; $D_{T=0S}$ is date of air temperature at the station dropping to 0 ℃; $\overline{\theta}_{T=0\,S}$ is mean water temperature in 3 days preceding and following date of air temperature at the station dropping to 0 ℃.

b. Expression for Bayangaole reads thus

$$D_{iB} = f(\sum_{i,\theta=T}^{i+2} \theta, D_{\theta=T}) \tag{6}$$

in which, D_{iB} is date of beginning of ice run at Bayangaole; $\sum_{i,\theta=T}^{i+2} \theta$ is sum of water temperature on the day following the time when $\theta = T$ at the station; $D_{\theta=T}$ is date when $\theta = T$.

Date of beginning of freeze-up

If the air temperature keeps on dropping or remains sustainedly below zero subsequent to appearance of ice run, frazils are unceasingly produced and density of drift ice increasingly high, while the ice floes steadily gain in size. Once the tractive force is exceeded, the river begins to freeze-up. The equation of heat balance reads thus

$$\frac{dQ_i}{dt} = \frac{-\sum \omega A}{K_i \rho_i} \tag{7}$$

in which, Q_i is rate of producing ice, by volume; ρ_i is density of ice; K_i is latent heat of freezing. Taking finite difference for Eq. (7), we have

$$\frac{Q_{i1}-Q_{i2}}{\Delta t}=\frac{-\sum \omega A}{K_i\rho_i}$$

which becomes

$$\frac{Q_{i2}}{t}=\frac{\sum \omega A}{K_i\rho_i} \quad \text{when } Q_{i1} \text{ is zero}$$

$$\Delta t=\frac{K_i\rho_i}{A}\cdot\frac{Q_{i2}}{\sum\omega}=k\frac{Q_{i2}}{\sum\omega} \quad (k=\frac{K_i\rho_i}{A}) \tag{8}$$

or the following expression may be used

$$\frac{\partial}{\partial t}(\rho_i K_i C_i)+\frac{\partial}{\partial L}(Q\rho_i K_i C_i)=\frac{\partial}{\partial L}(AE_x\rho_i K_i\frac{\partial C_i}{\partial L})-B\sum\omega \tag{9}$$

in which, C_i is density of ice run. In case its variation along the path of flow is not appreciable, $\partial C_i/\partial L=0$, and with loss of heat from the water surface, the foregoing expression may be simplified to become

$$K_i\frac{\partial C_i}{\partial t}=-B\sum\omega$$

Taking finite difference, we have $\Delta t=\rho_i K_i(C_{i1}-C_{i2})/-B\sum\omega$

By the beginning of ice run, $C_{i1}=0$, so that

$$\Delta t=\rho_i K_i C_{i2}/B\sum\omega=kC_{i2}/\sum\omega \quad (k=\rho_i K_i/B) \tag{10}$$

In accordance with analysis of available data, freeze-up will take place when the flow velocity is reduced to a certain extent and the rate of producing ice or density of ice run reaches a certain degree. On the Yellow River, freeze-up occurs when the velocity of flow is under 0.6 m/s and density of ice run reaches 80% or so.

In accordance with the aforesaid analysis, the thermal condition for freeze-up is mainly dependent of $\sum\omega$, whereas the dynamic conditions may be determined from the $v=f(Q)$ relation. For forecasting of date of freeze-up, the following indices are used:

1. Dynamic indices

$\overline{Q}_{10}$ mean flow in 10 days after beginning of ice run; $\overline{Q}_{i3}$, mean flow in 3 days before ice run; $\overline{Q}_{-t}$, mean flow in certain time interval prior to freeze-up in the river section in question.

2. Thermal indices

$\theta\overline{Q}_u$, mean heat flux in certain antecedent time interval at upstream station; θ_u, mean water temperature in certain antecedent time interval at upstream station; $\sum_{1}^{10}-T$, cumulative air temperature in 10 days after beginning of ice run; $\overline{T}$, mean air temperature in certain antecedent time interval; $\sum_{i(T=0)}^{i+20}-T$, cumulative air temperature in 20 days after air temperature drops to 0 ℃; D_i, date of beginning of ice run; $D_{T-16℃}$, date of air temperature below -16 ℃.

Two main indices are chosen for establishing relation for determination of date of beginning of freeze-up:

a. Expression appropriate for Shjzuishan Hydrometric station

$$D_{fs} = f(Q_{D_{i-10}}, \sum_{1}^{10} - T) \tag{11}$$

in which, D_{fs} is date of beginning of freeze-up at Shizuishan; $\overline{Q}_{D_{i+10}}$, mean flow in 10 days after beginning of ice run; $\sum_{1}^{10} - T$, cumulative negative air temperature in 10 days after ice run.

b. Expression for zhao junfen

$$D_{fz} = f(\overline{Q}_{11,1-10}, \sum_{i(T=0)}^{D_i} - T) \tag{12}$$

in which, D_{fz} is date of beginning of freeze-up at Zhaojunfen; $\overline{Q}_{11,1-10}$ is mean flow at zhaojunfen (Nov. 1 – 10); $\sum_{i(T=0)}^{D_i} - T$, cumulative negative air temperature at Zhao junfen from $T = 0$ to ice run.

Date of break-up

Melting of ice due to intensifying solar radiation in spring and release of channel storage in frozen-up section bring about rise in stage, cracking of ice cover, disengaging of border ice and eventual break-up.

1. Thermal action and indices

Variation of thickness of ice cover may be determined thus

$$\rho_i K_i \frac{dz}{dt} = \frac{k(T_f - T_s)}{z} - k_{\omega i}(T_w - T_f) \tag{13}$$

in which, z is thickness of ice; T_f is freezing point; T_s is surface temperature; k is heat conductivity; $k_{\omega i}$ is heat conductivity when flux is $q_{\omega i}$; T_w is water temperature.

$$T_s = \frac{kT_f + T_a k_{ia} z}{k_{ia} z + k} \tag{14}$$

in which, T_a is air temperature; k_{ia} is coefficient of energy exchange at interface between air and water. Ice melts when $T_s > T_f$ and $T_w > T_f$。

From the foregoing expression, diminution of ice thickness is

$$\Delta z = f(T_a, T_w, z)$$

The indices are: $\theta\ \overline{Q}_u$; $\overline{T}_{-t}$, mean air temperature in preceding 10 dats; $D_{T=0}$, date of air temperature rising to 0 ℃; i $\sum_{(T=0)} T_{max}$, cumulative value of daily maximum temperature in 10 days beginning from $T = 0$ ℃。

2. Dynamic action and indices

Break-up occurs when the tension, shear and flexure on ice cover exceed the resistance, expressed thus

$$\sigma_z \leqslant f(Q_u, H, v, B) \tag{15}$$

$$\sigma = a(1 - \frac{w_{di}}{w_{dm}})^2 \tag{16}$$

in which, σ is flexural resistance of ice; z is thickness of ice; σ_z is impedance index of ice cover, or strength of ice cover; Q_u is flow at upstream station during break-up; H is increment of stage; v is wind velocity; B is width of ice surface; a is empirical coefficient; w_{di} is heat effecting reduction of strength of ice body; w_{dm} is heat for complete loss of strength of ice body.

Dynamic indices for forecasting break-up, using Eq. (13) ~ (16): $\overline{Q}_{-t}$; W, channel storage above the section dealt with; z; L, length of frozen-up section; H.

For establishing relation to determine predicted date of break-up, choose 2 ~ 3 indices, for example:

a. Expression for break-up date at Zhaojunfen Station

$$D_{bz} = f(z_{\max}, \overline{T}_{EM}) \tag{17}$$

in which, D_{bz} is break-up date at Zhaojunfen; $z_{\max}$ is maximum thickness of ice at Zhaojunfen; $\overline{T}_{EM}$ is mean air temperature in first 10 days of March.

b. Expression for break-up date on lower Yellow River

$$D_{bL} = f(D_{J\overline{T}=0}, L_f) \tag{18}$$

in which, D_{bL} is date of break-up on lower reaches; $D_{J\overline{T}=0}$ is date of daily mean air temperature at Jinan rising to 0 ℃; L_f is freeze-up length.

<u>Highest stage and maximum discharge during break-up</u>

The highest stage and maximum flow usually occur together with break-up or a few days afterwards, to be predicted thus:

1. By empirical method of correlation

Correlation is established between mean stage $\overline{H}$ or mean flow $\overline{Q}$ in antecedent period at the station in question or during a time interval in upstream reach, as also the maximum ice thickness $z_{\max}$ and the difference in stage at freeze-up and break-up, and the highest stage or maximum discharge.

The expression for Shizuishan is

$$H_{hS} = f(\overline{Q}_{LF}, z_{\max}) \tag{19}$$

in which, H_{hS} is highest stage at Shizuishan during break-up; $\overline{Q}_{LF}$ is mean flow at Lanzhou in February; $z_{\max}$ is maximum ice thickness at Shizuishan.

2. By method of channel storage

Correlation is established between maximum channel storage in freeze-up period w_m and maximum discharge, index of strength of ice cover serving as an optional parameter.

The highest stage at Bayangaole during break-up is

$$H_{hB} = f(H_{1B}, w_u) \tag{20}$$

in which, H_{hB} is highest stage at Bayangaole during break-up; H_{1B} is lowest stage at Bayangaole in freeze-up period; w_u is channel storage in upstream reach.

The maximum discharge at Luokou during break-up is

$$Q_{mL} = f(w_{HL}, \Delta H_{fb}) \tag{21}$$

in which, Q_{mL} is maximum flow at Luokou during break-up; w_{HL} is channel storage between Huayuankou and Luokou; ΔH_{fb} is difference in stage during freeze-up and break-up.

Highest stage due to ice jam

Backwater due to ice jam brings about serious disasters, so that forecasting the highest stage is of much significance.

1. By empirical method of correlation

The factors involved may be stage at upstream station H_u or antecedent stage H_a, quantity of ice run w_i, antecedent flow Q_a, mean air temperature in freeze-up period $\overline{T}_f$, etc..

Increment of stage at Xiaochuan Station due to ice jam is

$$\Delta H_x = f(w_i) \tag{22}$$

2. By method of hydraulic computation

Using the formulae $v = \frac{1}{n_i} R^{2/3} i^{1/2}$ and $Q = B\bar{h}v$, and from the condition, that in time of ice jamming $R = \bar{h}/2$, we have

$$R = \left(\frac{n_i Q}{2Bi^{1/2}}\right)^{3/5}$$

and H – B – R chart is plotted in accordance with the section in question. In the foregoing expressions v is velocity of flow; n_i is overall roughness coefficient; R is hydraulic radius; Q is discharge; B is width of section; $\bar{h}$ is mean depth of water; H is stage. Knowing the stage before the ice dam, assume a value of i and compute by trial and error to determine H.

Condition of freeze-up and break-up

There are 20% of the years when freeze-up will not take place on the lower reaches of the Yellow River, so that forecasts are first made on the tendency of freeze-up and then on the freeze up date. Break-up may be "violent" or "tranquil", which is to be predicted, and on the basis of the forecast, the expected highest stage is predicted.

a. Forecasting freeze-up at Lijin Station on lower Yellow River

Freeze-up will take place if $\overline{T}_{BD} < 1 - \overline{Q}_{LD}/270$ (23)

Freeze-up will not occur if the 1. h. s. exceeds r. h. s. in Eq. (23). Here, $\overline{T}_{BD}$ is mean air temperature in December at Baizheng; $\overline{Q}_{LD}$ is mean flow in December at Luokou.

b. Condition of break-up at Shizuishan is that

Tranquil break-up will take place if

$$Q_{mS} > 0.8 \quad Q_{ui} - 23 \tag{24}$$

Violent break-up will occur if r. h. s. exceeds 1. h. s. in Eq.

Here, Q_{mS} is maximum flow in freeze-up period at Shizuishan; Q_{ui} is sum of discharges of main river and all tributaries upstream inthe break-up period.

REMARKS

1. Methods of forecasting presented in the paper are mostly empirical or semi-empirical, giving characteristic values instead of hydrographs.

2. Factors in long antecedent period are taken into account rather than their variation in intermediate stage, which may bring about substantial errors.

3. Location of ice dams, hydrograph of ice flood, etc. , are not yet possibly predicted.

4. Equipment and items of observation are therefore to be sophisticated, models introduced and weather forecasts made use of.

IAHR Ice Symposium 1996
Beijing

COMPUTATION OF WATER STAGE AND DISCHARGE IN THE LOWER YELLOW RIVER AT FROZEN PERIOD USING HYDROLOGICAL METHOD

Chen Zhanting Engineer, Bureau of Hydrology, Yellow River Conservancy Commission, Zhengzhou, 450003
Ke Sujuan Senior engineer, Bureau of hydrology, Yellow River Conservancy Commission, Zhengzhou, 450003

ABSTRACT

The characteristics of ice flood routing differ from those of the summer flood. Ice flood routing is very complicated in the lowerYellow River due to the influences of sedimemation and river course shifting. At present, hydraulic method is often used in ice flood model. That is to solve St. Vinaut equations numerically. This method is clear in concept and rigorous in calculation. However, to seek reasonable results for the lower Yellow River requires reliable roughness data and a lot of cross sectional measurements. These are not available yet. This study tried the hydrological method with real time calibration. To simplify the computation, average modification coeffiicient of each station is used. A correlation between water stage and discharge is established thus to calculate water stage. Real time modification coefficient is introduced into this correlation. Average modification coeffcient method and water recession approach are used in discharge computation. Modification coefficient is adjusted considering the influences of ice jam and ice dam. Compated results are examined by actual measurements after 1970. The accuracy is fairly high.

CHARACTERISTICS OF THE VARIATIONS OF WATER STAGE AND DISCHARGE AT THE LOWER YELLOW RIVER DURING FROZEN PERIOD

The Lower Yellow River is an unstable frozen river with its course turning from southwet to north east (Fig. 1). During frozen ycar, flowing ice starts to appear at middle December. The earliest occurred on December 1 and the latest occurred on January 22 according records. Flowinlg ice period usually lasts for 5 to 20 days with a maximum of 47 days and a minimum 1 day. River freezing starts at sometime between middle Decemnber to later January. The earliest freezing date was December 12 and the latest was February 16. Ice breaks at sometime during middle January to middle March. The earliest was January 19 and the latest was March 18. Long term average frozen distance is 344 km. The worst case was 703 km and the best was 40 km.

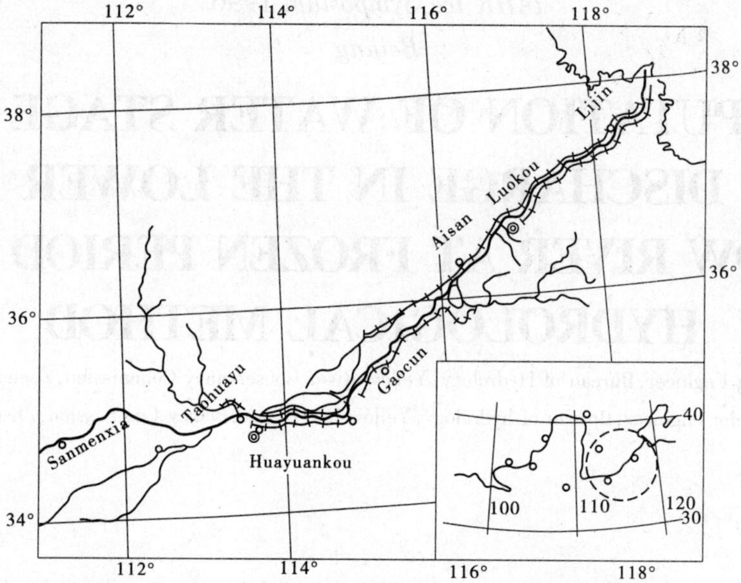

Fig. 1 Plain view of The Lower Yellow River

About 90% of the winter runoff of the Lower Yellow River come from regions at upstream of Sammenxia. Runoff coming from region between Sanmenxia and Huayuankou counts for 10%. The long term monthly average discharge at Huayuankou is 759,554,529 m^3/s and 1 000 m^3/s for December, January, February and March. The observed maximum discharge in winter is 3,270,2,650,3,190 and 3,430 m^3/s at Huayuankou, Sunkou, Luokou and Lijin respectively. The highest water stage is 92. 53,46. 66,29. 79 m and 14. 67 m respectively. Whereas the highest stage at Lijin is 1.55 m higher than the maximum stage ever observed in summer.

During ice flood season, there are generally three variation periods in stage and discharge process of the Lower Yellow River. First, when Ningmeng river reach is frozen, there is a low discharge period which lasts for 10 to 15 days. Before Sanmenxia Reservoir took the position for ice flood control in 1973, this low flow often encountered with cold front at the Lower Yellow River. River would freeze at small discharge. After 1973, Sanmenxia Reservoir has stored water prior to freezing season. This low flow situation has been improved. Second, at freezing period especially when river freezes with ice jam dominated, water stage would rise, water stored in river channel is increased and the discharging capacity under ice cover is decreased. Third, water stored in river channel is released at ice break time and discharge at downstream is increased. Especially when ice breaks suddenly, water stored in river channel is released quickly and ice flood is then formed. When this flood routes toward downstream, ice water joins into it. Due to the influence of the river orientation, air temperature at downstream is lower than it is at upstream and ice jam often occurs. Thus the peak of the ice flood increases. In 1955, the flood peak discharge was 1,040 m^3/s at Huayuangkou and increased to 2,900 m^3/s at Luokou.

When this flood routed to Wuzhuang around Lijin, the river embankment was breached.

Duing ice flood period, river bed may silt up or be scoured. Usually, reach upstream of Gaocnn is scoured and the reach between Gaocun and Aisan siltsup. The reach from Aisan to Lijin accretes at all time. Erosions may happen in some locations at flood peak.

During frozen season, there are two stable periods and two unstable periods in the correlation between water stage and discharge. The first stable period, occurs at flowing ice time. Water stage at equivalent flow rate rises but the trend is stable. The second stable period happens at steady frozen time. The correlation curve is steeper than it is during flowing ice period. The first unstable period occurs at freezing time. Water stage rises rapidly and flow velocity decreases due to the obstruction of ice. Water stage and discharge curve are concave-down. The second unstable period happens at ice break time. Water stage rises with increasing discharge. With the falling of peak discharge, water stage drops and the discharge decreases. The correlation returns to normal situation gradually.

CALCULATION OF DISCHARGE

The St. Vinaut equations are used in clculating discharge. The continuity and momentum equations are

$$\frac{\partial A}{\partial t} + \frac{\partial Q}{\partial L} = 0 \tag{1}$$

$$\frac{-\partial H}{\partial L} = \frac{Q^2}{K^2} + \frac{1}{g}\frac{\partial v}{\partial t} + \frac{v}{g}\frac{\partial v}{\partial t} \tag{2}$$

where, A is the cross section area of flow; Q is discharge; t is time; L is distance; H is water stage; K is the modular of discharge; g is the acceleration of gravity; and v is sectional average velocity.

At present, hydraulic approach is used in modeling ice flood both abroad and domestically. That is to solve St. Vinaut equations directly or solve them after simplification. Solving St. Vinaut equations numerically, say using finite difference, is clear in concept and strict in calculation. However, this approach requires largeamount of reliable data such as roughness and croos section measurements. For the Lower Yellow River, the situation is very complicated and the channel bed varies frequently. It is not practical to apply this method yet. This paper uses the hydrological method and establishes various modifications with the consideration of ice situation at different periods of development. As is known to all, in hydrological method the continuity equation and the momentum equation are simplified to water balance equation and the channel storage equation respectively, that is

$$I - Q = \frac{\mathrm{d}s}{\mathrm{d}t} \tag{3}$$

$$s = f(Q, I) \tag{4}$$

By solving equation (3) and (4), one can get a simple equation as follows to calculate discharge

$$Q_2 = a_0 I_2 + a_1 I_1 + a_2 Q_1, a = f(k, x) \tag{5}$$

where, I and Q is the input and output discharge for reach concerned, the subscript represents time order; s is the volume of water stored in the reach; a_0, a_1 and a_2 are coefficients; k is the gradient of channel storage curve; x is the weighting factor of discharge.

To improve accuracy, making the coefficients accord with the ice situation and the river boundary conditions is the key. Therefore the coefficients have to be modified with real time. This paper uses direct modification method and the $k-x$ parameter modification method.

The $k-x$ Parameter Modification Method

Modification is done while is computing by using discharge given prior to the computation period. It is suggested to use discharges at two or three periods and calculate the average modification coefficient. The k and x parameter rare modified by equations as follows

$$k = \frac{\Delta t[(I_2 + I_1) - (Q_2 + Q_2)]}{2\{(Q_2 - Q_1) - x[(Q_2 - I_2) - (Q_1 - I_1)]\}} \tag{6}$$

$$x = \frac{[(I_3 + I_2) - (Q_3 + Q_2)](Q_2 - Q_1) - [(I_2 + I_1) - (Q_2 + Q_2)](Q_3 - Q_2)}{[(I_3 + I_2) - (Q_3 + Q_2)][(Q_2 - I_2) - (Q_1 - I_1)] - [(I_2 + I_1) - (Q_2 + Q_1)][(Q_3 - I_3) - (Q_2 - I_2)]} \tag{7}$$

$$a_0 = \frac{0.5\Delta t - kx}{k - kx + 0.5\Delta t} \tag{8}$$

$$a_1 = \frac{kx + 0.5\Delta t}{k - kx + 0.5\Delta t} \tag{9}$$

$$a_2 = \frac{k - kx - 0.5\Delta t}{k - kx + 0.5\Delta t} \tag{10}$$

Average Modification Coeffcient

For convenience, average modification coefficients are used for the whole Lower Yellow River. That is to average the coefficients determined for each reach then calculated the discharge collection coefficient. The calculation is done reach after reach but continuously. Correction is made when the flood is routed through freezing reach or ice break reach. The discharge collection coefficient is computed by

$$P_{on} = a_0^n \quad (m = 0) \tag{11}$$

$$P_{mn} = \sum_{i=1}^{n} Bia_0^{n-i} a_2^{m-i} A^i \quad (m > 0, m - i \geqslant 0) \tag{12}$$

$$A = a_1 + a_0 a_2, B_i = \frac{n(m-1)!}{i!(i-1)!(n-i)!(m-i)!}$$

where, P is discharge collection coefficient; m is number of time steps; and n is number of reaches.

Considering Huayuankou as the entrance section, n value for Gaocun, Sunkou, Aisan, Luokou, and Lijin is 2,4,5,7,and 10 respectively.

Modification of Discharge at Freezing and Ice break Periods

Coefficient modification method is used in flow routing during freezing period. During ice break time, flow is routed using both the coefficient modification method and the channel storage drawing method.

From analysis, the damming up of water stage at freezing time is correlated with discharge as follows

$$\Delta H = \alpha(Q - Q_0)^{\beta} \tag{13}$$

where, Q is discharge; Q_0 is the criticaldischarge when water stage dams up; α, and β is coefficient and exponent.

Equation(13) indicates that the decrease of releasing discharge is related with the magnitude of flow rate. Discharges being influenced are mainly during two time period prior to freezing and three time periods after river freezes. A set of modification coefficient is established for each station, and is adjusted when ice jam occurs based on calculation.

The discharges of two priods priods prior to ice break and four periods after ice jam occurs based on calculation. Channel storage drawing method is also used for Luokou and Lijin stations which are key stations during ice flood. The maximum flood discharges are calculated considering water stored in channel and water stage difference between freezing and ice break time. The base flow is then deducted. Outlet discharge is calculated by net peak flow rate and channel storage. The maximum discharge at ice break time are computed by

$$Q_{Lm} = 30\Delta W_1^{0.15}\overline{Q}^{\alpha} + 1.1\overline{Q} - 143, \alpha = \frac{14\Delta W_1 \overline{Q}}{10^7} \tag{14}$$

for Luokou sation when ice breaks gradually and

$$Q_{Lm} = (3.68W_1^{1.16} + 500)\Delta H + 5.52\Delta W_1^{1.16} + 300 \tag{15}$$

for Luokou station when ice breaks suddenly. where Q_{Lm} is the maximum discharge for Luokou at ice break, ΔW_1 is water stored in channel between Huayuankou and Luokou($10^6 m^3$), ΔH is water stage difference between freezing and ice break time, $\overline{Q}$ is average discharge at ice break.

For Lijin station

$$Q_{Jm} = KQ_{Lm}^{n}\Delta W_2^{\alpha} + Q_0, n = 1.5 - 0.003{,}50\Delta W_2 \tag{16}$$

When $\Delta W_2 \geqslant 70, k = 0.008{,}9(\Delta W_2 - 60), \alpha = 0.002{,}9(\Delta W_2 - 70)$. If ice breaks gradually;

$k = 0.013{,}4(\Delta W_2 - 60), \alpha = 0.002{,}9(\Delta W_2 - 70)$. If ice breaks suddenly.

When $\Delta W_2 < 70, k = 0.001{,}1\Delta W_2 + 0.02, \alpha = 0.004(70 - \Delta W_2)$. If ice breaks gradully.

$k = 0.001{,}7\Delta W_2 + 0.02, \alpha = 0.004(70 - \Delta W_2), Q_0 = 4.28(\Delta W_2 - 30)$. If ice breaks suddenly.

Where Q_{Jm} is the maximum discharge for Lijin at ice break, ΔW_2 is water stored in channel between Luokou and Lijin($10^6 m^3$), n and α are coefficient and exponent.

Using ΔW and $q_m = Q_m - Q_0$, the combined net flow process is calculated by

$$q_i = \frac{q_m}{100} y_i \quad (17)$$

$$t_i = \frac{\alpha \Delta W}{n q_m} x_i \quad (18)$$

in which, q_m is net peak flow rate, Q_0 is base flow, q_i and t_i is flow rate formed by the increment of channel storage at time t_i, y_i and x_i are coordinates of the combined curve (%), α is coeffcient of conversion, and n is the number of unit area enclosed by the combined curve. Where n equals 4,200 for Luokou and 4,000 for Lijin.

CALCULTION OF WATER STAGE

water stage is calculated using the correlation between water stage and discharge. That is

$$Q = K(H - z)^n \quad (19)$$

where Q is discharge; H is water stage, z is the water stage when flow is cut off; k is coefficient, n is exponent. z, k and n need to be modified. z is calculated by

$$Q_2^2 = Q_1 Q_3 \quad (20)$$

Q is selected by geometric procession and the corresponding water stages are H_1, H_2 and H_3

$$z = \frac{H_2^2 - H_1 H_3}{H_1 + H_3 - 2H_2} \quad (21)$$

$$\lg k = \frac{\lg(H_1 - z)\lg Q_2 - \lg(H_2 - z)\lg Q_1}{\lg(H_1 - z) - \lg(H_2 - z)} \quad (22)$$

$$n = \frac{\lg Q_1 - \lg k}{\lg(H_1 - z)} \quad (23)$$

ICE CONDITION CALCULATION

The dates of flowing ice, freezing and ice break need to be determined in calculating water stage and discharge. The equilibrium equation of thermodynamics is used as the foundation in calculating ice condition. That is

$$\frac{\partial}{\partial t}(\rho C_p A T_w) + \frac{\partial}{\partial x}(\rho Q C_p T_w) = \frac{\partial}{\partial x}(A E_x \rho C_p \frac{\partial T_w}{\partial x}) + B\varphi_T \quad (24)$$

where, ρ is the mass density of water, C_q is the specific heat of water (equals 4.2 kJ/(kg · ℃)), A is the area of channel cross section, Q is discharge, B is the length of channel, x is distance, T_w is water temperature, E_x is diffusion coefficient, t is time, and φ_T is the exchange rate of heat per unit area ($W/(m^2 \cdot ℃)$).

During Flowing Ice Period

It is consiered that the flowing ice period starts when water temperature is 0 ℃. The equation for calculating water temperature is

$$\frac{d}{dt}(\rho C_p A T_w) = B k_{wa}(T_w - T_a) \quad (25)$$

in which, k_{wa} is the rate of heat exchange between airand water(W/(m^2 · ℃ · d)), T_a is air temperature.

This equation is examined by data of 32 station-year. Among them, 65% has no error, 23% has an error margin of one day, 10% has an error margin of 2 days and 2% has an error margin greater than 2 days.

Density of Flowing Ice

$$\frac{d}{dt}(\rho_i L_i A C_i) = Bk_{wa}(T_w - T_a)(1 - c_i) \quad (26)$$

$$C_{is} = 15c_i \quad (27)$$

where, ρ_i is the density of ice(917 kg/m^3), L_i is latent heat of fusion of water(334 J/g), c_i is the density of flowing ice, $c_i = (\rho C_p T_w / \rho_i L_i)$, C_{is} is the density of flowing ice at water surface.

Starting Date of Freeze

Freeze start when

$$C_i T_{a-} \geqslant 0.008Q \quad (28)$$

where T_{a-} is the negative temperature.

Examination by data of 19 station-year shows that 11% the data has no error, 68% has an error margin of 1 to 3 days, and 21% has an error margin greater than 3 days.

Thichness of Ice

Thickness of the ice cover is calculate by

$$\frac{dh_i}{dt} = \frac{0.82}{\rho_i L_i}[k_{is}(T_s - T_a) - k_{wi}(T_w - T_m)] \quad (29)$$

where, h_i is average thickness of ice over the reach, T_s, T_a, T_w, T_m is the average temperature of ice surface, air, water and ice melting respectively, k_{is}(= 10 W/(m^2 · ℃)) is the coefficient of heat exchange betweent ice and air. k_{wi}(= $16.22v^{0.8}d^{0.2}$ W/(m^2 · ℃)) is the coefficient of heat exchange between water and ice, (v is flow velocity, and d is water depth). Flow velocity is determined by

$$v = kQ^n + b \quad (30)$$

in which k and b is coefficient and constant(both needs to be corrected with real time), k varies from 0.000 5 to 0.001,5and b is in the range of 0.33 to 0.72. Where $n = 1$ when $Q < 1{,}500$ m^3/s during frozen season. Water depth is caluclated by

$$d = aH - c \quad (31)$$

where, a and c is coefficient and constant($a = 0.19 \sim 1.31$, and $c = 2.25 \sim 63.44$) and needs to be corrected with real time.

Thichness of Ice Jam

Ice jam may occur when flow velocity is large at ice edge and the Froude number is greater than 0. 09. Thickness of ice jam is computed by

$$\frac{H - h'_i}{H} = 0.153,4\left(\frac{v}{\sqrt{g(H - h'_i)/2}}\right)^{-0.596,9} \tag{32}$$

$$h_i \approx \frac{\rho}{p_i} h'_i \tag{33}$$

where, H is water depth, h'_i is the thickness of ice submerged in water, and h_i is the thickness of ice.

Date of Ice break

Ice breaks when

$$Q_n \geqslant \frac{10ah'^{r}_{im}}{\sum T_{a+} + 1} \tag{34}$$

where, Q_n is the total incoming flow rate, h_{im} is the ice thickness when air temperature turns to positive, $\sum T_{a+}$ is the accumulated air temperature after it turns to positive, α is coefficient and eqauals 22 when ice brears gradually and 4 when ice breaks suddenly, r is exponent and equals 0. 95.

This equation is examined by data of 22 station-year. The results indicate that 82% of the data has an error margin 0 to 3 days and 18% with error greater than 3 days.

Usually, ice breaks suddenly when flow rate is 20% greater than the discharging capacity under the ice cover. The discharging capacity under the ice cover is calculated using hydraulic equations and the maximum flow rate under the ice cover. The freezing discharge at Luokou varies slightly. Relationships for judging the state of ice break are obtained using flow rate and air temperature. They are

$$\frac{0.023,6 \sum Q_{-6} - 20.25}{\sum T_{-3}} \leqslant 1 \tag{35}$$

at upstream of Luokou when ice breaks gradually and

$$\frac{0.023,6 \sum Q_{-6} - 20.25}{\sum T_{-3}} > 1 \tag{36}$$

for ice breaks suddenly.

$$\frac{0.062 \sum Q_{-6} - 88.9}{\sum T_{-3}} \leqslant 1 \tag{37}$$

at downstream of Luokou when ice breaks gradually and

$$\frac{0.062 \sum Q_{-6} - 88.9}{\sum T_{-3}} > 1 \tag{38}$$

when ice breaks suddenly. In above equations, $\sum Q_{-6}$ is the valuce of daily average discharge calculated for six days prior to ice break, and $\sum T_{-3}$ is the value of daily average air temperature calculated for three days prior to ice break.

Ice Dam

There is no reliable method for computing ice dam. Following equation is established using data collected during serious ice dam events.

$$33Q_f^2 \leqslant w_i h_i Q_m , W \geqslant 5,000 \qquad (39)$$

where, Q_f is discharge measured when river freezes, w_i is volume of ice (in 10,000 m^3), h_i is the average thickness of ice over the reach, and Q_m is the maximum discharge when ice breaks.

COMPUTED RESULTS

Water stages and discharges at Sunkou, Aisan, Luokou and Lijin are calculated using data of 1970 to 1987. The results are fair. The standard deviations of maximum stage vary from 0.18 to 0.29 and the standard deviations of maximum discharge are 0.063 to 0.137. The errors of the maximum water stages are within the allowing value gave in the Specifications of Hydrological Prediction by 100% and the maximum discharges are by 91%.

CONCLUSION

(1) The hyaydrological method is, for the first time, used successfully in ice flood model. Its advantages are highly practical, using less amount of data, and being corrected with real time. This method is applicable to the Lower Yellow River whereas the river bed changes frequently and the ice flood situation is very complicated. Examination by field data indicates that this approach is of fairly accurate. It provides an effective method for ice flood prediction and analysis.

(2) Since the full scale regulation of Sanmenxia Reservoir for ice flood control, serious ice flood has been prevented. When Xiaolangdi Reservoir is constructed, the situation of ice flood in the lower Yellow River will be further improved. However, frozen is inevitable. If prevention is inappropriate, ice flood hazard will still occur. Additional measure, especially the optimization of reservoir operation, is needed thus to ensure the security of ice flood prevention and to minimize the loss of electricity. To initiate appropriate measures of ice flood prevention, reliable analysis and prediction of ice flood situation, water stage and discharge are required. The results of this study will play an important role in ice flood prevention of the Lower Yellow River.

(3) There are problems when using this method in the Lower Yellow River currently. They are: lack of reliable data when channels water in frozen season; predictions depend on weather forecasting and the accuracy of weather forecasting is not good enough yet. To provide more accurate predictions of ice flood situation for the Lower Yellow River, all these problems have to be solved.

REFERENCE

1. Management Center of Hydrology and Water Resource, Ministry of Water Resource, " Ice Flood Of the Yellow River, "1984.

2. Hung Tao Shen, "River Ice Process and Hydraulics, " (Chines Edition) Liaoning Institute of Hydraulic and Electrical Research, 1985.

3. Shanxi Headquarters of Flood Control and Draught Prevention, etc. , "Study of Ice Jam in Hequ Reach of the Yellow River", 1988.

4. Matousekv, "Hypotlhesis of Dynamic Ice Bridge Formation, "Proc. of the 9th Int. Symposium on Ice, Vol. 2, pp. 219 ~ 260, 1988.

5. Bureau of Hydrolog, Yellow River Conservancy Commission, "Practical Schemes of Hydroloy Prediction of the Yellow River, "1989.

6. Hung Tao Shen, " River Ice Process and Hydraulics", Dept. of Civil and Environmental Engineering, Clarkson University, 1991.

7. Chen Zhanting, Ke Sujuan, "Studies of Ice Flood Mathematical Model of the Lower Yellow River and the optimization of the Regulation of Sanmenxia Reservoir, "Proc. of the 1st Chines Symposium on Ice Engineering, pp. 3 ~ 9, 1992.

8. The Yangtze River Conservancy Commission, " Method of Hydrology Prediction, " Water and Power Press, 1993.

9. Chen Zhanting, Ke Sujuan, " Study of Ice Flood Model of the Lower Yellow River and Its Application, "Bureau of Hydrology, Yellow River Conservaney Commission, 1994.

后　记

我几十年的工作和所取得的成绩都和我老伴分不开。

我老伴屈毓彤生于1942年,1944年毕业于西安女子师范学校。曾在河南省直税务局任会计助理员,后在黄河水利委员会任会计、器材管理科员,后辗转至黄河范县修防段、黄河中心医院、黄河水利科学研究院等单位任会计师、经济师。1986年退休。2002年去世,享年79岁。

她一生中工作兢兢业业、任劳任怨,曾多次被评为模范工作者、先进个人和治黄先进工作者。她严于律己,宽以待人,艰苦朴素,为人善良忠厚,正派谦和,在职工中享有很高声誉。

我们新中国成立前夕相识, 1950年结婚,相濡以沫地走过了52年人生。无论是"文化大革命"中下放劳动改造,还是天各一方,在倍感艰辛、情绪低落之时,都是相互安慰、相互鼓励、相互扶持地走过人生艰难的历程。她为了支持我的工作,主动承担起抚养教育子女和赡养老人的重任。在她的教育和熏陶下,三个子女均考入大学,其中两个获博士学位,在国内、外知名大学从事国内外重点科研教学工作,任博士生导师。

她常在家帮我抄写报告、文章,整理文稿,在我工作和生活中遇到困难或挫折时,她常帮助分析排难、宽心鼓励,使我渡过一次次难关。这些使我回想起来历历在目,感慨万千。

她心中总是想着别人,唯独没有她自己。她像一只燃烧的蜡烛,燃烧了自己,照亮了别人,像一只黄牛默默无闻地耕耘,奉献了自己的一生。孩子对她亏欠很多,我对她亏欠更多,我和孩子们会永远怀念她!

后 记